高等职业教育"十三五"规划教材

土建数学

（第2版）

（上册 基础篇）

陈秀华 **主 编**
沈焰焰 刘 淋 **副主编**
徐 栋（同济大学） **主 审**

内 容 提 要

本书是高等职业教育"十三五"规划教材。《土建数学》分为上、下两册，本书为上册，上册为基础篇，包含六章内容：函数、极限与连续，导数与微分，导数的应用，积分，多元函数微积分及其应用，工程截面几何性质的计算。每章都配有学习目标、本章小结和习题，并附有习题参考答案。本书增加了数学软件 MATLAB 介绍及相应的数学实验，以附录的方式增补了近年来部分"专升本"考试的真题。带 * 号部分为不同专业的选学内容。

本书可作为高职高专土建工程类各专业的"高等数学"教材，以及参加专升本考试和高等教育自学考试的自学辅导书，也可作为相关工程技术人员参加工程师考试的参考用书。

本书有配套课件，教师可通过加入职教路桥教学研讨群（QQ：561416324）索取。

图书在版编目（CIP）数据

土建数学. 上册，基础篇 / 陈秀华主编. —2 版
—北京：人民交通出版社股份有限公司，2018.8
ISBN 978-7-114-14696-1

Ⅰ. ①土… Ⅱ. ①陈… Ⅲ. ①土木工程—工程数学—高等职业教育—教材 Ⅳ. ①TU12

中国版本图书馆 CIP 数据核字（2018）第 183673 号

高等职业教育"十三五"规划教材

书　　名：	土建数学（第 2 版）（上册　基础篇）
著 作 者：	陈秀华
责任编辑：	任雪莲
责任校对：	刘　芹
责任印制：	张　凯
出版发行：	人民交通出版社股份有限公司
地　　址：	（100011）北京市朝阳区安定门外外馆斜街 3 号
网　　址：	http://www.ccpress.com.cn
销售电话：	(010)59757973
总 经 销：	人民交通出版社股份有限公司发行部
经　　销：	各地新华书店
印　　刷：	北京印匠彩色印刷有限公司
开　　本：	787 × 1092　1/16
印　　张：	14.75
字　　数：	340 千
版　　次：	2011 年 9 月　第 1 版
	2018 年 8 月　第 2 版
印　　次：	2018 年 8 月　第 2 版　第 1 次印刷　总第 6 次印刷
书　　号：	ISBN 978-7-114-14696-1
定　　价：	38.00 元

（有印刷、装订质量问题的图书由本公司负责调换）

第2版前言

本书系在第1版的基础上修订而成。第2版结合近年来教学改革实践的经验，充分吸收了本课程任课教师、土建类专业任课教师等各方的意见，对部分章节结构、顺序、内容、名称进行了不同程度的调整，对部分例题、习题进行了重新筛选，增加了数学软件 MATLAB 的介绍及相应的数学实验，以附录的方式增补了近年来部分"专升本"考试的真题，使其更能顺应新时代信息技术发展潮流，更有助于提高学生的学习成效，更能满足土建类专业教学对数学的要求，并兼顾了部分学生"专升本"的需要，以适应新时期人才培养的需要。

本书(上、下册)由福建船政交通职业学院陈秀华教授主编，同济大学博士生导师徐栋教授主审；福建船政交通职业学院沈焰焰、黄惠玲、刘淋、周桂如等参加编写；沈焰焰、刘淋担任上册副主编，周桂如、黄惠玲担任下册副主编。具体编写分工如下：第一至四章、六、十一、十二章、上册附录Ⅰ、Ⅱ及下册附录由陈秀华编写；第五、七章及上册附录Ⅲ由沈焰焰编写；第十章由黄惠玲编写；第八章由陈秀华和周桂如编写；第九、十三章由陈秀华和刘淋编写。参加本书修订工作的还有福建船政交通职业学院金晶晶、甘媛、黄颖和梁巍，其中金晶晶和甘媛老师参与了课件的制作，黄颖和梁巍老师参与了书中相关专业内容的修改。全书由陈秀华统稿。

集美大学陈景华副教授为本书的修订提供了有力支持，福建船政交通职业学院道路工程系、建筑工程系的周志坚教授、高杰主任等领导和老师以及数学教研室同仁对本书的修订提供了支持和帮助，在此谨表谢忱。

编　者
2018年5月8日

第1版前言

为适应高职教育的特点、满足土建工程类专业对"高等数学"的具体要求,本书在教学内容上突出专业应用,注重数学思想的渗透,淡化计算技巧和定理的证明,加强数学课与专业课程的有机融合,以适应新时期人才培养的需要。

本书突破了传统高职数学教材的结构和体系,以工程背景展现数学的应用途径,培养学生运用数学方法解决工程问题的能力。主要特色:突出数学工具课的作用,从内容的选择到具体问题的求解,都力求密切与专业有机结合;以实际应用为背景,为学生构建数学基本概念,使数学概念不再抽象;强调数学思想和方法,淡化计算技巧和定理证明,注重培养学生解决实际问题的能力。

本书共十三章,分上、下两册。上册为基础篇,主要介绍微积分学,包括函数、极限与连续、导数与微分、导数的应用、不定积分、定积分及其应用、多元函数微积分及其应用、微分方程。下册为应用篇,主要介绍工程数学及相关专业应用,包括工程结构截面几何性质、线性代数基础、概率论基础、工程测量误差理论基础、数理统计基础及应用、土建工程中常用计算方法、数学建模等。建议全书(上、下册)总学时数为118学时。下册的教学内容和顺序,可根据不同专业教学的需要进行选择和调整。带*号部分为不同专业的选学内容。

本书可作为高职高专土建工程类各专业的"高等数学"教材,以及参加专升本考试和高等教育自学考试的自学辅导书,也可作为相关工程技术人员参加工程师资格考试的参考用书。

本书由福建交通职业技术学院陈秀华副教授担任主编。上册"基础篇"由福建交通职业技术学院沈焰焰担任副主编,下册"应用篇"由福建交通职业技术学院刘淋担任副主编。参加编写的还有福建交通职业技术学院黄颖、梁巍以及甘肃建筑职业技术学院巩军胜。各章的具体编写分工如下:第一、二章由沈焰焰编写,第三、四、五、七、八章由陈秀华编写,第六、十三章由刘淋编写,第九章由陈秀华和巩军胜共同编写,第十章由黄颖编写,第十一章由沈焰焰和黄颖共同编写,第十二章由梁巍编写。全书由陈秀华负责统稿。

本书承蒙同济大学博士生导师徐栋教授主审。福建交通职业技术学院道路工程系主任周志坚教授和建筑工程系主任高杰副教授参加了审稿,他们对专业应用的相关内容进行了详细审查,并对全书的框架结构给出了建设性的调整意见,同时对本书的出版给予了大力支持,在此表示由衷的感谢!

本书的编写得到了南阳理工学院陈守兰教授、杭州科技职业技术学院城市建设学院副院长周晓龙副教授、集美大学陈景华副教授、福建交通职业技术学院土建系宋子东副教授、福建交通职业技术学院基础部许贵福副教授等许多同行的支持和帮助,在此深表谢意!

本书的编写还受到全国高职高专教育专家、原高职高专教育土建类专业教学指导委员会主任杜国城教授和甘肃建筑职业技术学院副院长李社生教授的关注和指导,在此表示深切的谢意!

本书的编审和出版得到了人民交通出版社有关领导和编辑们的鼎力支持,在此一并表示衷心的感谢!

由于编者水平有限、编写时间紧迫,书中疏漏、错误之处在所难免,敬请读者批评指正。

编　者

2011 年 6 月

目 录

上册（基础篇）

- 第一章　函数、极限与连续 ········· 1
  - 第一节　函数 ········· 1
  - 第二节　函数的极限 ········· 8
  - 第三节　函数的连续性 ········· 18
  - 第四节　工程中函数关系举例 ········· 22
  - 第五节　MATLAB 简介 ········· 26
  - 实验一　函数、极限的计算和作图 ········· 29
  - 本章小结 ········· 33
  - 复习题(一) ········· 35
- 第二章　导数与微分 ········· 39
  - 第一节　导数的概念 ········· 39
  - 第二节　求导法则 ········· 44
  - 第三节　隐函数的导数 ········· 49
  - 第四节　高阶导数 ········· 52
  - 第五节　微分 ········· 55
  - 实验二　导数与微分的计算 ········· 58
  - 本章小结 ········· 61
  - 复习题(二) ········· 62
- 第三章　导数的应用 ········· 65
  - 第一节　微分中值定理 ········· 65
  - 第二节　洛必达法则 ········· 67
  - 第三节　函数的单调性与极值 ········· 71
  - 第四节　函数图形的描绘 ········· 76
  - 第五节　导数在土建工程中的应用 ········· 79
  - 实验三　极值和最值的计算 ········· 88

本章小结 ··· 91
　　复习题(三) ··· 93

第四章　积分 ··· 96
　　第一节　不定积分的概念与基本公式 ··· 96
　　第二节　不定积分换元法和分部积分法 ·· 101
　　第三节　定积分的概念和性质 ·· 108
　　第四节　定积分的换元法和分部积分法 ·· 114
　　第五节　广义积分 ··· 118
　　第六节　定积分的几何应用 ·· 121
　　第七节　定积分在土建工程中的应用 ··· 127
　　实验四　积分运算 ··· 135
　　本章小结 ·· 139
　　复习题(四) ··· 141

第五章　多元函数微积分及其应用 ·· 144
　　第一节　多元函数极限与连续性 ·· 144
　　第二节　偏导数及全微分 ··· 147
　　第三节　多元函数的极值及其应用 ··· 151
　　第四节　二重积分及其计算 ··· 155
　　第五节　二重积分在工程力学中的应用 ·· 163
　　实验五　二元函数微积分计算 ·· 167
　　本章小结 ·· 170
　　复习题(五) ··· 171

第六章　工程结构截面几何性质的计算 ··· 174
　　第一节　静矩与形心的计算 ·· 174
　　第二节　惯性矩与惯性积、极惯性矩 ··· 177
　　*第三节　平行移轴公式 ··· 179
　　本章小结 ·· 185
　　复习题(六) ··· 186

附录 ··· 189
　　附录Ⅰ　预备知识 ·· 189
　　附录Ⅱ　积分表 ·· 192
　　附录Ⅲ　专升本真题卷及答案 ·· 201
习题参考答案 ·· 213
参考文献 ··· 228

第一章 函数、极限与连续

**学习目标**

1. 理解函数、极限、无穷大与无穷小、连续的概念；
2. 会求函数定义域，会分解复合函数；
3. 熟练掌握极限的运算法则和常用的求极限方法；
4. 会讨论函数的连续性；
5. 掌握土建工程中的常见函数，如分布荷载、剪力与弯矩函数、挠曲线方程等；
6. 会就简单实际问题进行函数关系的建立。

高等数学与初等数学有很大不同。初等数学主要研究事物相对静止状态的数量关系，而高等数学则主要研究事物运动、变化过程中的数量关系。不同的研究对象有不同的研究方法。极限方法是高等数学中处理问题的最基本方法，高等数学的基本概念、性质和法则都是通过极限推导出来的。因此，极限是高等数学中最基本的概念。

本章主要介绍函数、极限和函数连续性等基本概念及性质，同时介绍土建工程中常见的一些函数，如分布荷载、剪力与弯矩函数、挠曲线方程等，并通过一些实际问题举例介绍函数关系的建立。

第一节 函 数

一、函数的概念及其性质

1. 函数的概念

定义1.1 设 x 和 y 是两个变量，D 是一个给定的非空数集，如果对于任意给定的数 $x \in D$，按照某个法则 f 总有唯一确定的 y 值和它对应，则称 y 是 x 的**函数**，记作 $y = f(x)$，数集 D 叫作这个函数的**定义域**，x 叫作**自变量**，y 叫作**因变量**。y 的取值范围叫函数的**值域**，用 R 表示。

函数的两个要素： 定义域 D 和对应法则 f。

（1）对应法则 f f 是一个函数符号，表示自变量取 x 时，因变量 y 取值为 $f(x)$，不可看作 f 与 x 相乘。

例1-1 设函数 $f(x) = x^3 - 2x + 3$，求 $f(1)$，$f(t^2)$。

解 $f(1) = 1^3 - 2 \times 1 + 3 = 2$；
$$f(t^2) = (t^2)^3 - 2(t^2) + 3 = t^6 - 2t^2 + 3.$$

例 1-2 $f(x+1) = x^2 + x$,求 $f(x)$.

解 令 $t = x+1$,则 $x = t-1$,代入得 $f(t) = (t-1)^2 + (t-1) = t^2 - t$.

$\therefore f(x) = x^2 - x$.

(2)**定义域 D** 函数的定义域是另一个要素.给定一个函数,则它的定义域也是给定的.如果所讨论的函数来自某个实际问题,其定义域就必须符合实际意义;如果不考虑实际背景,则其定义域应使得函数表达式在数学上有意义.

求定义域时,要求熟记以下几点:

① 分母不能为 0;

② 偶次根式被开方数非负;

③ 对数的真数大于 0;

④ 三角函数应满足三角函数各自的定义域要求;

⑤ 反三角函数应满足反三角函数各自的定义域要求;

⑥ 如果函数含有分式、根式、对数式、三角函数和反三角函数,则应取各部分定义域的交集.

例 1-3 确定函数 $f(x) = \sqrt{2x-6} + \ln(x+2)$ 的定义域.

解 $\begin{cases} 2x-6 \geq 0 \\ x+2 > 0 \end{cases} \Rightarrow \begin{cases} x \geq 3 \\ x > -2 \end{cases} \Rightarrow x \geq 3$,所以定义域为 $[3, +\infty)$.

注意:如果两个函数的定义域相同,同时对应法则也相同,那么这两个函数是相同的;否则不同.

$f(x) = 2x+1$ 与 $f(t) = 2t+1$ 相同,与变量用何字母表示无关.

$f(x) = \sqrt{x^2}$ 与 $g(x) = |x|$ 相同,这是常用的恒等变换.

$f(x) = \ln x^2$ 与 $g(x) = 2\ln x$ 不同,因为两个函数定义域不同;$f(x)$ 的定义域是 $(-\infty, 0) \cup (0, +\infty)$,$g(x)$ 的定义域是 $(0, +\infty)$.而 $f(x) = \ln x^3$ 与 $g(x) = 3\ln x$ 相同.

$f(x) = 1$ 与 $g(x) = \sec^2 x - \tan^2 x$ 不同,$g(x)$ 中 $x \neq k\pi + \dfrac{\pi}{2} (k \in Z)$.

2. 函数的表示法

(1)公式法(解析法):用数学式子表示函数.

优点:便于理论推导和计算.

(2)表格法:以表格形式表示函数.

优点:所求函数值容易查得.如三角函数表、对数表等.

(3)图像法:用图形表示函数.

优点:直观形象,可看到函数变化趋势.此方法在工程技术上的应用较普遍.

3. 函数的性质

(1)奇偶性

若函数 $f(x)$ 在关于原点对称的区间 I 上满足 $f(-x) = f(x)$ [或 $f(-x) = -f(x)$],则称 $f(x)$ 为**偶函数**(或**奇函数**).

偶函数的图形是关于 y 轴对称的;奇函数的图形是关于原点对称的.

例如,$f(x)=x^2,g(x)=x\sin x$ 在定义区间上都是偶函数.而 $F(x)=x,G(x)=x\cos x$ 在定义区间上都是奇函数.

(2)周期性

对于函数 $y=f(x)$,如果存在一个非零常数 T,对一切的 x 均有 $f(x+T)=f(x)$,则称函数 $f(x)$ 为周期函数,并把 T 称为 $f(x)$ 的周期.应当指出的是,通常讲的周期函数的周期是指最小的正周期.

对三角函数而言,$y=\sin x,y=\cos x$ 都是以 2π 为周期的周期函数,而 $y=\tan x,y=\cot x$ 则是以 π 为周期的周期函数.

(3)单调性

设函数 $f(x)$ 在区间 I 上的任意两点 $x_1<x_2$,都有 $f(x_1)<f(x_2)$[或 $f(x_1)>f(x_2)$],则称 $y=f(x)$ 在区间 I 上为**单调增大(或单调减小)**的函数.单调增大或单调减小函数统称为**单调函数**.

例如,函数 $y=x^2$ 在区间 $(-\infty,0)$ 内是单调减小的,在区间 $(0,+\infty)$ 内是单调增大的.

而函数 $y=x,y=x^3$ 在区间 $(-\infty,+\infty)$ 内都是单调增大的.

单调函数图像特征:单调增加函数图形从左往右呈上升趋势;单调减少函数图形从左往右呈下降趋势.

(4)有界性

若存在正数 M,使函数 $f(x)$ 在区间 I 上恒有 $|f(x)|\leq M$,则称 $f(x)$ 在区间 I 上是**有界函数**;否则,$f(x)$ 在区间 I 上是**无界函数**.

例如,$y=\sin x,y=\cos x$ 都是其定义域内的有界函数.

4.反函数

设函数的定义域为 D,值域为 R.对于任意的 $y\in R$,在 D 上都有唯一的 x 与之对应,且满足 $f(x)=y$.如果把 y 看作自变量,x 看作因变量,就可以得到一个新的函数:$x=f^{-1}(y)$.我们称这个新的函数 $x=f^{-1}(y)$ 为函数 $y=f(x)$ 的**反函数**,而把函数 $y=f(x)$ 称为**直接函数**.

由于函数最本质的是其对应法则,与其变量用的字母无关,因此,习惯上用 x 表示自变量,即反函数可改写为:$y=f^{-1}(x)$.直接函数 $y=f(x)$ 与其反函数 $y=f^{-1}(x)$ 的图形是关于直线 $y=x$ 对称的.

例 1-4 已知函数 $y=2x-1(x\in R)$,求它的反函数.

解 由 $y=2x-1$,解得 $x=\dfrac{y+1}{2}$.

$\because$ 原函数的值域是 R.

$\therefore$ 函数 $y=2x-1\ (x\in R)$ 的反函数是:$y=\dfrac{x+1}{2}(x\in R)$.

例 1-5 已知函数 $y=\sqrt{x}(x\geq 0)$,求它的反函数.

解 由 $y=\sqrt{x}$,解得 $x=y^2$.

$\because$ 原函数的值域是:$y\geq 0$.

$\therefore$ 函数 $y=\sqrt{x}(x\geq 0)$ 的反函数是:$y=x^2(x\geq 0)$.

二、复合函数、初等函数与分段函数

1. 基本初等函数

(1) 常数函数
$$y = C \quad (C \text{ 为常数}).$$

(2) 幂函数
$$y = x^{\mu} \quad (\mu \text{ 为常数}).$$

(3) 指数函数
$$y = a^x \quad (a > 0, a \neq 1).$$

(4) 对数函数
$$y = \log_a x \quad (a > 0, a \neq 1).$$

(5) 三角函数
$$y = \sin x, y = \cos x, y = \tan x, y = \cot x, y = \sec x, y = \csc x.$$

(6) 反三角函数
$$y = \arcsin x, y = \arccos x, y = \arctan x, y = \text{arccot} x.$$

以上这六种函数统称为基本初等函数. 下面利用表格(表1-1)归纳这些函数及其特性.

我们把基本初等函数以及基本初等函数进行有限次四则运算得到的函数称为**简单函数**.

基本初等函数及其特性 表1-1

名称	表达式	定义域	图形	函数特性
常数函数	$y = C$	$(-\infty, +\infty)$		图形为过点$(0,C)$平行于x轴的直线
幂函数	$y = x^{\mu}$(μ 是常数)	在$(0, +\infty)$内总有定义,当μ为不同实数时,定义域可不同. 如μ为正整数时,定义域为$(-\infty, +\infty)$;$\mu = 1/2$时,定义域为$[0, +\infty)$;$\mu = -\frac{1}{2}$时,定义域为$(0, +\infty)$		μ为任何值时,都是无界函数;图形均经过点$(1,1)$; $\|\mu\|$为偶数时,函数为偶函数;图形关于y轴对称; $\|\mu\|$为奇数时,函数为奇函数;图形关于原点对称; μ为负数时,图形在原点间断;$x=0$为垂直渐近线

续上表

名称	表达式	定义域	图形	函数特性
指数函数	$y = a^x$ $(a>0, a\neq 1)$	$(-\infty, +\infty)$		图形均经过点$(0,1)$；当$a>1$时，指数函数单调增加；$0<a<1$时，指数函数单调减少；$y=a^x$ 的图形与 $y=a^{-x}$ 的图形关于 y 轴对称
对数函数	$y = \log_a x$ $(a>0, a\neq 1)$	$(0, +\infty)$		对数函数是指数函数的反函数；图形均在 y 轴右侧且经过点$(1,0)$；当$a>1$时，对数函数单调增加；$0<a<1$时，对数函数单调减少
三角函数	$y = \sin x$	$(-\infty, +\infty)$		正弦函数是有界函数，图形介于 $y=\pm 1$ 两条平行线之间；正弦函数是以 2π 为周期的奇函数
	$y = \cos x$	$(-\infty, +\infty)$		余弦函数是有界函数，图形介于 $y=\pm 1$ 两条平行线之间；余弦函数是以 2π 为周期的偶函数
	$y = \tan x$	$x \in R$, $x \neq k\pi + \dfrac{\pi}{2}$, $(k \in Z)$		正切函数是以 π 为周期的奇函数，其图形在 $x = k\pi + \dfrac{\pi}{2}(k \in Z)$ 处间断
	$y = \cot x$	$x \in R$, $x \neq k\pi$, $(k \in Z)$		余切函数是以 π 为周期的奇函数，其图形在 $x = k\pi(k \in Z)$ 处间断

续上表

名称	表达式	定义域	图形	函数特性
反三角函数	$y = \arcsin x$	$[-1,1]$		反正弦函数是正弦函数在区间$\left[-\dfrac{\pi}{2},\dfrac{\pi}{2}\right]$上的反函数,是单调增加的有界奇函数,值域为$\left[-\dfrac{\pi}{2},\dfrac{\pi}{2}\right]$
	$y = \arccos x$	$[-1,1]$		反余弦函数是余弦函数在区间$[0,\pi]$上的反函数,是单调减少的有界函数,值域为$[0,\pi]$
	$y = \arctan x$	$(-\infty,+\infty)$		反正切函数是正切函数在区间$\left(-\dfrac{\pi}{2},\dfrac{\pi}{2}\right)$上的反函数,是单调增加的有界奇函数,值域为$\left(-\dfrac{\pi}{2},\dfrac{\pi}{2}\right)$
	$y = \operatorname{arccot} x$	$(-\infty,+\infty)$		反余切函数是余切函数在区间$(0,\pi)$上的反函数,是单调减少的有界函数,值域为$(0,\pi)$

2. 复合函数

定义 1.2 设函数 $y=f(u)$ 的定义域为 $D(f)$,函数 $u=\varphi(x)$ 的值域为 $R(\varphi)$,若 $R(\varphi) \cap D(f)$ 非空,则称 $y=f[\varphi(x)]$ 为**复合函数**,其中 x 为自变量,y 为因变量,u 称为中间变量.

例 1-6 试求函数 $y=u^2$ 与 $u=\cos x$ 复合而成的函数.

解 将 $u=\cos x$ 代入 $y=u^2$ 得
$$y=\cos^2 x.$$

例 1-7 指出 $y=\ln\sin x$,$y=\sqrt{2x+1}$,$y=\mathrm{e}^{\sin^2 x}$ 分别是由哪些简单函数复合成的.

解 (1)$y=\ln\sin x$ 是由 $y=\ln u$,$u=\sin x$ 复合而成的.

(2) $y=\sqrt{2x+1}$ 是由 $y=\sqrt{u}$, $u=2x+1$ 复合而成的.

(3) $y=\mathrm{e}^{\sin^2 x}$ 是由 $y=\mathrm{e}^u$, $u=v^2$, $v=\sin x$ 复合而成的.

注意:

(1) 并非任意两个函数都能复合. 例如,$y=\arcsin u$ 与 $u=x^2+2$ 不能复合成一个函数, 因为 $u=x^2+2$ 的值域使 $y=\arcsin u$ 无意义.

(2) 复合函数可以有多个中间变量,这些中间变量是经过多次复合产生的.

3. 初等函数

定义 1.3 由基本初等函数经过有限次四则运算和有限次复合,并且能用一个解析式子表示的函数,称为**初等函数**.

例如,$y=\sqrt{\ln 5x+3^x+\sin^2 x}$, $y=\dfrac{\sqrt[3]{2x}+\tan x}{x^2\sin x+2^{-x}}$ 是初等函数,而 $y=\sin x+\sin 2x+\sin 3x+\cdots+\sin nx+\cdots$ 不是有限次四则运算,所以不是初等函数.

4. 分段函数

在定义域的不同范围内,有不同表达式的函数称为**分段函数**.

例 1-8 设 $f(x)=\begin{cases}1, & x>0,\\ 0, & x=0,\\ -1, & x<0,\end{cases}$ 求 $f(2)$, $f(0)$ 和 $f(-2)$.

解 $f(2)=1$, $f(0)=0$, $f(-2)=-1$.

注意: 求分段函数的函数值时,应先确定自变量取值所在的范围,再按相应的式子进行计算. 一般地,分段函数不是初等函数(不能由一个式子表示出来).

习题 1.1

1. 下列函数对: (A) $y=\ln x^2$ 与 $y=2\ln x$; (B) $y=\sqrt{x^2}$ 与 $y=(\sqrt{x})^2$; (C) $y=\tan x$ 与 $y=\dfrac{\sin x}{\cos x}$; (D) $y=\ln(x^2-1)$ 与 $y=\ln(x+1)+\ln(x-1)$ 中表示相同函数的是哪些?

2. 求定义域:(1) $y=\arcsin(x-3)$;(2) $y=\sqrt{1-x}+\ln(x+2)$;(3) $y=\begin{cases}\dfrac{1}{x-2}, & x<3,\\ \ln(x-4), & 3<x\leq 5.\end{cases}$

3. $f(x)=\ln(x+\sqrt{1+x^2})$ 是_____函数(奇、偶或非奇非偶).

4. 已知函数 $f(x)=\begin{cases}\sqrt{9-x^2}, & |x|\leq 3,\\ x^2-9, & |x|>3,\end{cases}$ 求 $f(0)$, $f(\pm 3)$, $f(\pm 4)$.

5. 求下列函数的反函数及其定义域:

(1) $y=\dfrac{1-x}{1+x}$;

(2) $y=1+\ln(x-1)$.

6. 下列复合函数是由哪些简单函数复合而成的:

(1) $y=\sin 4x$;(2) $y=\ln(1+2x)$;(3) $y=\ln\tan\dfrac{x}{2}$;(4) $y=\cos^3(2x+1)$;

(5) $y=\lg^2\arccos x^3$;(6) $y=\mathrm{e}^{2x/(1-x^2)}$;(7) $y=(3x+5)^6$.

第二节 函数的极限

为了更好地掌握变量的变化规律,不仅要考虑变量的变化过程,还要从它的变化过程来判断它的变化趋势.极限就是描述变量变化趋势的重要概念.极限方法是人们从有限认识无限的一种数学方法.它是微积分的基本思想和方法.

一、函数极限的定义

数列可看作是定义在正整数集上的函数,它的极限可以看作当 $x \to +\infty$ 时函数极限的特殊情况.数列的极限在中学已经学习过,下面主要介绍函数的极限.

1. 当 $x \to \infty$ 时,函数 $f(x)$ 的极限

定义1.4 当自变量 x 取正值并无限增大时,如果函数 $f(x)$ 无限趋近于一个确定的常数 A,则称常数 A 为函数当 $x \to +\infty$ 时的**极限**,记为

$$\lim_{x \to +\infty} f(x) = A \quad \text{或} \quad f(x) \to A \quad (x \to +\infty).$$

由定义1.4可知,当 $x \to +\infty$ 时,$f(x) = 1 + \dfrac{1}{x}$ 的极限为1,即 $\lim\limits_{x \to +\infty}\left(1 + \dfrac{1}{x}\right) = 1$.

定义1.5 当自变量 x 取负值且绝对值无限增大时,如果函数 $f(x)$ 无限趋近于一个确定的常数 A,则称常数 A 为函数当 $x \to -\infty$ 时的**极限**,记为

$$\lim_{x \to -\infty} f(x) = A \quad \text{或} \quad f(x) \to A \quad (x \to -\infty).$$

定义1.6 当 $|x|$ 无限增大时,如果函数 $f(x)$ 无限趋近于一个确定的常数 A,则称 A 为函数 $f(x)$ 当 $x \to \infty$ 时的**极限**,记为

$$\lim_{x \to \infty} f(x) = A \quad \text{或} \quad f(x) \to A \quad (x \to \infty).$$

由定义1.6可知,函数 $f(x) = 1 + \dfrac{1}{x}$ 当 $x \to \infty$ 时的极限为1,即 $\lim\limits_{x \to \infty}\left(1 + \dfrac{1}{x}\right) = 1$.

容易得出如下结论

$$\lim_{x \to \infty} f(x) = A \Leftrightarrow \lim_{x \to -\infty} f(x) = \lim_{x \to +\infty} f(x) = A.$$

例1-9 求 $\lim\limits_{x \to \infty} \arctan x$

解 由图1-1可知:

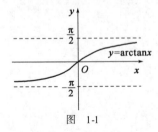

图 1-1

$$\lim_{x \to +\infty} \arctan x = \dfrac{\pi}{2}.$$

$$\lim_{x \to -\infty} \arctan x = -\dfrac{\pi}{2}.$$

$\therefore \lim\limits_{x \to +\infty} \arctan x \neq \lim\limits_{x \to -\infty} \arctan x$

$\therefore \lim\limits_{x \to \infty} \arctan x$ 不存在.

2. 当 $x \to x_0$ 时,函数 $f(x)$ 的极限

考察函数 $f(x) = \dfrac{x^2 - 1}{x - 1}$,该函数在 $x = 1$ 时没有定义,而对 x 的其

他实数值,函数 $f(x) = x+1$.

当 $x \to 1$ 时,函数 $f(x) = \dfrac{x^2-1}{x-1}$ 的值无限趋近于常数 2,此时称当 x 趋近于 1 时,函数 $f(x) = \dfrac{x^2-1}{x-1}$ 的极限为 2.

定义 1.7　当自变量 x 无限趋近于 x_0 时,如果函数 $f(x)$ 无限趋近于一个确定的常数 A,则 A 称为函数 $f(x)$ 当 $x \to x_0$ 时的极限,记为

$$\lim_{x \to x_0} f(x) = A \quad \text{或} \quad f(x) \to A \quad (x \to x_0).$$

注意：

(1) $f(x)$ 在 $x \to x_0$ 时极限是否存在,与 $f(x)$ 在 x_0 处有无定义以及在点 x_0 处函数值无关. 也就是说,$f(x)$ 在 $x \to x_0$ 处的极限仅反映 $f(x)$ 在 x_0 周围的变化趋势,与 $f(x)$ 在 x_0 的值无关.

(2) 在定义 1.7 中,$x \to x_0$ 是指 x 以任意方式趋近于 x_0. 即 x 可以从大于 x_0 一侧趋近于 x_0,也可以从小于 x_0 一侧趋近于 x_0,还可以从两侧同时趋近于 x_0.

定义 1.8　当 x 从 x_0 的左侧 ($x < x_0$) 趋近于 x_0 (记为 $x \to x_0^-$) 时,如果函数 $f(x)$ 无限趋近于一个确定的常数 A,则称 A 为函数 $f(x)$ 当 $x \to x_0^-$ 时的左极限,记为

$$\lim_{x \to x_0^-} f(x) = A \quad \text{或} \quad f(x_0 - 0) = A.$$

定义 1.9　当 x 从 x_0 的右侧 ($x > x_0$) 趋近于 x_0 (记为 $x \to x_0^+$) 时,如果函数 $f(x)$ 无限趋近于一个确定的常数 A,则称 A 为函数 $f(x)$ 当 $x \to x_0^+$ 时的右极限,记为

$$\lim_{x \to x_0^+} f(x) = A \quad \text{或} \quad f(x_0 + 0) = A.$$

根据极限、左右极限的定义,不难得到如下结论：

$$\lim_{x \to x_0} f(x) = A \Leftrightarrow \lim_{x \to x_0^-} f(x) = \lim_{x \to x_0^+} f(x) = A.$$

即函数在 $x = x_0$ 时极限存在的充要条件是函数在 $x = x_0$ 处左、右极限存在且相等.

例 1-10　观察说明 $\lim\limits_{x \to 1}(x+1) = 2$,$\lim\limits_{x \to 1}\dfrac{x^2-1}{x-1} = 2$.

解　从图 1-2 和图 1-3 容易得出,当 $x \to 1$ 时,$f(x)$,$g(x)$ 变化总的趋势都是 2.

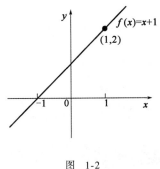

图 1-2

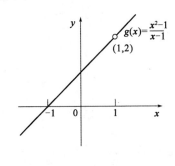

图 1-3

注意到函数 $\dfrac{x^2-1}{x-1}$ 在 $x = 1$ 点处没意义,而 $x \to 1$ 时函数 $\dfrac{x^2-1}{x-1}$ 的值的变化趋势是 2. 这说明当 $x \to x_0$ 时 $f(x)$ 的极限与 $x = x_0$ 点处是否有定义无关.

反之,有定义也未必有极限,如 $f(x)=\begin{cases}1,x<0,\\0,x=0,\\-1,x>0,\end{cases}$ 在 $x=0$ 有定义但极限不存在.

例 1-11 $f(x)=\begin{cases}x+1,x<0,\\x^2,0\leq x\leq 1,\\x,x>1,\end{cases}$ 求 $\lim\limits_{x\to 0}f(x),\lim\limits_{x\to 1}f(x),\lim\limits_{x\to 2}f(x)$,见图 1-4.

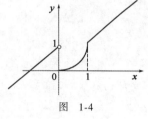

图 1-4

解 (1) 在 $x=0$ 处

∵ $\lim\limits_{x\to 0^-}f(x)=\lim\limits_{x\to 0^-}(x+1)=1$,

$\lim\limits_{x\to 0^+}f(x)=\lim\limits_{x\to 0^+}x^2=0$,

$\lim\limits_{x\to 0^-}f(x)\neq\lim\limits_{x\to 0^+}f(x)$,

∴ $\lim\limits_{x\to 0}f(x)$ 不存在.

(2) 在 $x=1$ 处

∵ $\lim\limits_{x\to 1^-}f(x)=\lim\limits_{x\to 1^-}x^2=1$,

$\lim\limits_{x\to 1^+}f(x)=\lim\limits_{x\to 1^+}x=1$,

∴ $\lim\limits_{x\to 1}f(x)=1$.

(3) $\lim\limits_{x\to 2}f(x)=f(2)=2$.

思考:有时需要讨论左右极限,有时却不需要,为什么?

例 1-12 求 $\lim\limits_{x\to 0}\dfrac{1}{x}$.

解 ∵ $\lim\limits_{x\to 0^-}\dfrac{1}{x}=-\infty$,

$\lim\limits_{x\to 0^+}\dfrac{1}{x}=+\infty$,

∴ $\lim\limits_{x\to 0}\dfrac{1}{x}$ 不存在.

例 1-13 判断 $\lim\limits_{x\to 0}e^{\frac{1}{x}}$ 是否存在.

解 当 $x\to 0^-$ 时, $\dfrac{1}{x}\to -\infty$,∴ $e^{\frac{1}{x}}\to 0$,左极限存在.

当 $x\to 0^+$ 时, $\dfrac{1}{x}\to +\infty$,∴ $e^{\frac{1}{x}}\to +\infty$,右极限不存在.

∴ 当 $x\to 0$ 时,左极限存在而右极限不存在,所以 $\lim\limits_{x\to 0}e^{\frac{1}{x}}$ 不存在.

二、极限的性质和运算法则

1. 极限的性质

性质 1(唯一性) 若 $\lim\limits_{x\to x_0}f(x)=A,\lim\limits_{x\to x_0}f(x)=B$,则 $A=B$.

性质 2(有界性) 若 $\lim\limits_{x\to x_0}f(x)=A$,则在 x_0 的某个去心邻域内 $f(x)$ 有界.

性质 3(局部保号性) 若 $\lim\limits_{x\to x_0}f(x)=A$ 且 $A>0$(或 $A<0$),则在 x_0 的某一去心邻域内 $f(x)>0$ 或 $f(x)<0$.

注:开区间 $(x_0-\delta,x_0+\delta)$ 称为点 x_0 的邻域,开区间 $(x_0-\delta,x_0)\cup(x_0,x_0+\delta)$ 称为点 x_0 的去心 δ 邻域,其中 $\delta>0$.

2. 极限的四则运算法则

若 $\lim f(x)=A,\lim g(x)=B$,则这里省略了自变量的变化趋势,以下极限均表示在自变量的同一变化趋势下的极限.

(1) $\lim[f(x)\pm g(x)]=\lim f(x)\pm\lim g(x)=A\pm B.$

(2) $\lim[f(x)\cdot g(x)]=\lim f(x)\cdot\lim g(x)=AB.$

(3) $\lim\dfrac{f(x)}{g(x)}=\dfrac{\lim f(x)}{\lim g(x)}=\dfrac{A}{B}\quad(B\neq 0).$

推论 1 常数可以提到极限号前,即 $\lim Cf(x)=C\lim f(x)=CA.$

推论 2 若 m 为正整数,则 $\lim[f(x)]^m=[\lim f(x)]^m=A^m.$

例 1-14 求 $\lim\limits_{x\to 1}(x^2+8x-7).$

解 $\lim\limits_{x\to 1}x^2+\lim\limits_{x\to 1}(8x)-\lim\limits_{x\to 1}7=1+8-7=2.$

例 1-15 求 $\lim\limits_{x\to -1}\dfrac{4x^2-3x+1}{2x^2-6x+4}$(有理分式函数).

解 这里分母极限不为零,故

$$\text{原式}=\dfrac{\lim\limits_{x\to -1}(4x^2-3x+1)}{\lim\limits_{x\to -1}(2x^2-6x+4)}=\dfrac{2}{3}.$$

从上面两个例子可以看出,求有理整函数(多项式)或有理分式函数当 $x\to x_0$ 时的极限时,只要把 x_0 代替函数中的 x 就行了;但是对于有理分式函数,这样代入后如果分母等于零,则没有意义.

例 1-16 求 $\lim\limits_{x\to 3}\dfrac{x-3}{x^2-9}.$

分析:当 $x\to 3$ 时,分子、分母极限都是零,所以不能直接用商的极限运算法则.可以通过约分,消去使得分子、分母为零的因式.

解 $\lim\limits_{x\to 3}\dfrac{x-3}{x^2-9}=\lim\limits_{x\to 3}\dfrac{x-3}{(x-3)(x+3)}=\lim\limits_{x\to 3}\dfrac{1}{x+3}=\dfrac{1}{6}.$

例 1-17 求 $\lim\limits_{x\to 0}\dfrac{\sqrt{x+1}-1}{x}.$

分析:本题分母以零为极限,不能直接运用极限法则,但是如果把分子、分母同乘以分子的共轭有理式,而后就可以运用极限四则运算法则.

解 $\lim\limits_{x\to 0}\dfrac{\sqrt{x+1}-1}{x}=\lim\limits_{x\to 0}\dfrac{\sqrt{x+1}-1}{x}\cdot\dfrac{\sqrt{x+1}+1}{\sqrt{x+1}+1}=\lim\limits_{x\to 0}\dfrac{x+1-1}{x(\sqrt{x+1}+1)}=\lim\limits_{x\to 0}\dfrac{1}{\sqrt{x+1}+1}=\dfrac{1}{2}.$

例 1-18 计算(1) $\lim\limits_{x\to\infty}\dfrac{3x^2-2x-1}{x^3-x^2+2}$;(2) $\lim\limits_{x\to\infty}\dfrac{2x^3+x^2-5}{x^2-3x+1}.$

当 $x \to \infty$ 时,分子、分母极限都趋于无穷大,称为"$\dfrac{\infty}{\infty}$"型,求该类型分式极限的方法是分子、分母同时除以 x 的最高次幂.

解 (1) $\lim\limits_{x \to \infty} \dfrac{3x^2 - 2x - 1}{x^3 - x^2 + 2} = \lim\limits_{x \to \infty} \dfrac{\dfrac{3}{x} - \dfrac{2}{x^2} - \dfrac{1}{x^3}}{1 - \dfrac{1}{x} - \dfrac{5}{x^3}} = \dfrac{0}{1} = 0.$

(2) $\lim\limits_{x \to \infty} \dfrac{x^2 - 3x + 1}{2x^3 + x^2 - 5} = \lim\limits_{x \to \infty} \dfrac{\dfrac{1}{x} + \dfrac{3}{x^2} + \dfrac{1}{x^3}}{2 + \dfrac{1}{x} - \dfrac{5}{x^3}} = \dfrac{0}{2} = 0$,则

$\lim\limits_{x \to \infty} \dfrac{2x^3 + x^2 - 5}{x^2 - 3x + 1} = \lim\limits_{x \to \infty} \dfrac{2 + \dfrac{1}{x} - \dfrac{5}{x^3}}{\dfrac{1}{x} + \dfrac{3}{x^2} + \dfrac{1}{x^3}} = \infty.$

一般地,若 $a_n \neq 0$,$b_m \neq 0$,m、n 为正整数,则

$$\lim\limits_{x \to \infty} \dfrac{a_n x^n + a_{n-1} x^{n-1} + \cdots + a_1 x + a_0}{b_m x^m + b_{m-1} x^{m-1} + \cdots + b_1 x + b_0} = \begin{cases} \dfrac{a_m}{b_m}, & m = n, \\ 0, & m > n, \\ \infty, & m < n. \end{cases}$$

例 1-19 $\lim\limits_{x \to 2} \left(\dfrac{x}{x^2 - 4} - \dfrac{1}{x - 2} \right).$

分析:当 $x \to 2$ 时,上式两项极限均为无穷(呈现"$\infty - \infty$"型),可以先通分再求极限.

解 $\lim\limits_{x \to 2} \left(\dfrac{x}{x^2 - 4} - \dfrac{1}{x - 2} \right) = \lim\limits_{x \to 2} \dfrac{-2}{x^2 - 4} = \infty.$

*3. 两个准则

准则 1 单调有界数列必有极限

如果数列 $\{x_n\}$ 满足条件 $x_1 \leqslant x_2 \leqslant x_3 \leqslant \cdots \leqslant x_n \leqslant x_{n+1} \leqslant \cdots$,就称数列 $\{x_n\}$ 是单调增大的;如果数列 $\{x_n\}$ 满足条件 $x_1 \geqslant x_2 \geqslant x_3 \geqslant \cdots \geqslant x_n \geqslant x_{n+1} \geqslant \cdots$,就称数列 $\{x_n\}$ 是单调减小的. 单调增大和单调减小的数列统称为单调数列.

准则 2(夹逼准则) 如果数列 $\{x_n\}$、$\{y_n\}$ 及 $\{z_n\}$ 满足下列条件:

(1) $y_n \leqslant x_n \leqslant z_n$ $(n = 1, 2, 3 \cdots)$,

(2) $\lim\limits_{n \to \infty} y_n = a$,$\lim\limits_{n \to \infty} z_n = a$,

那么数列 $\{x_n\}$ 的极限存在,且 $\lim\limits_{n \to \infty} x_n = a$.

准则 2′(夹逼准则) 若在 x_0 的某个去心 δ 邻域内,有 $g(x) \leqslant f(x) \leqslant h(x)$,$\lim\limits_{x \to x_0} g(x) = \lim\limits_{x \to x_0} h(x) = A$,则 $\lim\limits_{x \to x_0} f(x) = A$.

例 1-20 求 $\lim\limits_{n \to \infty} \left(\dfrac{1}{\sqrt{n^2 + 1}} + \dfrac{1}{\sqrt{n^2 + 2}} + \cdots + \dfrac{1}{\sqrt{n^2 + n}} \right).$

解 $\dfrac{n}{\sqrt{n^2+n}} < \dfrac{1}{\sqrt{n^2+1}} + \cdots + \dfrac{1}{\sqrt{n^2+n}} < \dfrac{n}{\sqrt{n^2+1}}$,

而 $\lim\limits_{n\to\infty}\dfrac{n}{\sqrt{n^2+n}} = \lim\limits_{n\to\infty}\dfrac{n}{\sqrt{n^2+1}} = 1$.

所以原式极限为 1.

例 1-21 求 $\lim\limits_{x\to 0}\dfrac{\sin x}{x}$.

解 当 $0 < x < \dfrac{\pi}{2}$ 时,有 $\sin x < x < \tan x$

$$1 < \dfrac{x}{\sin x} < \dfrac{\tan x}{\sin x} = \dfrac{1}{\cos x},$$

$$1 > \dfrac{\sin x}{x} > \cos x, \lim\limits_{x\to 0} 1 = 1, \lim\limits_{x\to 0}\cos x = 1,$$

由夹逼准则可得 $\lim\limits_{x\to 0}\dfrac{\sin x}{x} = 1$.

三、两个重要极限

1. 第一个重要极限

$$\lim\limits_{x\to 0}\dfrac{\sin x}{x} = 1. \tag{1-1}$$

第一个重要极限的特点:

(1) 是 $\dfrac{0}{0}$ 型;

(2) 形式必须一致,即 $\lim\limits_{\varphi(x)\to 0}\dfrac{\sin\varphi(x)}{\varphi(x)}$ 中三处 $\varphi(x)$ 一致.

只要满足以上两个特点,就有 $\lim\limits_{\varphi(x)\to 0}\dfrac{\sin\varphi(x)}{\varphi(x)} = 1$.

例 1-22 求 $\lim\limits_{x\to 0}\dfrac{\sin 3x}{2x}$.

解 $\lim\limits_{x\to 0}\dfrac{\sin 3x}{2x} = \lim\limits_{x\to 0}\left(\dfrac{\sin 3x}{3x}\cdot\dfrac{3}{2}\right) = \lim\limits_{t\to 0}\dfrac{\sin t}{t}\cdot\dfrac{3}{2} = 1\times\dfrac{3}{2} = \dfrac{3}{2}$ (令 $t = 3x$).

例 1-23 求 $\lim\limits_{x\to 0}\dfrac{\tan x}{x}$.

解 $\lim\limits_{x\to 0}\dfrac{\tan x}{x} = \lim\limits_{x\to 0}\left(\dfrac{\sin x}{x}\cdot\dfrac{1}{\cos x}\right) = 1\times 1 = 1$.

例 1-24 求 $\lim\limits_{x\to 0}\dfrac{\sin 5x}{\tan 3x}$.

解 $\lim\limits_{x\to 0}\dfrac{\sin 5x}{\tan 3x} = \lim\limits_{x\to 0}\left(\dfrac{\sin 5x}{5x}\cdot\dfrac{3x}{\tan 3x}\cdot\dfrac{5}{3}\right) = 1\times 1\times\dfrac{5}{3} = \dfrac{5}{3}$.

例 1-25 求 $\lim\limits_{x\to 0}\dfrac{1-\cos x}{x^2}$.

解 $\lim\limits_{x\to 0}\dfrac{1-\cos x}{x^2} = \lim\limits_{x\to 0}\dfrac{2\sin^2\dfrac{x}{2}}{x^2} = \lim\limits_{x\to 0}\dfrac{2\sin^2\dfrac{x}{2}}{4\left(\dfrac{x}{2}\right)^2} = \dfrac{1}{2}\lim\limits_{x\to 0}\left(\dfrac{\sin\dfrac{x}{2}}{\dfrac{x}{2}}\right)^2 = \dfrac{1}{2}.$

例 1-26 求 $\lim\limits_{x\to\frac{\pi}{2}}\dfrac{\cos x}{\dfrac{\pi}{2}-x}$.

解 因为 $\cos x = \sin\left(\dfrac{\pi}{2}-x\right)$,所以

$$\lim_{x\to\frac{\pi}{2}}\dfrac{\cos x}{\dfrac{\pi}{2}-x} = \lim_{x\to\frac{\pi}{2}}\dfrac{\sin\left(\dfrac{\pi}{2}-x\right)}{\dfrac{\pi}{2}-x} = 1.$$

例 1-27 求 $\lim\limits_{x\to\infty} x^2\cdot\sin\dfrac{1}{x^2}$.

解 $\lim\limits_{x\to\infty} x^2\cdot\sin\dfrac{1}{x^2} = \lim\limits_{x\to\infty}\dfrac{\sin\dfrac{1}{x^2}}{\dfrac{1}{x^2}} = 1.$

2. 第二个重要极限

$$\lim_{x\to\infty}\left(1+\dfrac{1}{x}\right)^x = \mathrm{e}. \tag{1-2}$$

或

$$\lim_{x\to 0}(1+x)^{\frac{1}{x}} = \mathrm{e}. \tag{1-3}$$

第二个重要极限的特点：
（1）1^∞ 型；
（2）$\lim\limits_{\varphi(x)\to\infty}\left(1+\dfrac{1}{\varphi(x)}\right)^{\varphi(x)}$ 中的三处 $\varphi(x)$ 一致.

例 1-28 求 $\lim\limits_{x\to\infty}\left(1+\dfrac{1}{x}\right)^{2x+3}$.

解 $\lim\limits_{x\to\infty}\left(1+\dfrac{1}{x}\right)^{2x+3} = \lim\limits_{x\to\infty}\left[\left(1+\dfrac{1}{x}\right)^x\right]^2 \cdot \left(1+\dfrac{1}{x}\right)^3 = \mathrm{e}^2\cdot 1 = \mathrm{e}^2.$

例 1-29 求 $\lim\limits_{x\to\infty}\left(1-\dfrac{3}{x}\right)^x$.

解 $\lim\limits_{x\to\infty}\left(1-\dfrac{3}{x}\right)^x = \lim\limits_{x\to\infty}\left(1+\dfrac{1}{-\dfrac{x}{3}}\right)^{-\frac{x}{3}\cdot(-3)} = \lim\limits_{t\to\infty}\left(1+\dfrac{1}{t}\right)^{-3t} = \mathrm{e}^{-3}\left(\diamondsuit\ t=-\dfrac{x}{3}\right).$

例 1-30 求 $\lim\limits_{x\to\infty}\left(1+\dfrac{1}{2x-1}\right)^{4x}$.

解 令 $t = 2x-1$，则 $x = \dfrac{t+1}{2}$.

$$\therefore \lim_{x\to\infty}\left(1+\frac{1}{2x-1}\right)^{4x} = \lim_{t\to\infty}\left(1+\frac{1}{t}\right)^{2t+2} = e^2.$$

例 1-31 求 $\lim\limits_{x\to\infty}\left(\dfrac{2x-4}{2x-3}\right)^x$.

解 $\lim\limits_{x\to\infty}\left(\dfrac{2x-4}{2x-3}\right)^x = \lim\limits_{x\to\infty}\left(\dfrac{2x-3-1}{2x-3}\right)^x = \lim\limits_{x\to\infty}\left(1-\dfrac{1}{2x-3}\right)^x$.

令 $t = 3 - 2x$, 则 $x = \dfrac{3-t}{2}$.

$$\therefore \lim_{x\to\infty}\left(\frac{2x-4}{2x-3}\right)^x = \lim_{x\to\infty}\left(1-\frac{1}{2x-3}\right)^x = \lim_{t\to\infty}\left(1+\frac{1}{t}\right)^{-\frac{1}{2}t+\frac{3}{2}} = e^{-\frac{1}{2}}.$$

四、无穷小的比较

1. 无穷小量

定义 1.10 若函数 $f(x)$ 在自变量的某一变化过程中以零为极限,则称在该变化过程中 $f(x)$ 为**无穷小量**,简称**无穷小**.

例如: $f(x) = \dfrac{1}{2x}$, 是当 $x\to\infty$ 时的无穷小; $f(x) = a^x (a>1)$ 是当 $x\to-\infty$ 时的无穷小.

注意:

(1) 一个非常小的数不是无穷小,因为非常小的数的极限不等于 0;

(2) 常数中只有 0 是无穷小;

(3) 一个变量是否为无穷小与其自变量的变化趋势有关,说一个函数 $f(x)$ 是无穷小,必须同时指明自变量 x 的变化趋势.

如 $f(x) = \dfrac{1}{x}$, 当 $x\to\infty$ 时, $f(x)$ 是无穷小; 当 x 不趋近于 ∞ 时, $f(x)$ 就不是无穷小.

无穷小有以下性质:

性质 1 有限个无穷小的代数和仍然是无穷小.

性质 2 有限个无穷小之积仍然是无穷小.

性质 3 有界函数与无穷小的乘积仍然是无穷小.

推论 常数与无穷小量之积为无穷小.

例 1-32 证明 (1) 当 $x\to\infty$ 时, $\dfrac{\cos x}{x}$ 是无穷小;

(2) 当 $x\to 0$ 时, $x\sin\dfrac{1}{x}$ 是无穷小.

证明: (1) $\because \lim\limits_{x\to\infty}\dfrac{1}{x} = 0$, $|\cos x| \leq 1$, 根据性质 3, $\lim\limits_{x\to\infty}\dfrac{\cos x}{x} = 0$;

(2) $\because \lim\limits_{x\to 0} x = 0$, $\left|\sin\dfrac{1}{x}\right| \leq 1$, 根据性质 3, $\lim\limits_{x\to 0} x\sin\dfrac{1}{x} = 0$.

例 1-33 求极限 $\lim\limits_{n\to+\infty}\dfrac{1+2+\cdots+n}{n^2}$.

注意: 这里是无穷多个无穷小的和,不能用四则运算.

解 由 $1+2+\cdots+n = n(n+1)/2$,知

$$\lim_{n\to+\infty}\frac{1+2+\cdots+n}{n^2} = \lim_{n\to+\infty}\frac{n+1}{2n} = \frac{1}{2}.$$

例 1-34 $\lim\limits_{x\to+\infty}\dfrac{x\cos x}{\sqrt{1+x^3}}$.

解 因为当 $x\to\infty$ 时,$x\cos x$ 极限不存在,也不能直接用极限运算法则,注意到 $\cos x$ 有界(因为 $|\cos x|\leqslant 1$),又

$$\lim_{x\to+\infty}\frac{x}{\sqrt{1+x^3}} = \lim_{x\to+\infty}\frac{x}{x\sqrt{\frac{1}{x^2}+x}} = 0,$$

根据无穷小的性质,得:

$$\lim_{x\to+\infty}\frac{x\cos x}{\sqrt{1+x^3}} = \lim_{x\to+\infty}\cos x\frac{x}{\sqrt{1+x^3}} = 0.$$

2. 无穷大量

定义 1.11 若在 x 的某一个变化过程中,函数 $f(x)$ 的绝对值 $|f(x)|$ 无限增大,则称函数 $f(x)$ 在 x 的这个变化过程中是无穷大量,简称**无穷大**.

注意:

(1)一个绝对值非常大的数不是无穷大,因为无穷大是一个变量.

(2)一个变量是否为无穷大,与它的自变量的变化趋势密切相关,如 $f(x)=\dfrac{1}{x}$,当 $x\to 0$ 时是无穷大;当 $x\to\infty$ 时是无穷小;当 $x\to 1$ 时,极限是常数 1.

(3)切勿将 $\lim\limits_{x\to x_0}f(x)=\infty$ 认为极限存在.

3. 无穷小与无穷大的关系

在自变量的同一变化过程中,若 $f(x)$ 为无穷大,则 $\dfrac{1}{f(x)}$ 为无穷小;反之,若 $f(x)$ 为无穷小且 $f(x)\neq 0$,则 $\dfrac{1}{f(x)}$ 为无穷大.

例如,当 $x\to 0$ 时,x^3 是无穷小,$\dfrac{1}{x^3}$ 是无穷大.

4. 无穷小的比较

设 $\alpha(x)$ 和 $\beta(x)$ 是 $x\to x_0$ 时的两个无穷小,若

(1) $\lim\limits_{x\to x_0}\dfrac{\beta(x)}{\alpha(x)}=0$,则称当 $x\to x_0$ 时,$\beta(x)$ 是比 $\alpha(x)$ **高阶无穷小**(即 β 比 α 趋于 0 的"速度"快),记为 $\beta(x)=o[\alpha(x)]$,$(x\to x_0)$.

(2) $\lim\limits_{x\to x_0}\dfrac{\beta(x)}{\alpha(x)}=\infty$,则称当 $x\to x_0$ 时,$\beta(x)$ 是比 $\alpha(x)$ **低阶无穷小**(即 β 比 α 趋于 0 的"速度"慢).

(3) $\lim\limits_{x\to x_0}\dfrac{\beta(x)}{\alpha(x)}=C\neq 0$,则称当 $x\to x_0$ 时,$\beta(x)$ 与 $\alpha(x)$ **同阶无穷小**(即 β 与 α 趋于 0 的"速

度""几乎相当")

特殊地,当 $C=1$ 时,则称 $\beta(x)$ 与 $\alpha(x)$ 是**等价无穷小**,记为 $\alpha(x) \sim \beta(x)$(其中 $x \to x_0$).

例如,由于 $\lim\limits_{x \to 0}\dfrac{\sin x}{x} = 1$,$\lim\limits_{x \to 0}\dfrac{\tan x}{x} = 1$,所以当 $x \to 0$ 时,$x \sim \sin x$,$x \sim \tan x$.

例 1-35 比较 $x \to 0$ 时无穷小 $1 - \cos x$ 与 $\dfrac{1}{2}x^2$ 的阶.

解 $\lim\limits_{x \to 0}\dfrac{1-\cos x}{\dfrac{1}{2}x^2} = \lim\limits_{x \to 0}\dfrac{\sin^2 \dfrac{x}{2}}{\left(\dfrac{1}{2}x\right)^2} = 1.$

关于等价无穷小,有以下定理:

定理 1.1 如果当 $x \to x_0$ 时,$\alpha(x) \sim \alpha'(x)$,$\beta(x) \sim \beta'(x)$,且 $\lim\limits_{x \to x_0}\dfrac{\beta'(x)}{\alpha'(x)}$ 存在,则

$$\lim_{x \to x_0}\dfrac{\beta(x)}{\alpha(x)} = \lim_{x \to x_0}\dfrac{\beta'(x)}{\alpha'(x)}.$$

这个定理表明,求两个无穷小之比的极限时,分子及分母都可以用等价无穷小来替换.

应该熟记一些无穷小,这对解题是有帮助的:

当 $x \to 0$ 时:$\sin x \sim x$;$\arcsin x \sim x$;$1 - \cos x \sim \dfrac{x^2}{2}$;$\tan x \sim x$;$\arctan x \sim x$;$e^x - 1 \sim x$;$\ln(1+x) \sim x$;$\sqrt[n]{1+x} - 1 \sim \dfrac{x}{n}$;$(1+x)^a - 1 \sim ax$.

例 1-36 求 $\lim\limits_{x \to 0}\dfrac{\sin 3x}{\tan 5x}$.

解 ∵ 当 $x \to 0$ 时,$\sin 3x \sim 3x$,$\sin 5x \sim 5x$,

∴ $\lim\limits_{x \to 0}\dfrac{\sin 3x}{\tan 5x} = \lim\limits_{x \to 0}\dfrac{3x}{5x} = \dfrac{3}{5}.$

例 1-37 求 $\lim\limits_{x \to 0}\dfrac{\ln(1+2x)}{e^x - 1}$.

解 当 $x \to 0$ 时,$e^x - 1 \sim x$,$\ln(1+2x) \sim 2x$,所以利用无穷小等价替换可得

$$\lim_{x \to 0}\dfrac{\ln(1+2x)}{e^x - 1} = \lim_{x \to 0}\dfrac{2x}{x} = 2.$$

习题 1.2

1. 计算下列极限:

(1) $\lim\limits_{x \to 1}\dfrac{x+5}{x^2 - x + 1}$;

(2) $\lim\limits_{x \to 2}\dfrac{x^2 - 4}{x^2 - 4x + 4}$;

(3) $\lim\limits_{x \to 4}\dfrac{x-4}{\sqrt{x} - 2}$;

(4) $\lim\limits_{x \to \infty}\dfrac{2x^2 - 3x + 5}{x^2 - x + 1}$;

(5) $\lim\limits_{x \to \infty}\dfrac{2x}{x^2 - x + 1}$;

(6) $\lim\limits_{x \to 1}\left(\dfrac{1}{x-1} - \dfrac{1}{x^2 - 1}\right)$;

(7) $\lim\limits_{x \to \infty}\dfrac{(x-1)(2x-1)^2}{(x+1)^3}$.

2. 已知 $f(x)=\begin{cases}2x+1, & x\leq 1,\\ x^2-x+3, & 1<x\leq 2,\\ x^3-1, & x>2,\end{cases}$ 求 $\lim\limits_{x\to 1}f(x),\lim\limits_{x\to 2}f(x),\lim\limits_{x\to 3}f(x)$.

3. 已知 $f(x)=\begin{cases}a+\ln(1+x), & x>0,\\ \sqrt{2x+1}, & -\dfrac{1}{2}<x\leq 0,\\ e^{x+\frac{1}{2}}-b, & x\leq -\dfrac{1}{2},\end{cases}$ 若 $\lim\limits_{x\to -\frac{1}{2}}f(x)$ 且 $\lim\limits_{x\to 0}f(x)$ 均存在,求 a,b.

4. 计算下列极限:

(1) $\lim\limits_{x\to 0}\dfrac{\sin 3x}{x}$; (2) $\lim\limits_{x\to 0}\dfrac{\sin 2x}{\tan 3x}$;

(3) $\lim\limits_{x\to\infty}\dfrac{\sin 2x}{3x}$; (4) $\lim\limits_{x\to\infty}x\sin\dfrac{1}{x}$;

(5) $\lim\limits_{x\to 0}x\sin\dfrac{1}{x}$; (6) $\lim\limits_{x\to\infty}\left(1+\dfrac{2}{x}\right)^x$;

(7) $\lim\limits_{x\to\infty}\left(1-\dfrac{1}{3x}\right)^x$; (8) $\lim\limits_{x\to 0}(1+2x)^{\frac{1}{x}}$;

(9) $\lim\limits_{x\to\infty}\left(\dfrac{1+x}{x}\right)^x$; (10) $\lim\limits_{x\to 0}\left(1-\dfrac{x}{2}\right)^{\frac{3}{x}}$.

5. 求 $\lim\limits_{x\to\infty}\left(x\sin\dfrac{\pi}{x}+\dfrac{\pi}{x}\sin x\right)$.

6. $\lim\limits_{n\to\infty}\left(1+\dfrac{3}{n}\right)^{kn}=e^{-3}$,则 k 为何值.

7. 函数 $y=\ln x$,当 _____ 时,y 是无穷小量;当 _____ 时,y 是无穷大量.

8. 当 $x\to 0$ 时,下列变量:$x\sin\dfrac{1}{x},\dfrac{1}{x}\sin x,\dfrac{e^x-1}{x},\dfrac{\ln(1+x)}{x},\dfrac{1-\cos x}{x^2},\dfrac{\sqrt{1+x^2}-1}{x^2}$ 中哪些是无穷小量?

第三节　函数的连续性

一、函数连续的概念

在自然界中,有许多现象都是连续变化的,如时间和空间是连续变化的;河水的流动、植物的生长、金属丝受热长度的变化、人体的身高等都是连续变化的. 这些现象抽象到函数关系上,就是函数的连续性.

1. 函数的增量

定义 1.12 设自变量 x 从它的一个值 x_0 变化到另一个值 x,其差 $x-x_0$ 称作自变量 x 的增量或改变量,记为 $\Delta x=x-x_0$.

当点 x_0 从左边增大到 x,则 $\Delta x>0$;当点 x_0 从右边减小到 x,则 $\Delta x<0$.

定义 1.13 设自变量 x 从它的一个值 x_0 变化到另一个值 x,其函数值从 $f(x_0)$ 变化到 $f(x)$,则差 $f(x)-f(x_0)$ 称作函数 $f(x)$ 的增量或改变量,记为 $\Delta y=f(x)-f(x_0)$.

同理也可以得到,$\Delta y>0$ 或 $\Delta y<0$.

一般来说,Δy 既与点 x_0 有关,也与 x 的增量 Δx 有关. 当 $\Delta x\to 0$(即 $x\to x_0$)时,若 $\Delta y\to 0$

[即 $f(x) \to f(x_0)$],通俗地说,即当 x 趋于 x_0 时,$f(x)$ 的值也"同步平稳"地到达 $f(x_0)$;那么,从图像上观察函数 $f(x)$ 在点 x_0 会有什么样的性态呢? 不难发现,这正好刻画了 $f(x)$ 在点 x_0 是连续的这个事实.

2. 函数的连续性

定义 1.14 设函数 $y = f(x)$ 在点 x_0 及其近旁有定义,如果 $\lim\limits_{\Delta x \to 0} \Delta y = \lim\limits_{\Delta x \to 0} [f(x_0 + \Delta x) - f(x_0)] = 0$,则称函数 $y = f(x)$ 在点 x_0 处连续.

在定义 1.14 中,设 $x = x_0 + \Delta x$,即 $\Delta x = x - x_0$,则 $\Delta x \to 0$ 就相当于 $x \to x_0$,而 $\Delta y = f(x_0 + \Delta x) - f(x_0) \to 0$ 就相当于 $f(x) \to f(x_0)$,即 $\lim\limits_{\Delta x \to 0} \Delta y = 0$

就等价于

$$\lim_{x \to x_0} f(x) = f(x_0).$$

因此,定义 1.14 可以等价表述为:

定义 1.15 设函数 $y = f(x)$ 在点 x_0 及其近旁有定义,如果 $\lim\limits_{x \to x_0} f(x) = f(x_0)$,则称函数 $y = f(x)$ 在点 x_0 处连续,并称 x_0 为 $f(x)$ 的连续点.

定义 1.16 设函数 $y = f(x)$ 在开区间 (a, b) 上有定义,如果 $f(x)$ 在开区间 (a, b) 内每一点都连续,则称函数 $f(x)$ 在开区间 (a, b) 内连续,(a, b) 叫作函数 $f(x)$ 的连续区间.

定义 1.17 设函数 $y = f(x)$ 在闭区间 $[a, b]$ 上有定义,在开区间 (a, b) 内连续且在 $x = a$ 处右连续 $[\lim\limits_{x \to a^+} f(x) = f(a)]$、在 $x = b$ 处左连续 $[\lim\limits_{x \to b^-} f(x) = f(b)]$,则称函数 $y = f(x)$ 在闭区间 $[a, b]$ 上连续.

由函数在某点连续的定义和极限的四则运算法则可知:有限个连续函数的和、差、积、商(分母不为 0)仍然是连续函数;由连续函数复合而成的复合函数也是连续函数. 因此:

一切初等函数在其定义区间内都是连续函数. 对于连续函数 $f(x)$,若 $f(x_0)$ 有意义,则 $\lim\limits_{x \to x_0} f(x) = f(x_0)$.

由定义 1.15 可知,函数 $y = f(x)$ 在点 x_0 处连续,必须满足下列三个条件:

(1) 函数 $y = f(x)$ 在点 x_0 处有定义;

(2) $\lim\limits_{x \to x_0} f(x)$ 存在,即 $\lim\limits_{x \to x_0^-} f(x) = \lim\limits_{x \to x_0^+} f(x)$;

(3) $\lim\limits_{x \to x_0} f(x) = f(x_0)$.

以上三个条件含有一条不满足,则函数 $y = f(x)$ 在点 x_0 处就不连续,而不连续的点称为函数 $f(x)$ 的间断点.

例 1-38 设函数 $f(x) = \begin{cases} 2x^2, & x \leq 1 \\ x + 1, & x > 1 \end{cases}$,讨论 $y = f(x)$ 在点 $x = 1$ 处的连续性.

解 当 $x = 1$ 时,$f(1) = 2$.

$\lim\limits_{x \to 1^-} f(x) = \lim\limits_{x \to 1^-} 2x^2 = 2$,$\lim\limits_{x \to 1^+} f(x) = \lim\limits_{x \to 1^+} (x + 1) = 2$,则有 $\lim\limits_{x \to 1} f(x) = 2 = f(1)$.

所以,函数 $f(x)$ 在点 $x = 1$ 处连续.

例 1-39 设函数 $f(x) = \begin{cases} x \sin \dfrac{1}{x}, & x \neq 0 \\ 0, & x = 0 \end{cases}$,讨论 $y = f(x)$ 在点 $x = 0$ 处的连续性.

解 当 $x=0$ 时，$f(0)=0$.

$$\lim_{x\to 0}f(x)=\lim_{x\to 0}x\sin\frac{1}{x}=0=f(0),$$

所以，函数 $f(x)$ 在点 $x=0$ 处连续.

3. 函数的间断

定义 1.18 若函数 $y=f(x)$ 在点 x_0 处不连续，则称 $f(x)$ 在 x_0 处间断，x_0 称为 $f(x)$ 的**间断点**.

根据函数连续性定义，函数 $y=f(x)$ 在点 x_0 连续必须同时满足三个条件，只要其中一条不满足，函数 $f(x)$ 就间断. 根据产生间断的原因不同，将间断点分成以下两大类：

(1) 如果 x_0 是函数 $f(x)$ 的间断点，但左极限 $f(x_0-0)$ 及右极限 $f(x_0+0)$ 都存在，那么 x_0 称为函数 $f(x)$ 的**第一类间断点**.

(2) 函数 $f(x)$ 在 x_0 处的左、右极限至少一个不存在，称 x_0 为**第二类间断点**.

在第一类间断点中，左、右极限相等者称为可去间断点，不相等者称为跳跃间断点. 第二类间断点常见的有无穷间断点和振荡间断点.

例 1-40 考察函数 $f(x)=\dfrac{x^2-1}{x-1}$ 在 $x=1$ 处的连续性.

解 由于 $f(x)=\dfrac{x^2-1}{x-1}$ 的定义域为 $x\neq 1$ 的一切实数，即 $f(x)$ 在 $x=1$ 处没有定义，所以 $f(x)$ 在该点间断. 又因为 $\lim\limits_{x\to 1}f(x)=\lim\limits_{x\to 1}\dfrac{x^2-1}{x-1}=\lim\limits_{x\to 1}(x+1)=2$.

所以 $x=1$ 为第一类可去间断点，只要补充定义 $f(1)=2$，函数在该点就连续了. 即

$$f(x)=\begin{cases}\dfrac{x^2-1}{x-1}, & x\neq 1,\\ 2, & x=1.\end{cases}$$

例 1-41 考察函数 $f(x)=\begin{cases}x+1, & x\geq 0\\ 2x^2, & x<0\end{cases}$ 在 $x=0$ 处的连续性.

解 因为 $f(x)$ 的定义域为 $(-\infty,+\infty)$ 且 $f(0)=1$，又因为

$$\lim_{x\to 0^-}f(x)=\lim_{x\to 0^-}2x^2=0,\ \lim_{x\to 0^+}f(x)=\lim_{x\to 0^+}(x+1)=1,$$

左、右极限存在但不相等，即 $\lim\limits_{x\to 0}f(x)$ 极限不存在，所以 $x=0$ 是函数 $f(x)$ 的第一类间断点，且为跳跃间断点.

例 1-42 考察函数 $f(x)=\dfrac{2}{x-3}$ 的连续性.

解 由于 $f(x)=\dfrac{2}{x-3}$ 的定义域为 $x\neq 3$ 的一切实数，即 $f(x)$ 在 $x=3$ 处没有定义，故 $f(x)$ 在该点间断. 又因为

$$\lim_{x\to 3}f(x)=\lim_{x\to 3}\frac{2}{x-3}=\infty,$$

即 $\lim\limits_{x\to 3}f(x)$ 极限不存在，所以 $x=3$ 为函数 $f(x)=\dfrac{2}{x-3}$ 的第二类间断点，且为无穷间断点.

例 1-43 考察函数 $f(x) = \begin{cases} \cos\dfrac{1}{x}, & x \neq 0 \\ 0, & x = 0 \end{cases}$ 在 $x = 0$ 处的连续性.

解 因为 $f(x)$ 的定义域为 $(-\infty, +\infty)$ 且 $f(0) = 0$,又因为

$$\lim_{x \to 0} f(x) = \lim_{x \to 0} \cos\frac{1}{x} \text{不存在}.$$

所以 $\lim_{x \to 0} f(x)$ 极限不存在,$x = 0$ 是函数 $f(x)$ 的第二类间断点,为振荡间断点.

4. 初等函数的连续性

根据初等函数的连续性,如果 x_0 是初等函数 $f(x)$ 定义区间内的点,则有

$$\lim_{x \to x_0} f(x) = f(x_0).$$

定理 1.2(复合函数求极限) 设有函数 $y = f[\varphi(x)]$,$u = \varphi(x)$,若 $\lim_{x \to x_0} \varphi(x) = a$,而函数 $y = f(u)$ 在 $u = a$ 处连续,则

$$\lim_{x \to x_0} f[\varphi(x)] = f\left[\lim_{x \to x_0} \varphi(x)\right] = f(a).$$

即求函数极限可归结为计算函数值.

例 1-44 求下列各极限:

(1) $\lim_{x \to 1} \ln(2x^2 + 1)$; (2) $\lim_{x \to \frac{\pi}{2}} \ln(\sin x)$.

解 (1) 因为函数 $f(x) = \ln(2x^2 + 1)$ 的定义域为一切实数,所以

$$\lim_{x \to 1} \ln(2x^2 + 1) = \ln(2 \times 1^2 + 1) = \ln 3.$$

(2) 因为函数 $f(x) = \ln(\sin x)$ 在 $x = \dfrac{\pi}{2}$ 处连续,故有

$$\lim_{x \to \frac{\pi}{2}} \ln(\sin x) = \ln\left(\sin\frac{\pi}{2}\right) = \ln 1 = 0.$$

*例 1.45 求 $\lim_{x \to \infty} x \ln\left(1 + \dfrac{1}{x}\right)$.

解 $\lim_{x \to \infty} x \ln\left(1 + \dfrac{1}{x}\right) = \lim_{x \to \infty} \ln\left(1 + \dfrac{1}{x}\right)^x = \ln\left[\lim_{x \to \infty} \left(1 + \dfrac{1}{x}\right)^x\right] = \ln e = 1.$

*例 1.46 求 $\lim_{x \to +\infty} \sin(\sqrt{x+2} - \sqrt{x})$.

解 $\lim_{x \to +\infty} \sin(\sqrt{x+2} - \sqrt{x}) = \sin\left[\lim_{x \to +\infty} (\sqrt{x+2} - \sqrt{x})\right]$

$$= \sin\left[\lim_{x \to +\infty} \frac{(\sqrt{x+2} - \sqrt{x})(\sqrt{x+2} + \sqrt{x})}{\sqrt{x+2} + \sqrt{x}}\right]$$

$$= \sin\left[\lim_{x \to +\infty} \frac{2}{\sqrt{x+2} + \sqrt{x}}\right] = \sin 0 = 0.$$

二、闭区间上连续函数的性质

(1) **最值定理** 若 $f(x)$ 在闭区间 $[a, b]$ 上连续,则必存在最大值 M 和最小值 m.

(2) **介值定理** 若 $f(x)$ 在闭区间 $[a, b]$ 上连续,则对于介于 $f(a)$ 与 $f(b)$ 之间的任意值 C,

至少存在一个点 $\xi \in (a,b)$,使得 $f(\xi) = C$.

(3) **零点存在定理** 如果函数 $f(x)$ 在闭区间 $[a,b]$ 上连续,且有 $f(a) \cdot f(b) < 0$,则在 (a,b) 内至少存在一点 x_0 使得 $f(x_0) = 0$.

以上性质证明从略.

例 1-47 证明方程 $e^x - 5x + 1 = 0$ 在 $(0,1)$ 内至少有一个实根.

证 设 $f(x) = e^x - 5x + 1$,显然 $f(x)$ 在 $[0,1]$ 上连续,而
$$f(0) = 2 > 0, f(1) = e - 4 < 0.$$
所以,由零点存在定理可知,至少存在一个 $\xi \in (0,1)$,使得 $f(\xi) = e^\xi - 5\xi + 1 = 0$,即方程 $e^x - 5x + 1 = 0$ 在 $(0,1)$ 内至少有一个实根.

习题 1.3

1. 求函数 $f(x) = \begin{cases} \dfrac{1}{x+1}, & x \leq 0 \\ x - 1, & x > 0 \end{cases}$ 的连续区间.

2. 求函数 $f(x) = \ln(1 - x^2)$ 的连续区间.(专升本)

3. 已知函数 $f(x) = \begin{cases} x^3 \sin \dfrac{1}{x}, & x > 0, \\ b, & x = 0, \\ a + e^x, & x < 0, \end{cases}$ 在 $x = 0$ 处连续,求 a, b 的值.(专升本)

4. 求间断点,并判断间断点的类型:

(1) $f(x) = \dfrac{1}{(1-x)^2}$;(2) $f(x) = \dfrac{x^2 - 1}{x^2 - 3x + 2}$.

5. 已知函数 $f(x) = \begin{cases} ae^x, & x \neq 0, \\ 1, & x = 0, \end{cases}$ 在点 $x = 0$ 处连续,求 a 的值.(专升本)

6. 证明 $x \cdot 3^x = 1$ 至少有一个小于 1 的正根.

第四节 工程中函数关系举例

一、分布荷载、剪力与弯矩函数

1. 分布荷载、剪力与弯矩

作用于结构的外力在工程上统称为**荷载**.当荷载的作用范围相对于研究对象很小时,可近似地看作一个点.作用于一点的力,称为**集中力**或**集中荷载**.当荷载的作用范围相对于研究对象较大时,就称为**分布力**或**分布荷载**.根据荷载的作用范围不同,分布荷载分为"体荷载""面荷载""线荷载";线荷载是工程力学中常见的一种分布荷载,如图 1-5 所示.

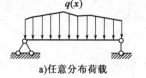
a) 任意分布荷载

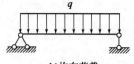
b) 均布荷载

图 1-5

分布荷载在其作用范围内的"某一点"的密集程度,称为分布荷载集度,通常用 q 表示;其大小代表单位体积、单位面积或单位长度上所承受的荷载大小. 如果 q 是常量,称为均布荷载,否则是非均布荷载.

在横截面上有两种内力:平行于横截面的剪力 F_Q 和使梁弯曲的弯矩 M.

横截面上的剪力 F_Q,在数值上等于该截面左侧或右侧梁上全部横向外力的代数和. 横截面上的弯矩 M,在数值上等于该截面左侧或右侧梁上全部外力对该截面形心之矩的代数和.

2. 剪力方程与弯矩方程

通常,在梁的不同横截面或不同梁段上,剪力 F_Q 与弯矩 M 沿梁轴变化. 若沿梁轴取 x 轴,其坐标 x 代表横截面所处的位置,则横截面上的剪力和弯矩可以表示为 x 的函数,即

$$F_Q = F_Q(x), \quad M = M(x).$$

这种表示剪力、弯矩沿梁轴线变化关系的函数关系式,分别称为梁的**剪力方程**与**弯矩方程**.

3. 剪力图与弯矩图

表示剪力和弯矩沿某个轴线变化的图形称为剪力图和弯矩图. 作图时,以横坐标 x 表示梁截面位置,以纵坐标 y 表示内力值. 需要注意的是,土建工程中剪力图默认的纵坐标正向朝上;而弯矩图的纵坐标有可能正向朝下. 在第三章第五节讨论剪力图和弯矩图的关系时,特别要注意根据坐标正向的朝向进行讨论.

例 1-48 一单臂外伸梁的受力情况如图 1-6 所示,沿梁的长度方向(即原点 O 在 A 端的 Ox 轴方向),不同位置 x 处的梁面上的弯矩如下式所示:

$$M(x) = \begin{cases} 2x - x^2, & 0 \leqslant x \leqslant 3, \\ 10x - x^2 - 24, & 3 < x \leqslant 4. \end{cases}$$

试求支座 A,B 及 C 端处的梁截面上的弯矩 M 值.

解 该题的弯矩函数是个分段函数,它反映了在梁的不同横截面 x 处的弯矩. 依题可知:

$x_A = 0 \quad \therefore M_A = M(0) = 0;$

$x_B = 3 \quad \therefore M_B = M(3) = 2 \times 3 - 3^2 = -3;$

$x_C = 4 \quad \therefore M_C = M(4) = 10 \times 4 - 4^2 - 24 = 0.$

例 1-49 如图 1-7 所示一简支梁截面上的剪力 $Q = P\left(\dfrac{1}{3} - \dfrac{x^2}{l^2}\right)$,其中 P 为分布荷载的合力,l 为梁的跨度,x 为梁的横截面的位置坐标,求在截面什么位置($x = ?$)剪力 $Q = 0$.

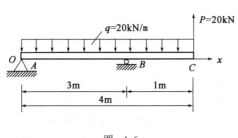

图 1-6

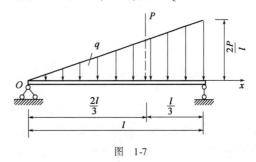

图 1-7

解 令 $Q = P\left(\dfrac{1}{3} - \dfrac{x^2}{l^2}\right) = 0$,易得 $x = \dfrac{\sqrt{3}\,l}{3}$.

二、挠曲线方程

1. 挠曲线

在外力作用下,梁的轴线由直线变为一条连续而光滑的曲线. 弯曲变形后轴线称为挠曲线. 如图 1-8 所示,在 xOy 平面内,悬臂梁 AB 在 y 轴向集中力 P 作用下发生平面弯曲变形,变形后挠曲线为 xOy 平面内的曲线 AB'. 在小变形条件下,梁的变形可用挠度和转角两个基本量度量.

2. 挠度

横截面形心在垂直于梁轴线方向的位移称为挠度,用 y 表示,向上为正,如图 1-8 所示. 梁各横截面的挠度是截面位置坐标 x 的函数:

$$y = f(x).$$

这个函数称为梁的挠曲线方程或挠度曲线表达式.

3. 转角

梁变形时,不但截面中心有线位移,整个截面还有角位移. 横截面相对原始位置绕中性轴转过的角度,称为转角,用 θ 表示,以逆时针为正,如图 1-8 所示. 在小变形和平面假设下,任一横截面的以弧度为单位的转角 θ 等于挠曲线在该截面处的斜率 $\theta \approx \tan\theta$(即当变形很小时,梁截面的转角等于同一截面的挠度 y 对 x 坐标的一阶导数). 有关计算将在第三章导数的应用中加以介绍.

例 1-50 如图 1-9 所示的简支梁受均匀荷载 q 而发生弯曲,由力学知识可知,此梁弯曲的挠曲线方程为 $y = \dfrac{q}{24EI}(x^4 - 2lx^3 + l^3 x)$,其中,抗弯刚度 EI、梁的跨度 l 及 q 均为常数. 有关计算将在后面介绍.

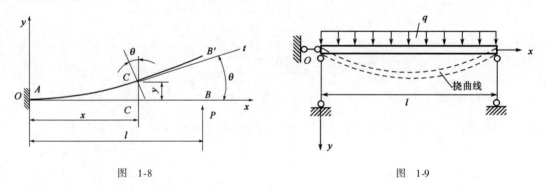

图 1-8 图 1-9

三、函数关系的建立

在土建工程中,常需要找出实际问题中各变量之间的函数关系,然后进行分析与计算. 由于实际问题各不相同,必须根据问题中具体领域的事物间的关系和相关原则,首先确定自变量和因变量;再运用数学、力学和相关专业知识,分析其中各变量的数量关系,列出函数关系式;

并根据实际背景确定函数的定义域. 下面通过几个实例介绍如何建立变量之间的函数关系.

例 1-51 一条横断面为等腰梯形的排水渠道,底宽为 b,边坡坡度为 $1:1$(即坡角 $\varphi=45°$),如图 1-10 所示. 在过水断面(即垂直于水流的横断面)的面积 A 一定的条件下,试建立渠道的湿周 L(即水流与界壁接触的长度)与水深 h 之间的函数关系.

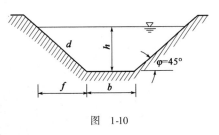

图 1-10

解 $L = b + 2d = b + \dfrac{2h}{\sin 45°} = b + 2\sqrt{2}h,$ （1-4）

又

$$A = \dfrac{1}{2}[b+(b+2f)] \cdot h = (b + h\cot 45°) \cdot h = bh + h^2.$$ （1-5）

由于过水断面的面积 A 一定,即 A 为常量,所以可求得

$$b = \dfrac{A}{h} - h.$$ （1-6）

将式(1-6)代入湿周 L 的表达式(1-4),便得湿周 L 与水深 h 的函数关系式为

$$L = \dfrac{A}{h} + (2\sqrt{2}-1)h.$$ （1-7）

由于底宽 b 总是取正,即 $b>0$,有 $\dfrac{A}{h} - h > 0$,则 $\dfrac{A}{h} > h$ 或 $h^2 < A$;又由于水深 h 总是取正的,即 $h>0$,所以湿周函数定义域为 $0 < h < \sqrt{A}$.

例 1-52 根据工程力学的知识,矩形截面梁承载能力与梁的弯曲截面系数 W 有关,W 越大,承载能力越强. 而矩形截面(高为 h,宽为 b)梁的弯曲截面系数的计算公式是 $W = \dfrac{1}{6}bh^2$. 现要将一根直径为 d 的圆木锯成矩形截面梁,如图 1-11 所示,求该梁弯曲截面系数与宽 x 的函数表达式.

解 从图 1-11 可以看出,b,h 和 d 之间有这样的关系

$$h^2 = d^2 - b^2,$$

设矩形截面梁宽为 x,则其弯曲截面系数函数为

$$W(x) = \dfrac{1}{6}x(d^2 - x^2) \quad (0 \leqslant x \leqslant d).$$

例 1-53 某化工厂要从 C 处铺设水管到 B 处,并要求 D 点在 AB 之间,如图 1-12 所示. 已

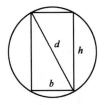

图 1-11

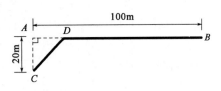

图 1-12

知 AB 段的距离为 100m, C 距直线 AB 的距离为 20m, 又 CD 段 1m 长度的水管排管费为 90 元, DB 段 1m 长度的水管排管费为 60 元. 设 AD 为 xm, 求从 C 到 B 的排管费 T 与 x 间的函数关系.

解 由于 $CD = \sqrt{20^2 + x^2} = \sqrt{400 + x^2}$, $BD = 100 - x$, 所以
$$T = 90\sqrt{400 + x^2} + 60(100 - x) \quad (0 \leqslant x \leqslant 100).$$

根据 T 与 x 之间的函数关系, 可依据不同的 x, 算出相应的排管总费用.

上面通过若干实例, 说明了建立函数关系的过程. 在第三章及以后的学习中对一些实际问题求最大值、最小值或解决其他有关应用问题, 都要求我们通过对实际问题的分析, 首先建立变量之间的函数关系, 才能进一步进行分析研究.

习题1.4

1. 一过江隧道的横断面如图 1-13 所示, 是由矩形与半圆形组合而成. 截面面积 A 为常量. 试将截面周长 l 表示为底宽 x 的函数.

2. 厂房的吊车在梁上离左柱 x 处有一重 10^4kN(包括起重量在内)的吊车(图 1-14). 若不计吊车梁自重, 求左柱顶 A 处反力 R_A 与 x 的函数关系, 并指出函数定义域.

3. 有一批钢管要水平地通过如图 1-15 所示的通道, 求钢管长度 l 与转角之间的函数关系.

4. 拟建一个容积为 V 的长方体水池, 设它的底为正方形, 如果池底所用材料单位面积的造价是四周单位面积造价的 2 倍, 试将总造价表示为底边长的函数, 并求其定义域.

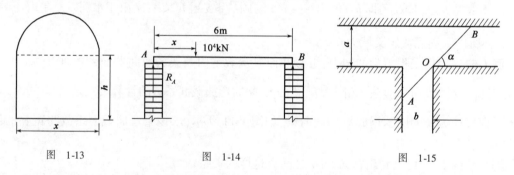

图 1-13   图 1-14   图 1-15

第五节 MATLAB 简介

一、MATLAB 基本知识

如果桌面上有 MATLAB 快捷按钮, 即 图标, 用户就可以点击该图标来打开 MATLAB. 用户也可以从开始菜单中打开 MATLAB, 如图 1-16 所示.

MATLAB7.0 的界面包括: 标题栏、菜单栏、工具栏、当前路径窗口、命令历史记录窗口、命令窗口等, 如图 1-17 所示.

用户可以通过下列途径获取 MATLAB 软件自带的帮助信息:

①菜单栏的"Help"按钮; ②工具栏的 ? 按钮; ③命令窗口中的 <u>MATLAB Help</u> 链接; ④命令窗口中的 <u>Demos</u> 链接.

图 1-16　从开始菜单中打开 MATLAB

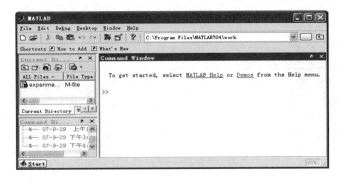

图 1-17　MATLAB 界面窗口

用户可以尝试点击 MATLAB 界面上的各个按钮,看看它们的功能. 如果不小心关闭了当前路径窗口、命令历史记录窗口或命令窗口,可以通过菜单栏的"Desktop"菜单中"Desktop Layout ▶Default"恢复,如图 1-18 所示.

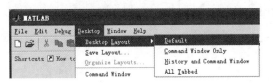

图 1-18　把 MATLAB 界面窗口恢复为默认状态

二、MATLAB 常用函数命令

MATLAB 常用函数命令见表 1-2、表 1-3.

三角函数及指数函数　　　　　　　　　　　　　　　　　　表 1-2

函数名	功能描述	函数名	功能描述
sin/asin	正弦/反正弦函数	sec/asec	正割/反正割函数
sinh/asinh	双曲正弦/反双曲正弦函数	sech/asech	双曲正割/反双曲正割函数
cos/acos	余弦/反余弦函数	csc/acsc	余割/反余割函数
cosh/acosh	双曲余弦/反双曲余弦函数	csch/acsch	双曲余割/反双曲余割函数

续上表

函数名	功能描述	函数名	功能描述
tan/atan	正切/反正切函数	cot/acot	余切/反余切函数
tanh/atanh	双曲正切/反双曲正切函数	coth/acoth	双曲余切/反双曲余切函数
atan2	四个象限内反正切函数	log10	常用对数函数
Exp	指数函数	sqrt	平方根函数
Log	自然对数函数		

创建矩阵命令 表1-3

函数符号	说明
zeros (i,j)	创建 i 行 j 列的全零矩阵
ones (i,j)	创建 i 行 j 列的全1矩阵
eye (i,j)	创建 i 行 j 列对角线为1的矩阵
rand (i,j)	创建 i 行 j 列的随机矩阵

三、简单绘图命令

MATLAB 是基本的绘图命令,有二维曲线绘图命令 plot 和三维曲线绘图命令 plot3.

plot 用来画 x 对 y 的二维曲线图,例如 $y = \sin x (0 \leq x \leq 2\pi)$. 则以下语句执行后可得到有关 x 和 y 的图形:

```
>> x = linspace(0,2 * pi, 20);       % 设定 x 分别为 0,2π/20,2*2π/20,3*2π/20、…,2π
>> y1 = sinx, y2 = cosx;             % y1,y2 分别是与 x 对应的正弦和余弦值
>> plot(x, y1, x, y2);               % 在同一坐标图上分别绘制正弦和余弦曲线
```

正弦和余弦曲线如图 1-19 所示.

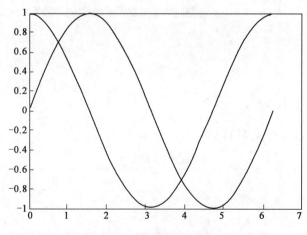

图 1-19 正弦和余弦曲线

如果想分几次在同一坐标图上绘制不同的曲线,可使用 hold 命令:

```
>> hold on;              %保持坐标图不变,后绘制的图形叠加在原图上
>> hold off;             %解除对原图的保持,将原图清除后再绘制新图
>> plot(x,y1);hold on
>> plot(x,y2);           %分两次画图命令
```

plot 命令的基本格式是:plot(x 数组,y 数组,'颜色图标'),如需要在同一图中画多根曲线,只需依照此基本格式往后追加其他的 x 和 y 的数组即可. 其中,颜色和图标的英文缩略符见表 1-4.

plot 命令中的参数及意义　　　　　　　　　　表 1-4

参　数	意　义	参　数	意　义
r	红色	-	实线
g	绿色	——	虚线
b	蓝色	:	点线
y	黄色	—.	点画线
m	洋红色	o	圆圈
c	青色	x	叉号
w	白色	+	加号
k	黑色	s	正方形
*	星号	d	菱形

表 1-5 给出了其他的二维绘图函数命令.

二维绘图函数命令　　　　　　　　　　表 1-5

函　数	意　义	函　数	意　义
bar	直方图	fill	实心图
area	区域图	feather	羽毛图
errobar	图形加上误差范围	compass	罗盘图
polar	极坐标图	quiver	向量场图
hist	累计图	pie	饼图
rose	极坐标累计图	convhull	凸壳图
stairs	阶梯图	scatter	离散点图
stem	针状图	fplot	一元函数图

实验一　函数、极限的计算和作图

一、正弦函数

例 1-54

```
x = 0:0.001:10;          % 0 到 10 的 1000 个点(每隔 0.001 画一个点)的 x 坐标
```

y = sin(x);   % 对应的 y 坐标
plot(x,y);   % 绘图

注：MATLAB 画图实际上就是描点连线，因此如果点取得不密，画出来就成了折线图（图 1-20）.

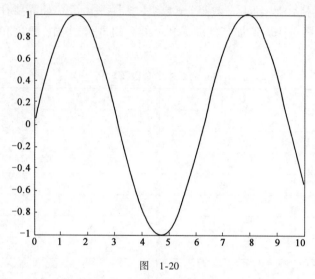

图 1-20

例 1-55 角度 $x = [30\ \ 45\ \ 60]$，求 x 的正弦、余弦、正切和余切.

\>\> x = [30 45 60];
\>\> x1 = x/180 * pi;
\>\> sin(x1)
ans =
    0.5000   0.7071   0.8660
\>\> cos(x1)
ans =
    0.8660   0.7071   0.5000
\>\> tan(x1)
ans =
    0.5774   1.0000   1.7321
\>\> cot(x1)
ans =
    1.7321   1.0000   0.5774

二、指数函数

例 1-56

x = -10:0.001:10;
y = exp(x);
plot(x,y,'r')

指数函数见图 1-21.

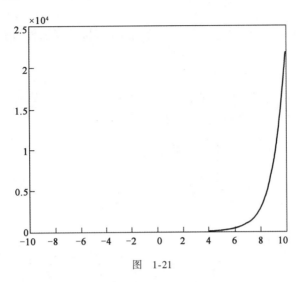

图 1-21

三、函数因式分解

例 1-57 将 $x^4 - 5x^3 + 5x^2 + 5x - 6$ 因式分解.

>> syms x;
>> f = x^4 - 5 * x^3 + 5 * x^2 + 5 * x - 6;
>> factor(f)
ans = (x - 1) * (x - 2) * (x - 3) * (x + 1)

四、复合函数

compose(f,g):可实现求 $f = f(u)$, $u = g(x)$ 的复合函数 $f(g(x))$.

例 1-58 求 $f(u) = \dfrac{1}{u^3}$, $u = \tan x$ 的复合函数.

>> syms u x;   %定义符号变量
f = 1/u^3;   %定义符号表达式 f
u = tan(x);   %定义符号表达式 u
compose(f,u)   %求 f,u 的复合函数
运行结果:ans = 1/tan(x)^3

五、反函数

g = finvers(f):可实现求符号函数 f 的反函数 g.

例 1-59 求函数 $y = 7x - 5$ 的反函数.

finvers(7 * x - 5)   %求 7x - 5 的反函数
运行结果:ans = 5/7 + 1/7 * x

六、极限

MATLAB 主要用 limit 求函数的极限. 用函数 limit 直接计算函数的极限, 调用格式如下：

limit (f, x, a): 求函数 f 在 $x \to a$ 时的极限.

limit (f): 求函数 f 在 $x \to 0$ 时的极限.

limit (f, x, a, 'right'): 求函数 f 在 $x \to a$ 时的右极限.

limit (f, x, a, 'left'): 求函数 f 在 $x \to a$ 时的左极限.

例 1-60 判断极限 $\lim\limits_{x \to 0} \dfrac{\sin x}{x} = 1$ 是否正确？

解 输入命令

\>\>clear;

\>\>syms x;

\>\>limit(sin(x)/x,x,0)

结果: ans = 1

例 1-61 求 $\lim\limits_{x \to -1}\left(\dfrac{1}{x+1} - \dfrac{3}{x^3+1}\right)$.

解 输入命令

\>\>syms x;

\>\>f=1/(x+1)-3/(x^3+1);

\>\>limit(f,x,-1)

结果: ans = -1

例 1-62 求 $\lim\limits_{x \to \infty}\left(\dfrac{x+1}{x-1}\right)^x$.

解 输入命令

\>\> limit(((x+1)/(x-1))^x,inf)

结果: ans = exp(2)

例 1-63 求 $\lim\limits_{x \to 0^+} x^x$.

解 输入命令

\>\>limit(x^x,x,0,'right')

结果: ans = 1

七、连续性

例 1-64 求函数 $f(x) = \begin{cases} \dfrac{x^3 - 5x - 6}{x+1}, & x \neq 1, \\ -7, & x = -1, \end{cases}$ 在 $x = -1$ 处的连续性.

解 输入命令

\>\>syms x;   % 定义 x 为符号变量

\>\>f=(x^2-5*x-6)/(x+1);   % 定义符号表达式

```
>>Lim_f = limit(f, x, -1)        %求极限
ans:Lim_f = -7
```
显然极限值等于函数值,故 $f(x)$ 在 $x = -1$ 处连续.

例 1-65 求函数 $g(x) = \begin{cases} 1 - x^2 - 5x, & x \geq 0, \\ \dfrac{\sin x}{x}, & x < 0, \end{cases}$ 在 $x = 0$ 处的连续性.

解 输入命令
```
>>left_lim_g = limit(sin(x)/x, x, 0, 'left')
ans:left_lim_g = 1
>>right_lim_g = limit(1 - x^2 - 5*x, x, 0, 'right')
ans:right_lim_g = 1
```
左、右极限存在并相等,而且等于函数值,故连续.

本 章 小 结

★ 本章知识网络图

$$\text{函数与极限} \begin{cases} \text{函数} \begin{cases} \text{定义} \\ \text{性质(有界性、单调性、奇偶性、周期性)} \\ \text{基本初等函数(定义、性质、图形)} \\ \text{反函数} \\ \text{复合函数} \end{cases} \\ \text{极限} \begin{cases} \text{函数极限定义} \begin{cases} \lim\limits_{x \to x_0} f(x) \\ \lim\limits_{x \to \infty} f(x) \\ \text{左、右极限} \end{cases} \\ \text{性质(单调性和夹逼定理)} \\ \text{无穷大与无穷小} \begin{cases} \text{定义与性质} \\ \text{阶的分类和比较(高阶、低阶、同阶、等阶)} \end{cases} \\ \text{连续与间断} \end{cases} \end{cases}$$

★ 主要知识点

一、函数

1. 函数的两个要素:定义域 D、对应法则 f.
2. 函数的性质:奇偶性,单调性,周期性,有界性.
3. 复合函数的复合过程和分解过程.
4. 基本初等函数(幂函数、指数函数、对数函数、三角函数、反三角函数、常数函数).

5. 初等函数：由基本初等函数经过有限次四则运算和有限次复合步骤所构成的，并且能用一个数学式子表示的函数．

二、函数的极限

$$\text{函数极限}\begin{cases} x\to\infty \text{ 时的极限} \begin{cases} x\to+\infty & \lim\limits_{x\to+\infty}f(x)=A \\ x\to-\infty & \lim\limits_{x\to-\infty}f(x)=A \end{cases} \Leftrightarrow \lim\limits_{x\to\infty}f(x)=A \\ x\to x_0 \text{ 时的极限} \begin{cases} x\to x_0^+ \\ x\to x_0^- \end{cases} \lim\limits_{x\to x_0}f(x)=A \Leftrightarrow \begin{cases} \lim\limits_{x\to x_0^+}f(x)=A \\ \lim\limits_{x\to x_0^-}f(x)=A \end{cases} \end{cases}$$

极限性质：唯一性，有界性，保号性．
运算法则：
(1) $\lim[f(x)\pm g(x)]=\lim f(x)\pm\lim g(x)=A\pm B$．
(2) $\lim[f(x)\cdot g(x)]=\lim f(x)\cdot\lim g(x)=AB$．
(3) $\lim\dfrac{f(x)}{g(x)}=\dfrac{\lim f(x)}{\lim g(x)}=\dfrac{A}{B}$ ($B\neq 0$)．

$$\text{极限类型}\begin{cases} \text{"}\dfrac{0}{0}\text{"型} \begin{cases} \text{因式分解法} \\ \text{有理化法} \end{cases} \\ \text{"}\dfrac{\infty}{\infty}\text{"型} \begin{cases} \text{分子分母同除 } x \text{ 的最高次幂} \\ \text{分子分母同除一个以 } \infty \text{ 为极限的函数} \\ \text{有理化} \end{cases} \\ \text{"}\infty-\infty\text{"型 通过化简为"}\dfrac{0}{0}\text{"型或"}\dfrac{\infty}{\infty}\text{"型} \end{cases}$$

*两个准则：单调有界数列必有极限；夹逼准则．

两个重要极限：$\lim\limits_{x\to 0}\dfrac{\sin x}{x}=1$；$\lim\limits_{x\to\infty}\left(1+\dfrac{1}{x}\right)^x=e$．

无穷小量：极限为 0 的量称为无穷小量．

无穷大量：在 x 的某一个变化过程中，函数 $f(x)$ 的绝对值 $|f(x)|$ 无限增大．

无穷小同无穷大的关系：互为倒数（分母不为零）．

无穷小的比较：同阶无穷小，等价无穷小，高阶无穷小，低阶无穷小．

三、函数的连续

1. 函数的连续：如果 $\lim\limits_{x\to x_0}f(x)=f(x_0)$，则称函数 $y=f(x)$ 在点 x_0 处是连续的，并称 x_0 为 $f(x)$ 的连续点．

2. 基本初等函数在其定义域内是连续的；一切初等函数在其定义区间内都是连续的．

四、工程中函数关系举例

1. 分布荷载、剪力与弯矩．

2. 挠曲线方程.
3. 函数关系的建立.

复习题(一)

一、选择题

1. 若函数 $f(2x)=4x+1$,则 $f(x)=($).
   A. $2x+1$　　　　B. $x+1$　　　　C. $4x+1$　　　　D. $3x+1$

2. $\lim\limits_{x\to 1}\dfrac{|x-1|}{x-1}($).
   A. $=-1$　　　　B. $=1$　　　　C. $=0$　　　　D. 不存在

3. 当 $x\to 0$ 时,下列变量中是无穷小量的有( ).
   A. $\sin\dfrac{1}{x}$　　B. $\dfrac{\sin x}{x}$　　C. $2^{-x}-1$　　D. $\ln|x|$

4. $\lim\limits_{x\to 1}\dfrac{\sin(x-1)}{x^2-1}=($).
   A. 1　　　　B. 2　　　　C. 0　　　　D. $\dfrac{1}{2}$

5. 下列等式中成立的是( ).
   A. $\lim\limits_{n\to\infty}\left(1+\dfrac{2}{n}\right)^n=\mathrm{e}$　　　　B. $\lim\limits_{n\to\infty}\left(1+\dfrac{1}{n}\right)^{n+2}=\mathrm{e}$
   C. $\lim\limits_{n\to\infty}\left(1+\dfrac{1}{2n}\right)^n=\mathrm{e}$　　　　D. $\lim\limits_{n\to\infty}\left(1+\dfrac{1}{n}\right)^{2n}=\mathrm{e}$

6. 函数 $f(x)$ 在点 x_0 处有定义,是 $f(x)$ 在该点处连续的( ).
   A. 充要条件　　B. 充分条件　　C. 必要条件　　D. 无关的条件

7. 点 $x=1$ 是函数 $f(x)=\begin{cases}3x-1, & x<1\\ 1, & x=1\\ 3-x, & x>1\end{cases}$ 的( ).
   A. 连续点　　　　　　　　　B. 第一类非可去间断点
   C. 可去间断点　　　　　　　D. 第二类间断点

8. 方程 $x^4-x-1=0$ 至少有一个根的区间是( ).
   A. $\left(0,\dfrac{1}{2}\right)$　　B. $\left(\dfrac{1}{2},1\right)$　　C. $(2,3)$　　D. $(1,2)$

9. 设 $f(x)=\begin{cases}x^2+1, & x<0\\ 2x+1, & x\geq 0,\end{cases}$ 则下列结论正确的是( ).
   A. $f(x)$ 在 $x=0$ 处连续　　　　B. $f(x)$ 在 $x=0$ 处不连续,但有极限
   C. $f(x)$ 在 $x=0$ 处无极限　　　　D. $f(x)$ 在 $x=0$ 处连续,但无极限

10. 若 $\lim\limits_{x\to x_0}f(x)=0$，则（　　）.

　　A. 当 $g(x)$ 为任意函数时，才有 $\lim\limits_{x\to x_0}f(x)g(x)=0$ 成立

　　B. 仅当 $\lim\limits_{x\to x_0}g(x)=0$ 时，才有 $\lim\limits_{x\to x_0}f(x)g(x)=0$ 成立

　　C. 当 $g(x)$ 为有界时，有 $\lim\limits_{x\to x_0}f(x)g(x)=0$ 成立

　　D. 仅当 $g(x)$ 为常数时，才能使 $\lim\limits_{x\to x_0}f(x)g(x)=0$ 成立

二、填空题

1. 设 $f(x)=\begin{cases}2^x, & -1\leqslant x<0,\\ 2, & 0\leqslant x<1,\\ x-1, & 1\leqslant x<3,\end{cases}$ 则 $f(x)$ 的定义域是 ＿＿＿＿＿＿，$f(0)=$ ＿＿＿＿＿＿，$f(1)=$ ＿＿＿＿＿＿.

2. $y=\arccos(2x+1)$ 的定义域是 ＿＿＿＿＿＿，值域是 ＿＿＿＿＿＿.

3. 函数 $f(x)=\ln(x+5)-\dfrac{1}{\sqrt{2-x}}$ 的定义域是 ＿＿＿＿＿＿.

4. 已知 $\lim\limits_{n\to\infty}\dfrac{a^2+bn+5}{3n+2}=2$，则 $a=$ ＿＿＿＿＿＿，$b=$ ＿＿＿＿＿＿.

5. 设 $\lim\limits_{x\to\infty}\left(1+\dfrac{2}{x}\right)^{kx}=\mathrm{e}^{-3}$，则 $k=$ ＿＿＿＿＿＿.

6. $\lim\limits_{x\to+\infty}\dfrac{(2x-3)^{20}(3x+2)^{30}}{(5x+1)^{50}}=$ ＿＿＿＿＿＿.

7. $\lim\limits_{x\to\infty}\dfrac{x+\sin x}{x}=$ ＿＿＿＿＿＿.

8. 当 $x\to$ ＿＿＿＿＿＿ 时，$y=\ln(1+x^2)$ 为无穷大.

三、计算题

1. 分析下列函数由哪些简单函数复合而成.

　　(1) $y=\tan\sqrt{2x+5}$；　　　　　　　(2) $y=\arccos(\mathrm{e}^x+1)^5$.

2. 设函数 $f(x)=\begin{cases}\sin x, & x\geqslant 0,\\ x^2-1, & x<0,\end{cases}$ 求 $f(0)$，$f\left(\dfrac{\pi}{2}\right)$，$f\left(-\dfrac{\pi}{4}\right)$.

3. 证明 $\lim\limits_{x\to 0}\dfrac{2x}{|x|}$ 不存在.

4. 设函数 $f(x)=\begin{cases}x+1, & x<0,\\ x^2, & 0\leqslant x<1,\\ 1, & x\geqslant 1,\end{cases}$ 判别函数当 $x\to 0$，$x\to 1$，$x\to 2$ 时极限的存在性.

5. 计算下列极限：

　　(1) $\lim\limits_{x\to 0}\dfrac{3x^2+2x-5}{2x^3-5x+7}$；　　　　　　(2) $\lim\limits_{x\to 1}\dfrac{2x+9}{x^3-2x+1}$；

(3) $\lim\limits_{x\to 0}\dfrac{\sqrt{x^2+9}-3}{x^2}$;

(4) $\lim\limits_{x\to 4}\dfrac{x^2-6x+8}{x^2-5x+4}$;

(5) $\lim\limits_{x\to 1}\left(\dfrac{1}{x-1}-\dfrac{3}{x^3-1}\right)$.

6. 计算下列极限:

(1) $\lim\limits_{x\to\infty}\dfrac{6x^3-7x+5}{3x^3+8x^2-2x+9}$;

(2) $\lim\limits_{x\to\infty}\dfrac{2x^2+x-3}{3x^4+5x^3-7}$;

(3) $\lim\limits_{x\to+\infty}\sqrt{x}\cdot(\sqrt{x+3}-\sqrt{x+4})$;

(4) $\lim\limits_{x\to\infty}\dfrac{(2x-1)^4+3}{2x^4-5}$;

(5) $\lim\limits_{x\to\infty}\left(\dfrac{x^3}{2x^2-1}-\dfrac{x^2}{2x+1}\right)$.

7. 计算下列极限:

(1) $\lim\limits_{x\to 0}\dfrac{\sin 7x}{5x}$;

(2) $\lim\limits_{x\to 0}\dfrac{\sin mx}{\tan nx}$;

(3) $\lim\limits_{x\to 0}\dfrac{\sin 4x-\sin 2x}{x}$;

(4) $\lim\limits_{x\to 0}x\cdot\cot x$;

(5) $\lim\limits_{x\to 0}\dfrac{\sin 2x}{x(2x+3)}$;

(6) $\lim\limits_{x\to 0}\dfrac{\tan x-\sin x}{x^3}$;

(7) $\lim\limits_{x\to\infty}x\cdot\sin\dfrac{1}{x}$.

8. 计算下列极限:

(1) $\lim\limits_{x\to 0}(1-x)^{\frac{1}{x}}$;

(2) $\lim\limits_{x\to\infty}\left(1+\dfrac{1}{x}\right)^{-5x+3}$;

(3) $\lim\limits_{x\to\infty}\left(1-\dfrac{3}{3x+6}\right)^{2x}$;

(4) $\lim\limits_{x\to 0}(1+2x)^{\frac{3}{x}}$;

(5) $\lim\limits_{x\to\infty}\left(\dfrac{1+x}{x}\right)^{5x}$.

9. 计算下列极限:

(1) $\lim\limits_{x\to\infty}\dfrac{\cos x}{x}$;

(2) $\lim\limits_{x\to 0}x^3\cos\dfrac{1}{x}$;

(3) $\lim\limits_{x\to\infty}\dfrac{x+\sin x}{x-\sin x}$.

10. 当 $x\to 0$ 时, $2x-x^2$ 与 x^3-x^2 相比, 哪一个是较高阶的无穷小?

11. 讨论函数 $f(x)=\begin{cases}\dfrac{x^2-4}{x-2}, & x\neq 2\\ 3, & x=2\end{cases}$ 在点 $x=2$ 处的连续性.

12. 已知函数 $f(x)=\begin{cases}x+a, & x\leq 1\\ \ln x, & x>1\end{cases}$ 在 $x=1$ 处连续, 求 a 的值.

13. 求下列各极限:

(1) $\lim\limits_{x\to 0}e^{\frac{\sin x}{x}}$;

(2) $\lim\limits_{x\to\frac{\pi}{6}}\ln(2\cos 2x)$;

(3) $\lim\limits_{x\to 0}\dfrac{\ln(a+x)-\ln a}{x}$.

14. 证明方程 $x^5-2x^2-1=0$ 在区间 $(1,2)$ 内至少有一个实根.

15. 将一个半径为 R 的圆形铁皮自中心处剪出中心角为 α 的扇形, 围成一无底圆锥(图 1-22), 试将圆锥容积 V 表示为角 α 的函数.

16. 下水道端面尺寸见图 1-23, 试证明过水断面的水深 h、过水断面的面积 ω 可分别表示

成角 φ 的函数,即 $h = \dfrac{D}{2}\left(1 - \cos\dfrac{\varphi}{2}\right), \omega = \dfrac{D^2}{8}(\varphi - \sin\varphi)$.

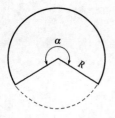 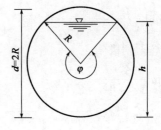

图 1-22 图 1-23

第二章　导数与微分

学习目标

1. 理解导数的概念、导数的几何意义、微分概念；
2. 掌握导数与连续、导数与微分的关系；
3. 熟练掌握导数的基本公式和运算法则；
4. 会求复合函数的导数、隐函数的导数、高阶导数；
5. 会求微分，会利用微分进行近似计算.

微分学是高等数学的重要组成部分，导数与微分是微分学的两个最基本的概念.其中，导数反映函数相对于自变量的变化快慢程度，而微分则指明当自变量有微小变化时，函数大体上变化多少.本章将在函数极限的基础上，从实际例子出发讨论导数与微分的概念以及它们的计算方法.

第一节　导数的概念

一、引例

1. 变速直线运动的瞬时速度

由物理学可知道，物体做匀速直线运动时，它在任何时刻的速度可以用 $v = s/t$ 来计算.当物体做变速直线运动时，上述公式只能计算某段路程的平均速度，要精确地了解物体的运动，不仅要知道它的平均速度，还要知道它在每个时刻的瞬时速度.

设一物体做变速直线运动，物体经过的路程 s 是时间 t 的函数，即 $s = f(t)$；当时间由 t_0 变化到 $t_0 + \Delta t$ 时，在这 Δt 时间段内，物体走过的路程为

$$\Delta s = f(t_0 + \Delta t) - f(t_0). \tag{2-1}$$

于是物体在这一段时间内的平均速度为

$$\bar{v} = \frac{\Delta s}{\Delta t} = \frac{f(t_0 + \Delta t) - f(t_0)}{\Delta t}. \tag{2-2}$$

显然，这个平均速度是随着 Δt 的变化而变化的.一般地，当 $|\Delta t|$ 很小时，$\bar{v}$ 可看作是物体在 t_0 时刻速度的近似值，且 $|\Delta t|$ 越小，近似程度越好，因为 $|\Delta t|$ 取得越小，那么在 Δt 时段内物体运动的速度越是来不及有很大的变化，因而 $\bar{v}$ 就越能接近物体在 t_0 时刻的瞬时速度.当

$\Delta t \to 0$ 时，平均速度 $\bar{v}$ 的极限就是物体在 t_0 时刻的瞬时速度，即

$$v(t_0) = \lim_{\Delta t \to 0} \bar{v} = \lim_{\Delta t \to 0} \frac{\Delta s}{\Delta t} = \lim_{\Delta t \to 0} \frac{f(t_0 + \Delta t) - f(t_0)}{\Delta t}. \tag{2-3}$$

也就是说，物体运动的瞬时速度就是位移的增量 Δs 和时间增量 Δt 的比值在时间增量 Δt 趋于零时的极限.

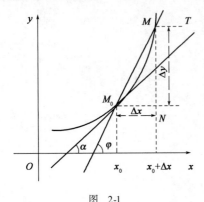

图 2-1

2. 平面曲线的切线斜率

如图 2-1 所示，在曲线 $f(x)$ 上取得与 $M_0(x_0, y_0)$ 邻近的另一点 $M(x_0 + \Delta x, y_0 + \Delta y)$，作曲线的割线 M_0M，当点 M 沿着曲线向点 M_0 移动时，割线 M_0M 绕点 M_0 移动，当点 M 逐渐接近于点 M_0 时 ($M \to M_0$)，割线 M_0M 的极限位置 M_0T 就叫作曲线 $y = f(x)$ 在点 M_0 处的切线.

设割线 M_0M 的倾斜角为 φ，于是割线的斜率是

$$\tan\varphi = \frac{\Delta y}{\Delta x} = \frac{f(x_0 + \Delta x) - f(x_0)}{\Delta x}. \tag{2-4}$$

设切线 M_0T 的倾角为 α，点 M 沿着曲线无限趋近于点 M_0，即 $\Delta x \to 0$，$\varphi \to \alpha$，得到切线 M_0T 的斜率为

$$k = \tan\alpha = \lim_{\varphi \to \alpha} \tan\varphi = \lim_{\Delta x \to 0} \frac{\Delta y}{\Delta x} = \lim_{\Delta x \to 0} \frac{f(x_0 + \Delta x) - f(x_0)}{\Delta x}. \tag{2-5}$$

也就是说，曲线 $y = f(x)$ 在点 M_0 处的纵坐标 y 的增量 Δy 与横坐标 x 的增量 Δx 的比值，当 $\Delta x \to 0$ 时的极限为曲线在 M_0 点处的切线的斜率.

上述两个问题，一个是物理问题，另一个是几何问题. 它们的实际意义不同，但如果撇开两个极限的实际意义，那么不外乎是把所求的量归结为：求当自变量的改变量趋向于零时，函数的改变量与自变量的改变量之比的极限.

二、导数的概念

1. 导数定义

定义 2.1 设函数 $y = f(x)$ 在点 x_0 及其附近有定义，当 x 从 x_0 增加到 $x_0 + \Delta x$ 时，相应地函数有改变量 $\Delta y = f(x_0 + \Delta x) - f(x_0)$，如果极限

$$\lim_{\Delta x \to 0} \frac{\Delta y}{\Delta x} = \lim_{\Delta x \to 0} \frac{f(x_0 + \Delta x) - f(x_0)}{\Delta x} \tag{2-6}$$

存在，则称函数 $y = f(x)$ 在点 x_0 处可导，并称此极限值为函数 $y = f(x)$ 在点 x_0 处的导数，记作

$$f'(x_0), \quad y'\Big|_{x=x_0}, \quad \frac{dy}{dx}\Big|_{x=x_0} \quad \text{或} \quad \frac{df}{dx}\Big|_{x=x_0}.$$

即

$$f'(x_0) = \lim_{\Delta x \to 0} \frac{\Delta y}{\Delta x} = \lim_{\Delta x \to 0} \frac{f(x_0 + \Delta x) - f(x_0)}{\Delta x}. \tag{2-7}$$

如果极限不存在，则称函数 $y = f(x)$ 在点 x_0 处不可导.

令 $x_0 + \Delta x = x$，则当 $\Delta x \to 0$ 时，有 $x \to x_0$，因此在点 x_0 处的导数 $f'(x_0)$ 也可表示为

$$f'(x_0) = \lim_{x \to x_0} \frac{f(x) - f(x_0)}{x - x_0}. \tag{2-8}$$

另外,导数的定义式也可以取不同的形式,如

$$f'(x_0) = \lim_{h \to 0} \frac{f(x_0 + h) - f(x_0)}{h}. \tag{2-9}$$

式中,h 就是定义式中的自变量的增量 Δx.

例 2-1 若 $f'(x_0) = 2$,求 $\lim\limits_{h \to 0} \dfrac{f(x_0 + 2h) - f(x_0)}{h}$.

解 由导数的定义

$$\lim_{h \to 0} \frac{f(x_0 + 2h) - f(x_0)}{h} = \lim_{h \to 0} \frac{f(x_0 + 2h) - f(x_0)}{2h} \times 2 = 2f'(x_0) = 4.$$

根据导数的定义,引例中的两个实际问题可叙述为:

(1) 做变速直线运动的物体在时刻 t_0 的瞬时速度,就是路程函数 $s = f(t)$ 在 t_0 处对时间 t 的导数. 即

$$v(t_0) = \frac{\mathrm{d}s}{\mathrm{d}t}\bigg|_{t = t_0}.$$

(2) 曲线 $y = f(x)$ 在点 $M_0(x_0, y_0)$ 处的切线斜率,就是函数 $y = f(x)$ 在点 x_0 处对自变量 x 的导数. 即

$$k = y'\bigg|_{x = x_0}.$$

导数反映了函数的变化率问题,反映因变量随自变量的变化而变化的程度.

定义 2.2 若函数 $f(x)$ 在区间 (a, b) 内每一点都可导,就称函数 $f(x)$ 在区间 (a, b) 内可导.

定义 2.3 函数 $y = f(x)$ 对于区间 (a, b) 内的每一个确定的 x 值,都对应着一个确定的导数,这就构成一个新的函数,我们就称这个函数为原来函数 $y = f(x)$ 的导函数,记作 $f'(x)$,y',$\dfrac{\mathrm{d}y}{\mathrm{d}x}$,或 $\dfrac{\mathrm{d}f(x)}{\mathrm{d}x}$ 等. 导函数也简称为导数.

例 2-2 求 $y = bx + c$ 的导数(b, c 为常数).

解

(1) 求增量

$$\Delta y = f(x + \Delta x) - f(x) = b(x + \Delta x) + c - (bx + c) = b\Delta x.$$

(2) 算比值

$$\frac{\Delta y}{\Delta x} = \frac{b\Delta x}{\Delta x} = b.$$

(3) 取极限

$$y' = \lim_{\Delta x \to 0} \frac{\Delta y}{\Delta x} = b.$$

特别地,当 $b = 0$ 时,得到 $(c)' = 0$.

例 2-3 求函数 $y = \sin x$ 的导数.

解

（1）求增量

$$\Delta y = \sin(x + \Delta x) - \sin x = 2\cos\left(x + \frac{\Delta x}{2}\right)\sin\frac{\Delta x}{2}.$$

（2）算比值

$$\frac{\Delta y}{\Delta x} = \frac{2\cos\left(x + \frac{\Delta x}{2}\right)\sin\frac{\Delta x}{2}}{\Delta x} = \cos\left(x + \frac{\Delta x}{2}\right)\frac{\sin\frac{\Delta x}{2}}{\frac{\Delta x}{2}}.$$

（3）取极限

$$y' = \lim_{\Delta x \to 0}\frac{\Delta y}{\Delta x} = \lim_{\Delta x \to 0}\cos\left(x + \frac{\Delta x}{2}\right)\frac{\sin\frac{\Delta x}{2}}{\frac{\Delta x}{2}} = \cos x.$$

2. 左右导数

根据函数 $f(x)$ 在点 x_0 处的导数 $f'(x_0)$ 的定义，是一个极限，而极限存在的充分必要条件是左、右极限都存在且相等，因此 $f'(x_0)$ 存在即 $f(x)$ 在点 x_0 处可导的充分必要条件是左、右极限

$$\lim_{h \to 0^-}\frac{f(x_0 + h) - f(x_0)}{h} \tag{2-10}$$

$$\lim_{h \to 0^+}\frac{f(x_0 + h) - f(x_0)}{h} \tag{2-11}$$

都存在且相等。这两个极限分别称为函数 $f(x)$ 在点 x_0 处的**左导数**和**右导数**，记作 $f'_-(x_0)$ 及 $f'_+(x_0)$，即

$$f'_-(x_0) = \lim_{h \to 0^-}\frac{f(x_0 + h) - f(x_0)}{h} \tag{2-12}$$

$$f'_+(x_0) = \lim_{h \to 0^+}\frac{f(x_0 + h) - f(x_0)}{h}. \tag{2-13}$$

也就是说，函数在点 x_0 处可导的充分必要条件是左导数 $f'_-(x_0)$ 和右导数 $f'_+(x_0)$ 都存在且相等.

如果函数 $f(x)$ 在开区间 (a,b) 内可导，且 $f'_+(a)$ 及 $f'_-(b)$ 都存在，就说 $f(x)$ 在闭区间 $[a,b]$ 上可导.

例 2-4 求 $f(x) = \begin{cases} x, & x \le 1 \\ 2-x, & x > 1 \end{cases}$ 在 $x = 1$ 处的左右导数.

解
$$f'_-(1) = \lim_{x \to 1^-}\frac{f(x) - f(1)}{x - 1} = \lim_{x \to 1^-}\frac{x - 1}{x - 1} = 1.$$

$$f'_+(1) = \lim_{x \to 1^+}\frac{f(x) - f(1)}{x - 1} = \lim_{x \to 1^+}\frac{2 - x - 1}{x - 1} = -1.$$

3. 导数的几何意义

（1）切线斜率：函数 $y = f(x)$ 在点 x_0 处的导数 $f'(x_0)$ 在几何上表示为曲线 $y = f(x)$ 在点 $M_0(x_0, f(x_0))$ 处的切线斜率.

（2）切线方程：如果 $f'(x_0)$ 存在，则曲线 $y = f(x)$ 在 $M_0(x_0, f(x_0))$ 处的切线方程为

$$y - f(x_0) = f'(x_0)(x - x_0). \tag{2-14}$$

(3) 法线的定义：过切点 $M_0(x_0, f(x_0))$ 且垂直于切线的直线叫作曲线 $y = f(x)$ 在点 $M_0(x_0, f(x_0))$ 处的法线.

(4) 法线方程：如果 $f'(x_0)$ 存在，则曲线 $y = f(x)$ 在 $M_0(x_0, f(x_0))$ 处的法线方程为

$$y - f(x_0) = -\frac{1}{f'(x_0)}(x - x_0), f'(x_0) \neq 0. \tag{2-15}$$

当 $f'(x_0) = 0$ 时，切线为平行于 x 轴的直线 $y = f(x_0)$，法线为垂直于 x 轴的直线 $x = x_0$.

当 $f'(x_0) = \infty$ 时，切线为垂直于 x 轴的直线 $x = x_0$，法线为平行于 x 轴的直线 $y = f(x_0)$.

例 2-5 求 $y = \sin x$ 在点 $(0,0)$ 处的切线方程和法线方程.

解 由例 2-3 知道 $(\sin x)' = \cos x$，根据导数的几何意义 $k = y'|_{x=0} = 1$，所以，切线方程为

$$y - 0 = 1(x - 0),$$

即

$$y = x.$$

法线方程为

$$y - 0 = -1(x - 0),$$

即

$$y = -x.$$

4. 可导与连续

定理 2.1 如果函数 $y = f(x)$ 在点 x_0 处可导，则 $y = f(x)$ 在点 x_0 处连续. 即"可导必连续".

证 由 $f(x)$ 在点 x_0 处可导得

$$\lim_{\Delta x \to 0} \frac{\Delta y}{\Delta x} = f'(x_0),$$

从而

$$\lim_{\Delta x \to 0} \Delta y = \lim_{\Delta x \to 0} \frac{\Delta y}{\Delta x} \Delta x = f'(x_0) \cdot 0 = 0.$$

所以，$y = f(x)$ 在点 x_0 处连续.

注意：逆命题不成立，即如果函数 $f(x)$ 在点 x_0 处连续，函数在点 x_0 处不一定可导. 但是不连续必不可导.

例 2-6 讨论 $f(x) = \begin{cases} x^2, & x < 1 \\ 2x, & x \geq 1 \end{cases}$ 在点 $x = 1$ 处的连续性与可导性.

解 $\because \lim\limits_{x \to 1^-} f(x) = 1, \lim\limits_{x \to 1^+} f(x) = 2.$

$\therefore f(x)$ 在 $x = 1$ 不连续，则 $f(x)$ 在 $x = 1$ 不可导.

例 2-7 讨论 $f(x) = \begin{cases} x^2 + 1, & x < 1 \\ 2x, & x \geq 1 \end{cases}$ 在点 $x = 1$ 处的连续性与可导性.

解 $\because$

$$f'_-(1) = \lim_{x \to 1^-} \frac{f(x) - f(1)}{x - 1} = \lim_{x \to 1^-} \frac{x^2 + 1 - 2}{x - 1} = 2,$$

$$f'_+(1) = \lim_{x \to 1^+} \frac{f(x) - f(1)}{x - 1} = \lim_{x \to 1^+} \frac{2x - 2}{x - 1} = 2,$$

∴ $f'(1)=2$, $f(x)$ 在 $x=1$ 可导,且在 $x=1$ 点连续.

例 2-8 讨论 $f(x)=\begin{cases}x, & x\leq 1\\ 2-x, & x>1\end{cases}$ 在点 $x=1$ 处的连续性与可导性.

解 ∵ $\lim\limits_{x\to 1^-}f(x)=\lim\limits_{x\to 1^-}x=1$, $\lim\limits_{x\to 1^+}f(x)=\lim\limits_{x\to 1^+}(2-x)=1=f(1)$,

∴ $f(x)$ 在 $x=1$ 连续,

∵ $f'_-(1)=\lim\limits_{x\to 1^-}\dfrac{f(x)-f(1)}{x-1}=\lim\limits_{x\to 1^-}\dfrac{x-1}{x-1}=1$,

$f'_+(1)=\lim\limits_{x\to 1^+}\dfrac{f(x)-f(1)}{x-1}=\lim\limits_{x\to 1^+}\dfrac{2-x-1}{x-1}=-1$,

∴ $f(x)$ 在 $x=1$ 不可导.

习题 2.1

1. 求下列曲线在指定点处的切线方程和法线方程.
(1) $y=2x+4$ 在点 $(1,6)$ 处;
(2) $y=x^2+2$ 在点 $x=1$ 处.

2. 讨论函数 $f(x)=\begin{cases}x+1, & 0\leq x<1\\ 3x-1, & x\geq 1\end{cases}$ 在点 $x=1$ 处的连续性和可导性.

3. $f'(x_0)$ 存在,求 $\lim\limits_{\Delta x\to 0}\dfrac{f(x_0+3\Delta x)-f(x_0-\Delta x)}{\Delta x}$.

4. 设 $f'(1)=4$,求 $\lim\limits_{h\to 0}\dfrac{f(1-h)-f(1)}{4h}$. (专升本)

第二节 求 导 法 则

一、导数公式与函数和、差、积、商求导法则

1. 导数基本公式

例 2-9 求函数 $f(x)=\log_a x$ 的导数.

解

(1) 求增量

$$\Delta y=f(x+\Delta x)-f(x)=\log_a(x+\Delta x)-\log_a x=\log_a\dfrac{x+\Delta x}{x}=\log_a\left(1+\dfrac{\Delta x}{x}\right);$$

(2) 算比值

$$\dfrac{\Delta y}{\Delta x}=\dfrac{\log_a\left(1+\dfrac{\Delta x}{x}\right)}{\Delta x}=\log_a\left(1+\dfrac{\Delta x}{x}\right)^{\frac{1}{\Delta x}}=\dfrac{1}{x}\log_a\left(1+\dfrac{\Delta x}{x}\right)^{\frac{x}{\Delta x}};$$

(3) 取极限

$$f'(x)=\lim\limits_{\Delta x\to 0}\dfrac{\Delta y}{\Delta x}=\lim\limits_{\Delta x\to 0}\dfrac{1}{x}\log_a\left(1+\dfrac{\Delta x}{x}\right)^{\frac{x}{\Delta x}}=\dfrac{1}{x}\lim\limits_{\Delta x\to 0}\log_a\left(1+\dfrac{\Delta x}{x}\right)^{\frac{x}{\Delta x}}=\dfrac{1}{x}\log_a e=\dfrac{1}{x\ln a}$$

即

$$(\log_a x)' = \frac{1}{x\ln a}.$$

特别地,当 $a = e$ 时,有 $(\ln x)' = \frac{1}{x}$.

例 2-10 求函数 $f(x) = \cos x$ 的导数.

解

(1) 求增量

$$\Delta y = f(x+\Delta x) - f(x) = \cos(x+\Delta x) - \cos x = -2\sin\left(x+\frac{\Delta x}{2}\right)\sin\frac{\Delta x}{2};$$

(2) 算比值

$$\frac{\Delta y}{\Delta x} = \frac{-2\sin\left(x+\frac{\Delta x}{2}\right)\sin\frac{\Delta x}{2}}{\Delta x};$$

(3) 取极限

$$f'(x) = \lim_{\Delta x \to 0}\frac{\Delta y}{\Delta x} = \lim_{\Delta x \to 0}\frac{-2\sin\left(x+\frac{\Delta x}{2}\right)\sin\frac{\Delta x}{2}}{\Delta x}$$

$$= -\lim_{\Delta x \to 0}\sin\left(x+\frac{\Delta x}{2}\right) \cdot \frac{\sin\frac{\Delta x}{2}}{\frac{\Delta x}{2}} = -\sin x$$

即

$$(\cos x)' = -\sin x.$$

用以上类似方法,我们可以得到基本初等函数的导数公式:

(1) $(C)' = 0$ (C 为常数);
(2) $(x^\alpha)' = \alpha x^{\alpha-1}$;
(3) $(a^x)' = a^x \ln a$;
(4) $(e^x)' = e^x$;
(5) $(\log_a x)' = \frac{1}{x\ln a}$;
(6) $(\ln x)' = \frac{1}{x}$;
(7) $(\sin x)' = \cos x$;
(8) $(\cos x)' = -\sin x$;
(9) $(\tan x)' = \sec^2 x$;
(10) $(\cot x)' = -\csc^2 x$;
(11) $(\sec x)' = \sec x \tan x$;
(12) $(\csc x)' = -\csc x \cot x$;
(13) $(\arcsin x)' = \frac{1}{\sqrt{1-x^2}}$;
(14) $(\arccos x)' = -\frac{1}{\sqrt{1-x^2}}$;
(15) $(\arctan x)' = \frac{1}{1+x^2}$;
(16) $(\text{arccot}\, x)' = -\frac{1}{1+x^2}$.

2. 导数的四则运算法则

若函数 $u = u(x), v = v(x)$ 在点 x 处均可导,则

(1) $(u \pm v)' = u' \pm v'$;

(2) $(uv)' = u'v + uv'$;特别地,当 $(cu)' = cu'$ (c 为常数);

(3) $\left(\frac{u}{v}\right)' = \frac{u'v - uv'}{v^2}$ ($v \neq 0$).

现以法则(2)为例进行证明,其他的法则可通过类似方法证明.

证 函数 $u=u(x),v=v(x)$ 在 x 处可导,则 $\lim\limits_{\Delta x\to 0}\dfrac{\Delta u}{\Delta x}=u'(x)$,$\lim\limits_{\Delta x\to 0}\dfrac{\Delta v}{\Delta x}=v'(x)$,其中 $\Delta u=u(x+\Delta x)-u(x)$,$\Delta v=v(x+\Delta x)-v(x)$.令 $y=u(x)v(x)$,则根据求导数的一般步骤:

(1)求函数 y 的增量:
$$\begin{aligned}\Delta y&=u(x+\Delta x)v(x+\Delta x)-u(x)v(x)\\&=u(x+\Delta x)v(x+\Delta x)-u(x)v(x+\Delta x)+u(x)v(x+\Delta x)-u(x)v(x)\\&=\Delta u\cdot v(x+\Delta x)+u(x)\cdot\Delta v\end{aligned}$$

(2)求比值:
$$\frac{\Delta y}{\Delta x}=\frac{\Delta u}{\Delta x}\cdot v(x+\Delta x)+u(x)\cdot\frac{\Delta v}{\Delta x}.$$

(3)求极限:由于函数 $v(x)$ 在 x 处可导,因此它在 x 处连续,所以
$$\lim_{\Delta x\to 0}v(x+\Delta x)=v(x).$$

从而根据极限的运算法则有
$$\lim_{\Delta x\to 0}\frac{\Delta y}{\Delta x}=\lim_{\Delta x\to 0}\frac{\Delta u}{\Delta x}\cdot\lim_{\Delta x\to 0}v(x+\Delta x)+u(x)\cdot\lim_{\Delta x\to 0}\frac{\Delta v}{\Delta x}=u'(x)v(x)+u(x)v'(x).$$

所以,$y=u(x)v(x)$ 在 x 处可导,并且有
$$(uv)'=u'v+uv'.$$

上述法则(1)与法则(2)都可以推广到有限多个函数的和(差)、积的情形:

推论 设 $u=u(x),v=v(x),w=w(x)$ 都在 x 处可导,则
$$(u\pm v\pm w)'=u'\pm v'\pm w',(uvw)'=u'vw+uv'w+uvw'.$$

容易证得:$(uvw)'=(uv)'w+(uv)w'=u'vw+uv'w+uvw'$.

例2-11 求函数 $y=e^x(\cos x-\sin x)$ 的导数.

解 $y'=e^x(\cos x-\sin x)+e^x(-\sin x-\cos x)=-2e^x\sin x.$

例2-12 求函数 $y=\tan x$ 的导数.

解 $y=\tan x=\dfrac{\sin x}{\cos x}$,所以
$$(\tan x)'=\left(\frac{\sin x}{\cos x}\right)'=\frac{(\sin x)'\cos x-\sin x(\cos x)'}{\cos^2 x}$$
$$=\frac{\cos^2 x+\sin^2 x}{\cos^2 x}=\frac{1}{\cos^2 x}=\sec^2 x$$

即
$$(\tan x)'=\sec^2 x.$$

*3. 反函数的导数

定理2.2 如果函数 $x=\varphi(y)$ 在某一个区间单调、可导,且 $\varphi'(y)\ne 0$.则它的反函数 $y=f(x)$ 在对应区间内也可导,且 $f'(x)=\dfrac{1}{\varphi'(y)}$ 或 $\dfrac{\mathrm{d}y}{\mathrm{d}x}=\dfrac{1}{\dfrac{\mathrm{d}x}{\mathrm{d}y}}$.

例2-13 求函数 $y=\arcsin x(-1<x<1)$ 的导数.

解 $y = \arcsin x$ 是 $x = \sin y$ 在区间 $\left(-\dfrac{\pi}{2}, \dfrac{\pi}{2}\right)$ 的反函数，所以

$$y' = (\arcsin x)' = \dfrac{1}{(\sin y)'} = \dfrac{1}{\cos y} = \dfrac{1}{\sqrt{1-x^2}} \qquad (-1 < x < 1).$$

即

$$(\arcsin x)' = \dfrac{1}{\sqrt{1-x^2}} \qquad (-1 < x < 1).$$

二、直接求导法

我们把利用求导的基本公式和四则运算法则（有时需要做适当的恒等变换）求导数的方法叫直接求导法.

例 2-14 求函数 $y = \dfrac{2x + 3x\sin x - \sqrt{x}}{\sqrt{x}}$ 的导数.

解 $y = \dfrac{2x + 3x\sin x - \sqrt{x}}{\sqrt{x}} = 2\sqrt{x} + 3\sqrt{x}\sin x - 1$,

所以，$y' = \dfrac{1}{\sqrt{x}} + \dfrac{3}{2\sqrt{x}}\sin x + 3\sqrt{x}\cos x$.

例 2-15 求函数 $y = \dfrac{\sin^2 x}{1 + \cos x}$ 的导数.

解 $y = \dfrac{\sin^2 x}{1 + \cos x} = \dfrac{1 - \cos^2 x}{1 + \cos x} = 1 - \cos x$,

所以，$y' = (1 - \cos x)' = \sin x$.

例 2-16 求函数 $y = \ln \sqrt{x e^x}$ 的导数.

解 $y = \ln \sqrt{x e^x} = \dfrac{1}{2}\ln(x e^x) = \dfrac{1}{2}\ln x + \dfrac{1}{2}x$,

所以，$y' = \dfrac{1}{2x} + \dfrac{1}{2}$.

例 2-17 求函数 $y = \dfrac{x^2 + x + 1}{x^2(1+x)}$ 的导数.

解 $y = \dfrac{x^2 + x + 1}{x^2(1+x)} = \dfrac{1}{1+x} + \dfrac{1}{x^2}$,

所以，$y' = \dfrac{-1}{(1+x)^2} - 2x^{-3} = \dfrac{-1}{(1+x)^2} - \dfrac{2}{x^3}$.

三、复合函数求导法则

引例：求函数 $y = \ln 2x$ 的导数.

错误解法：$y' = (\ln 2x)' = \dfrac{1}{2x}$.

正确解法：$y' = (\ln 2x)' = (\ln 2 + \ln x)' = 0 + \dfrac{1}{x} = \dfrac{1}{x}$.

对比一下,错误解法的原因是直接把 $2x$ 当成了自变量,这实际上是一个复合函数求导的问题.

复合函数求导法则(链式法则) 　　如果 $u = \varphi(x)$ 在点 x 可导,而 $y = f(u)$ 在点 $u = \varphi(x)$ 可导,则复合函数 $y = f(\varphi(x))$ 在点 x 可导,且其导数为

$$\frac{dy}{dx} = f'(u) \cdot \varphi'(x) \quad \text{或} \quad \frac{dy}{dx} = \frac{dy}{du} \cdot \frac{du}{dx}.$$

证　　设自变量 x 有增量 Δx,则对应的 u、y 分别有增量 Δu、Δy,因为 $u = \varphi(x)$ 在点 x 处可导,则在 x 处必连续.因此,当 $\Delta x \to 0$ 时,$\Delta u \to 0$,当 $\Delta u \neq 0$ 时,有 $\dfrac{\Delta y}{\Delta x} = \dfrac{\Delta y}{\Delta u} \dfrac{\Delta u}{\Delta x}$.

又因为

$$\lim_{\Delta x \to 0} \frac{\Delta y}{\Delta u} = \lim_{\Delta u \to 0} \frac{\Delta y}{\Delta u},$$

所以有

$$\lim_{\Delta x \to 0} \frac{\Delta y}{\Delta x} = \lim_{\Delta u \to 0} \frac{\Delta y}{\Delta u} \lim_{\Delta x \to 0} \frac{\Delta u}{\Delta x},$$

即

$$\frac{dy}{dx} = \frac{dy}{du} \cdot \frac{du}{dx}.$$

当 $\Delta u = 0$ 时,公式也成立.

注:复合函数的求导法则可以推广到多个中间变量的情形.我们以两个中间变量为例,设 $y = f(u)$,$u = \varphi(v)$,$v = \psi(x)$,则复合函数 $y = f(\varphi(\psi(x)))$ 的导数为 $\dfrac{dy}{dx} = \dfrac{dy}{du} \cdot \dfrac{du}{dv} \cdot \dfrac{dv}{dx}$.

例 2-18　求函数 $y = \cos x^3$ 的导数.

解　设 $y = \cos u$,$u = x^3$,则

$$y'_x = y'_u u'_x = (\cos u)' (x^3)'_x = -\sin u \cdot 3x^2 = -3x^2 \sin x^3.$$

例 2-19　求函数 $y = \arctan \sqrt{x}$ 的导数.

解　设 $y = \arctan u$,$u = \sqrt{x}$,则

$$y'_x = y'_u u'_x = (\arctan u)'_u (\sqrt{x})'_x = \frac{1}{1+u^2} \cdot \frac{1}{2\sqrt{x}} = \frac{1}{2\sqrt{x}(1+x)}.$$

例 2-20　求函数 $y = \sqrt[3]{x^2+1}$ 的导数.

解　设 $y = \sqrt[3]{u}$,$u = x^2 + 1$,则

$$y'_x = y'_u u'_x = (u^{\frac{1}{3}})'_u (x^2+1)'_x = \frac{1}{3} u^{-\frac{2}{3}} \cdot 2x = \frac{2}{3} \frac{x}{\sqrt[3]{(x^2+1)^2}}.$$

对上述写法熟练后,中间变量可不写出(记在心里),直接利用法则,按照复合的次序,由外到内,层层求导.

例 2-21　求函数 $y = \ln \sin \dfrac{x}{2}$ 的导数.

解　$y' = \dfrac{1}{\sin \dfrac{x}{2}} \left(\sin \dfrac{x}{2} \right)' = \dfrac{1}{\sin \dfrac{x}{2}} \cdot \cos \dfrac{x}{2} \cdot \left(\dfrac{x}{2} \right)' = \dfrac{1}{2} \cot \dfrac{x}{2}.$

例 2-22 求函数 $y=(x+e^x)^2$ 的导数.

解 $y'=2(x+e^x)\cdot(x+e^x)'=2(x+e^x)\cdot(1+e^x)$.

例 2-23 求函数 $y=x^2\sin 3x^3$ 的导数.

解 $y'=(x^2\sin 3x^3)'=2x\sin 3x^3+x^2(\sin 3x^3)'=2x\sin 3x^3+x^2\cos 3x^3(3x^3)'$
$=2x\sin 3x^3+9x^4\cos 3x^3$.

例 2-24 求函数 $y=\sqrt{x+\sqrt{x}}$ 的导数.

解 $y'=(\sqrt{x+\sqrt{x}})'=\dfrac{1}{2\sqrt{x+\sqrt{x}}}(x+\sqrt{x})'=\dfrac{1}{2\sqrt{x+\sqrt{x}}}\left(1+\dfrac{1}{2\sqrt{x}}\right)$

$=\dfrac{2\sqrt{x}+1}{4\sqrt{x^2+x\sqrt{x}}}$.

*** 例 2-25** 求函数 $y=\ln(x+\sqrt{a^2+x^2})\,(a>0)$ 的导数.

解 $y'=\dfrac{1}{x+\sqrt{a^2+x^2}}(x+\sqrt{a^2+x^2})'=\dfrac{1}{x+\sqrt{a^2+x^2}}\left(1+\dfrac{(a^2+x^2)'}{2\sqrt{a^2+x^2}}\right)$

$=\dfrac{1}{x+\sqrt{a^2+x^2}}\left(1+\dfrac{2x}{2\sqrt{a^2+x^2}}\right)=\dfrac{\sqrt{a^2+x^2}+x}{(x+\sqrt{a^2+x^2})\sqrt{a^2+x^2}}$

$=\dfrac{1}{\sqrt{a^2+x^2}}$.

思考：$(\ln\sqrt{x^2-1})'=\dfrac{1}{\sqrt{x^2-1}}\cdot(\sqrt{x^2-1})'\cdot(x^2-1)'$ 是否正确？为什么？

习题 2.2

对下列函数求导：

1. $y=\sqrt{x}\sin x+\ln 2x+\sqrt{\pi}$；
2. $f(x)=\dfrac{\sin x}{1-\cos x}$；
3. $y=\dfrac{x^3-2x-\sqrt{x}+\sqrt[3]{x^2}-\ln x}{x}$；
4. $y=\ln(x^3 e^{2x} 2^x)$；
5. $y=x^3\cos x$；
6. $y=x^2\ln x\sin x$；
7. $y=\ln\ln x$；
8. $y=2\sin(x^2-2x)$；
9. $y=\sqrt{x^2+3}$，$y'|_{x=0}$；
10. $y=\sin^3(-x^2+1)$；
11. $y=\dfrac{(x+e^x)^2}{x}$；
12. $y=3^{2x}\tan\dfrac{1}{x}$；
13. $y=e^{-x}\cdot\sqrt[3]{x+1}$，$y'|_{x=0}$.

第三节 隐函数的导数

一、隐函数求导法

前面所遇到的函数，都可表示为 $y=f(x)$ 的形式，如 $y=4x^2-1$，$y=\ln(\sin x)$ 等，这样的函数叫作显函数.

有时,还会遇到用另一种形式表示的函数,就是 y 与 x 的函数关系是由一个含 x 和 y 的方程 $F(x,y) = 0$ 所确定. 例如方程 $4x - y + 3 = 0$ 中,给 x 一个确定的值,就有唯一确定的 y 值与之对应,所以确定了 y 是 x 的函数. 像这样,由方程 $F(x,y) = 0$ 所确定的函数就叫作**隐函数**.

有些隐函数很容易化为显函数,而有些则很困难,甚至不可能. 如方程 $xy = e^{x+y}$ 就无法把 y 表示成 x 的显函数的形式.

在实际问题中,求隐函数的导数并不需要先将隐函数化为显函数,而是可以利用复合函数的求导法则,将方程两边同时对 x 求导,并注意到其中变量 y 是 x 的函数,利用复合函数求导法则,就可直接求出隐函数的导数.

例 2-26 求方程 $x^2 + y^2 = 1$ 确定的隐函数的导数 y'_x.

解 将方程两边同时对 x 求导,并注意到 y 是 x 的函数,y^2 是 x 的复合函数,按求导法则得

$$(x^2)'_x + (y^2)'_x = 0,$$
$$2x + 2yy'_x = 0.$$

即

$$y'_x = -\frac{x}{y}.$$

例 2-27 求由方程 $e^y + xy^2 - e = 0$ 所确定的隐函数的导数.

解 方程两边同时对 x 求导,得

$$e^y y' + (x)' y^2 + x(y^2)' = 0,$$
$$e^y y' + y^2 + x \cdot 2yy' = 0.$$

即

$$y' = -\frac{y^2}{e^y + 2xy}.$$

例 2-28 求由方程 $\sin(xy) = x$ 所确定的隐函数的导数 y'.

解 方程两边同时对 x 求导,得

$$\cos(xy) \cdot (xy)' = 1$$
$$\cos(xy) \cdot (y + xy') = 1.$$

即

$$y' = \frac{1 - y\cos(xy)}{x\cos(xy)}.$$

例 2-29 求由方程 $y^5 + 2y - x - 3x^7 = 0$ 所确定的隐函数在 $x = 0$ 处的导数 $\dfrac{dy}{dx}\bigg|_{x=0}$.

解 $5y^4 y' + 2y' - 1 - 21x^6 = 0,$

即

$$y' = \frac{dy}{dx} = \frac{1 + 21x^6}{5y^4 + 2}.$$

因为当 $x=0$ 时,从原方程可得 $y=0$,所以

$$\left.\frac{dy}{dx}\right|_{\substack{x=0\\y=0}}=\frac{1}{2}.$$

二、对数求导法

在求导运算中,常会遇到下列两类函数的求导问题,一类是幂指函数:$[f(x)]^{g(x)}$;另一类是由一系列函数的乘、除、乘方、开方所构成的函数. 这两类问题用对数求导法来求,计算更简便.

所谓对数求导法,就是在 $y=f(x)$ 的两边先取对数,然后等式两边分别对 x 求导,遇到 y 时将其视为中间变量,利用复合函数的求导法则,得到含 y' 的方程,最后解出 y'.

例 2-30 设 $y=(\sin x)^x$,求 y'.

解 等式两边同时取自然对数得

$$\ln y = x\ln\sin x,$$

两边同时对 x 求导,得

$$\frac{1}{y}y' = \ln\sin x + x\frac{1}{\sin x}\cos x = \ln\sin x + x\cot x,$$

所以

$$y' = y(\ln\sin x + x\cot x) = (\sin x)^x(\ln\sin x + x\cot x).$$

例 2-31 设 $y=\sqrt[3]{\dfrac{(x+1)^2}{(x-1)(x+2)}}$,求 y'.

解 等式两边取自然对数,得

$$\ln y = \frac{1}{3}[2\ln(x+1) - \ln(x-1) - \ln(x+2)],$$

两边对 x 求导得

$$\frac{1}{y}y' = \frac{1}{3}\left(\frac{2}{x+1} - \frac{1}{x-1} - \frac{1}{x+2}\right),$$

因此

$$y' = \frac{1}{3}\left(\frac{2}{x+1} - \frac{1}{x-1} - \frac{1}{x+2}\right)y = \frac{1}{3}\left(\frac{2}{x+1} - \frac{1}{x-1} - \frac{1}{x+2}\right)\sqrt[3]{\frac{(x+1)^2}{(x-1)(x+2)}}.$$

三、参数方程求导法

两个变量 x 和 y 间的函数关系,除了用显函数 $y=f(x)$ 和隐函数 $F(x,y)=0$ 表示外,还可以用参数方程 $\begin{cases} x=\varphi(t) \\ y=\psi(t) \end{cases}$(其中 t 为参数)来表示,且 $x=\varphi(t), y=\psi(t)$ 都可导,现在讨论如何由参数方程求 y 对 x 的导数.

由参数方程所确定的函数可以看成 $y=\psi(t), t=\varphi^{-1}(x)$ 复合而成的函数,根据复合函数与反函数的求导法则,有

$$\frac{\mathrm{d}y}{\mathrm{d}x} = \frac{\mathrm{d}y}{\mathrm{d}t} \cdot \frac{\mathrm{d}t}{\mathrm{d}x} = \frac{\frac{\mathrm{d}y}{\mathrm{d}t}}{\frac{\mathrm{d}x}{\mathrm{d}t}} = \frac{\psi'(t)}{\varphi'(t)}.$$

例 2-32 已知参数方程为 $\begin{cases} x = \sin t \\ y = t \end{cases}$（其中 t 为参数），求 $\frac{\mathrm{d}y}{\mathrm{d}x}$.

解 $\frac{\mathrm{d}y}{\mathrm{d}x} = \frac{(t)'}{(\sin t)'} = \frac{1}{\cos t} = \sec t.$

例 2-33 已知椭圆的参数方程为 $\begin{cases} x = a\cos t \\ y = b\sin t \end{cases}$（其中 t 为参数，a,b 为常数），求 $\frac{\mathrm{d}y}{\mathrm{d}x}\bigg|_{t=\frac{\pi}{4}}$.

解 $\frac{\mathrm{d}y}{\mathrm{d}x} = \frac{(b\sin t)'}{(a\cos t)'} = \frac{b\cos t}{-a\sin t} = -\frac{b}{a}\cot t,$ 所以

$$\frac{\mathrm{d}y}{\mathrm{d}x}\bigg|_{t=\frac{\pi}{4}} = -\frac{b}{a}\cot t\bigg|_{t=\frac{\pi}{4}} = -\frac{b}{a}.$$

习题 2.3

1. 求隐函数的导数及利用对数求导法求导数：

(1) $x^3 + xy - y^3 = 3$；　　　　　　(2) $xy = \ln(x+y)$；

(3) 设 $y = 1 + xe^y$，求 $\frac{\mathrm{d}y}{\mathrm{d}x}\big|_{x=0}$；　　(4) $y = (x+1)^{2x}$；

(5) $y = \frac{(2x-1)(x+1)^2}{(3-x)^2}$；　　　　(6) $y = (x)^{\ln x} - x.$

2. 已知函数 $y = y(x)$ 由方程 $e^y + 2xy = x^2$ 确定，求 $y'(x)$.（专升本）

3. 求曲线 $x = y^2 + y - 1$ 在点 $(1,1)$ 处的切线方程.（专升本）

4. 设 $y = y(x)$ 由参数方程 $\begin{cases} x = t - \cos t, \\ y = t + \sin t, \end{cases}$ 求 $\frac{\mathrm{d}y}{\mathrm{d}x}$.

5. 已知函数 $\begin{cases} x = \frac{1}{2}t^2, \\ y = t+1, \end{cases}$ 求 $\frac{\mathrm{d}y}{\mathrm{d}x}$.（专升本）

6. 求曲线 $\begin{cases} x = t^3, \\ y = e^t, \end{cases}$ 在 $t = 1$ 处的切线方程.（专升本）

第四节　高 阶 导 数

一、高阶导数的概念

函数 $y = f(x)$ 的导数 $y' = f'(x)$ 仍然是 x 的函数，如果可导，我们把 $y' = f'(x)$ 的导数叫作函数 $y = f(x)$ 的二阶导数，记作 y'' 或 $\frac{\mathrm{d}^2 y}{\mathrm{d}x^2}$. 以此类推，对函数 $f(x)$ 的 $n-1$ 阶导数再求一次导数（若存在），所得的导数称为函数 $f(x)$ 的 n 阶导数.

二阶及二阶以上的导数统称为高阶导数.
二阶导数记为
$$y'', f''(x), \frac{d^2y}{dx^2} 或 \frac{d^2f(x)}{dx^2};$$

三阶导数记为
$$y''', f'''(x), \frac{d^3y}{dx^3} 或 \frac{d^3f(x)}{dx^3};$$

四阶导数记为
$$y^{(4)}, f^{(4)}(x), \frac{d^4y}{dx^4} 或 \frac{d^4f(x)}{dx^4};$$

n 阶导数记为
$$y^{(n)}, f^{(n)}(x), \frac{d^ny}{dx^n} 或 \frac{d^nf(x)}{dx^n}.$$

例 2-34 求下列函数的二阶导数：
(1) $y = x^3 + x^2 + x + 1$;
(2) $y = x\ln x$.

解
(1) $y' = 3x^2 + 2x + 1$;
 $y'' = 6x + 2$.
(2) $y' = (x)'\ln x + x(\ln x)' = \ln x + 1$;
 $y'' = (\ln x + 1)' = \dfrac{1}{x}$.

例 2-35 试验证函数 $y = c_1 e^{\lambda x} + c_2 e^{-\lambda x}$ (λ、c_1、c_2 是常数)满足关系式: $y'' - \lambda^2 y = 0$.

证 $\because y = c_1 e^{\lambda x} + c_2 e^{-\lambda x}$,
$\therefore y' = c_1 \lambda e^{\lambda x} - c_2 \lambda e^{-\lambda x}$,
$\quad y'' = c_1 \lambda^2 e^{\lambda x} + c_2 \lambda^2 e^{-\lambda x} = \lambda^2 (c_1 e^{\lambda x} + c_2 e^{-\lambda x}) = \lambda^2 y$.
$\therefore y'' - \lambda^2 y = 0$.

例 2-36 设函数 $f(x) = 2\sin x + 3x^2$, 求导数 $f'''(x)$, 并求 $f'''(0)$.

解
$$f'(x) = 2\cos x + 6x,$$
$$f''(x) = -2\sin x + 6,$$
$$f'''(x) = -2\cos x,$$
$$f'''(0) = -2\cos 0 = -2.$$

例 2-37 求指数函数的 n 阶导数.

解 $y' = e^x, y'' = e^x, y''' = e^x, y^{(4)} = e^x$. 一般地, 可得 $y^{(n)} = e^x$, 即
$$y^{(n)} = e^x.$$

例 2-38 求正弦与余弦函数的 n 阶导数.

解 $y = \sin x$,

$$y' = \cos x = \sin\left(x + \frac{\pi}{2}\right),$$

$$y'' = \cos\left(x + \frac{\pi}{2}\right) = \sin\left(x + \frac{\pi}{2} + \frac{\pi}{2}\right) = \sin\left(x + 2 \cdot \frac{\pi}{2}\right),$$

$$y''' = \cos\left(x + 2 \cdot \frac{\pi}{2}\right) = \sin\left(x + 3 \cdot \frac{\pi}{2}\right),$$

$$y^{(4)} = \cos\left(x + 3 \cdot \frac{\pi}{2}\right) = \sin\left(x + 4 \cdot \frac{\pi}{2}\right),$$

一般地,可得

$$y^{(n)} = \sin\left(x + n \cdot \frac{\pi}{2}\right),$$

即

$$(\sin x)^{(n)} = \sin\left(x + n \cdot \frac{\pi}{2}\right).$$

用类似方法,可得

$$(\cos x)^{(n)} = \cos\left(x + n \cdot \frac{\pi}{2}\right).$$

例 2-39 求对数函数 $\ln(1+x)$ 的 n 阶导数.

解 $y = \ln(1+x), y' = \dfrac{1}{1+x}, y'' = -\dfrac{1}{(1+x)^2}, y''' = \dfrac{1 \cdot 2}{(1+x)^3}, y^{(4)} = -\dfrac{1 \cdot 2 \cdot 3}{(1+x)^4},$

一般地,可得 $y^{(n)} = (-1)^{n-1}\dfrac{(n-1)!}{(1+x)^n}$,即

$$[\ln(1+x)]^{(n)} = (-1)^{n-1}\frac{(n-1)!}{(1+x)^n}.$$

二、二阶导数的物理意义

变速直线运动中,运动方程为 $s = s(t)$,则物体运动的速度是路程 s 对时间 t 的一阶导数,即 $v = s'(t) = \dfrac{\mathrm{d}s}{\mathrm{d}t}$. 其二阶导数 $a = v'(t) = s''(t) = \dfrac{\mathrm{d}^2 s}{\mathrm{d}t^2}$. 在物理学中,$a$ 叫作物体的加速度,也就是说物体运动的加速度 a 是路程 s 对时间 t 的二阶导数.

例 2-40 已知物体的运动方程为 $s = A\cos(\omega t + \varphi)$(其中 A、ω、φ 是常数),求物体运动的加速度.

解 $\because s = A\cos(\omega t + \varphi),$

$\therefore v = s' = -A\omega\sin(\omega t + \varphi),$ 则

$$a = v' = s'' = -A\omega^2\cos(\omega t + \varphi).$$

习题 2.4

1. $y = x^3 \cos x$,求 y''.
2. $y = x\arctan x + 3(x+1)^3$,求 $y''|_{x=1}$.

3. $y = (2x-1)^8$,求 y'''.

4. $y = x^2 \ln^3 x$,求 y'''.

5. 函数 $y = 2^x$ 的 2013 阶导数是 $y^{(2013)}$.(专升本)

6. 曲线 $f(x) = 5x + e^x$,求 $f''(1)$.(专升本)

第五节　微　分

一、微分的概念

1. 两个实例

例 2-41　设一个边长为 x 的正方形金属薄片,由于温度的变化,其边长由 x_0 变到 $x_0 + \Delta x$ 时,金属片面积增加了多少?

解　面积函数为 $A = x^2$,当自变量 x 在 x_0 处有增量 Δx 时,相应地面积增量为:

$$\Delta A = (x_0 + \Delta x)^2 - x_0^2 = 2x_0 \Delta x + (\Delta x)^2.$$

显然,ΔA 由两部分组成:第一部分是 $2x_0 \Delta x$,其中 $2x_0$ 是常数;第二部分是 $(\Delta x)^2$,是以 Δx 为边长的小正方形的面积.

当 $\Delta x \to 0$ 时,$(\Delta x)^2$ 是比 Δx 更高阶的无穷小量,因而它比 $2x_0 \Delta x$ 要小得多,可忽略,所以,$\Delta A \approx 2x_0 \Delta x$.

例 2-42　求自由落体运动中,物体由时刻 t_0 到 $t_0 + \Delta t$ 经过路程的近似值.

解　自由落体运动中,路程 s 与时间 t 的函数关系是

$$s = \frac{1}{2} g t^2.$$

当时间从 t_0 变化到 $t_0 + \Delta t$ 时,相应的路程的增量为

$$\Delta s = \frac{1}{2} g (t_0 + \Delta t)^2 - \frac{1}{2} g t_0^2 = g t_0 \Delta t + \frac{1}{2} g (\Delta t)^2.$$

上式表明,路程的增量分为两部分:

一部分是 Δt 的线性函数 $g t_0 \Delta t$,另一部分是比 Δt 更高阶的无穷小量 $\frac{1}{2} g (\Delta t)^2$(当 $|\Delta t|$ 很小时,可以忽略),从而得到物体由时刻 t_0 到 $t_0 + \Delta t$ 所经过路程的近似值为

$$\Delta s \approx g t_0 \Delta t.$$

由以上,函数 $y = f(x)$ 在点 x 处的改变量 Δy 都可以表示为 $\Delta y = A \Delta x + o(\Delta x)$ ($\Delta x \to 0$) 且 $A = f'(x)$,$f'(x) \Delta x$ 称为 Δy 的线性主部.

2. 微分的定义

定义 2.4　如果函数 $y = f(x)$ 在点 x 处有导数 $f'(x)$,则称 $f'(x) \Delta x$ 为函数 $y = f(x)$ 在点 x 处的微分,函数 $y = f(x)$ 在 x 处可微,也可记作 $dy = f'(x) dx$.

即函数 $y = f(x)$ 在任意点 x 处的微分,等于函数 $y = f(x)$ 在点 x 处导数 $f'(x)$ 与自变量 x 的微分之积.

显然,导数与微分是两个不同的概念,但它们之间有着密切的联系.若函数在点 x 处可导,

则在该点一定可微.

注意：导数 $\dfrac{dy}{dx}$ 可以看作函数的微分与自变量的微分的比值，因此，导数又叫作微商. 求得微分 $dy = f'(x)dx$，即可得导数 $\dfrac{dy}{dx} = f'(x)$；反之求得导数，即可得微分.

求微分实质就是求导数，因此与基本初等函数求导公式相对应，我们可列出其微分公式.

二、微分基本公式及其运算法则

1. 微分的四则运算法则

设 u、v 是 x 的函数，在 x 处可微，则

(1) $d(u+v) = du + dv$；

(2) $d(uv) = udv + vdu$；

(3) $d(Cu) = Cdu$；

(4) $d\left(\dfrac{u}{v}\right) = \dfrac{vdu - udv}{v^2}(v \neq 0)$.

2. 微分基本公式

(1) $d(C) = 0$；

(2) $d(x^\mu) = \mu x^{\mu-1}dx(\mu \in R)$；

(3) $d(a^x) = a^x \ln a dx (a > 0, a \neq 1)$；

(4) $d(\log_a x) = \dfrac{dx}{x \ln a}(a > 0, a \neq 1)$；

(5) $d(\sin x) = \cos x dx$；

(6) $d(\cos x) = -\sin x dx$；

(7) $d(\tan x) = \sec^2 x dx$；

(8) $d(\cot x) = -\csc^2 x dx$；

(9) $d(\sec x) = \sec x \tan x dx$；

(10) $d(\csc x) = -\csc x \cot x dx$；

(11) $d(\arcsin x) = \dfrac{dx}{\sqrt{1-x^2}}$；

(12) $d(\arccos x) = -\dfrac{dx}{\sqrt{1-x^2}}$；

(13) $d(\arctan x) = \dfrac{dx}{1+x^2}$；

(14) $d(\text{arccot} x) = \dfrac{-dx}{1+x^2}$.

对以上公式应结合导数的相应公式记忆.

3. 复合函数的微分

由复合函数的求导法则，可以推导出复合函数的微分法则.

设函数 $y = f(u)$ 和 $u = \varphi(x)$ 都可微，则复合函数 $y = f(\varphi(x))$ 的微分为

$$dy = f'(u)\varphi'(x)dx = f'(\varphi(x))\varphi'(x)dx. \tag{2-16}$$

由于 $du = \varphi'(x)dx$，所以，复合函数 $y = f(\varphi(x))$ 的微分也可以写成 $dy = f'(u)du$.

可见，无论 u 是自变量还是中间变量，微分形式 $dy = f'(u)du$ 总保持不变.

这一性质称为**微分形式不变性**. 有时，利用微分形式不变性求复合函数的微分比较方便.

求复合函数的微分时，既可利用微分的定义，用复合函数求导公式求出复合函数的导数，再乘以自变量的微分 dx；也可利用微分形式的不变性，直接利用公式 $dy = f'(u)du$ 进行运算.

例 2-43 设 $y = \sin \sqrt{2x}$，求 dy.

解法一 用公式 $dy = y'dx$，得

$$dy = (\sin\sqrt{2x})'dx = \frac{1}{\sqrt{2x}}\cos\sqrt{2x}\,dx.$$

解法二 用一阶微分形式的不变性，得

$$dy = \cos\sqrt{2x}\,d(\sqrt{2x}) = \cos\sqrt{2x}\frac{1}{2\sqrt{2x}}d(2x) = \frac{1}{\sqrt{2x}}\cos\sqrt{2x}\,dx.$$

例 2-44 设 $y = e^{-3x}\cos2x$，求 dy.

解法一 用公式 $dy = y'dx$，得

$$\begin{aligned}dy &= (e^{-3x}\cos2x)'dx = [(e^{-3x})'\cos2x + e^{-3x}(\cos2x)']dx\\&= (-3e^{-3x}\cos2x - 2e^{-3x}\sin2x)dx\\&= -e^{-3x}(3\cos2x + 2\sin2x)dx.\end{aligned}$$

解法二 用微分形式不变性，得

$$\begin{aligned}dy &= \cos2x\,d(e^{-3x}) + e^{-3x}d(\cos2x)\\&= \cos2x\,e^{-3x}d(-3x) - e^{-3x}\sin2x\,d(2x)\\&= -3e^{-3x}\cos2x\,dx - 2e^{-3x}\sin2x\,dx\\&= -e^{-3x}(3\cos2x + 2\sin2x)dx.\end{aligned}$$

4. 微分的几何意义

当 Δy 是曲线 $y = f(x)$ 上的 M 点的纵坐标的增量时，dy 就是曲线的切线上 M 点的纵坐标的相应增量. 当 $|\Delta x|$ 很小时，$|\Delta y - dy|$ 比 $|\Delta x|$ 小得多. 因此，在点 M 的邻近，我们可以用切线段来近似代替曲线段.

5. 微分在近似计算中的应用

当 $|\Delta x|$ 很小时，有 $\Delta y \approx dy$，即

$$f(x_0 + \Delta x) \approx f(x_0) + f'(x_0)\Delta x. \tag{2-17}$$

令 $x_0 = 0, \Delta x = x$，当 $|x|$ 很小时，有

$$f(x) \approx f(0) + f'(0)x. \tag{2-18}$$

当 $|x|$ 很小时，应用式(2-18)，可以推出以下几个在工程上常用的近似公式：

(1) $\sqrt[n]{1+x} \approx 1 + \frac{1}{n}x$；

(2) $\sin x \approx x$（x 以弧度为单位）；

(3) $\tan x \approx x$（x 以弧度为单位）；

(4) $e^x \approx 1 + x$；

(5) $\ln(1+x) \approx x$.

下面对近似公式(1)进行证明.

证 令 $f(x) = \sqrt[n]{1+x}$，那么 $f(0) = 1, f'(0) = \frac{1}{n}(1+x)^{\frac{1}{n}-1}\Big|_{x=0} = \frac{1}{n}$，代入公式得

$$\sqrt[n]{1+x} \approx 1 + \frac{1}{n}x.$$

其他几个近似公式可用类似方法证明.

例2-45 计算 $\sqrt{1.05}$ 的近似值.

解 设函数 $f(x)=\sqrt{x}, x_0=1, \Delta x=0.05, f'(x)=\dfrac{1}{2\sqrt{x}}$. 由式(2-17)得

$$\sqrt{1.05}\approx\sqrt{1}+\dfrac{1}{2\sqrt{1}}\times 0.05\approx 1.025.$$

例2-46 计算 $\sin 30°30'$ 的近似值.

解 设函数 $f(x)=\sin x, x_0=\dfrac{\pi}{6}, \Delta x=\dfrac{\pi}{360}, f'(x)=\cos x$. 由公式得

$$\sin 30°30'\approx\sin\dfrac{\pi}{6}+\cos\dfrac{\pi}{6}\cdot\dfrac{\pi}{360}=\dfrac{1}{2}+\dfrac{\sqrt{3}}{2}\cdot\dfrac{\pi}{360}\approx 0.5076.$$

习题2.5

1. 求下列函数的微分 dy：

(1) $y=\tan\dfrac{1}{x}$；

(2) $y=\ln(3-x^2)+\sqrt[3]{1-x}$；

(3) $y=2^x\sin 3x$；

(4) $y=\dfrac{\cos x}{2-x^2}$；

(5) $y=\dfrac{\ln x}{x}$；

(6) $y=\ln(\ln\sin x)$.

2. 求近似值：

(1) $\sqrt[3]{123}$；

(2) $e^{0.01}$；

(3) $\ln 1.05$.

3. 设函数 $y=e^{-x}$，求 dy. (专升本)

4. 已知函数 $y=e^{2x}\sin(\ln x)$，求 dy. (专升本)

实验二 导数与微分的计算

函数 $f(x)$ 在 $x=a$ 的微商可表示为 $f'(a)=\left.\dfrac{df}{dx}\right|_{x=a}$，微商在几何上的意义为在点 $x=a$ 处的切线斜率，而数值差分即用来求数值微商的方法. 微商的计算，可以通过对在两个相邻点 $x+h$ 和 x 间的函数值取极限求得

$$f'(x)=\dfrac{df(x)}{dx}=\lim_{h\to 0}\dfrac{f(x+h)-f(x)}{h}.$$

【命令】MATLAB 求函数导数的命令是 diff，调用格式如下：

(1) diff(f,x):表示对表达式 f 求关于变量 x 的一阶导数.

(2) diff(f,x,n):表示 f 对 x 求 n 阶导数.

一、一阶导数

例 2-47 求 $y = \dfrac{\sin x}{x}$ 的导数.

解 输入命令

＞＞diff(sin(x)/x).

结果:ans = cos(x)/x − sin(x)/x^2.

注:MATLAB 的函数名允许使用字母、空格、下划线及数字,不允许使用其他字符.

例 2-48 求 $y = (x^2 + 2x)^{20}$ 的导数.

解 输入命令

dy_dx = diff((x^2 + 2 * x)^20).

结果:dy_dx = 20 * (x^2 + 2 * x)^19 * (2 * x + 2).

注:$2x$ 输入时应为 2 * x.

例 2-49 作函数 $f(x) = 2x^3 + 3x^2 − 12x + 7$ 的图形和在 $x = −1$ 处的切线(图 2-2).

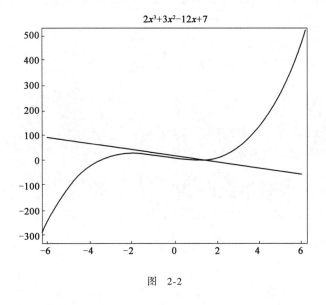

图 2-2

＞＞syms x;

F = '2 * x^3 + 3 * x^2 − 12 * x + 7;

ezplot(f);

hold on;

x = −1;

k = eval(diff(f));

f = 2 * x^3 + 3 * x^2 − 12 * x + 7;

x = -1;
y0 = eval(f);
x = -6:6;
Plot(x, k*x + y0, 'r');
hold off

二、高阶导数

例 2-50 设 $y = \sin x/(x + \cos 2x)$,求 $\dfrac{d^3 y}{dx^3}$.

解 输入命令

>> syms x
>> y = sin(x)/(x + cos(2*x));
>> diff(y, x, 3)

三、偏导数

【命令】对 $f(x,y)$ 求一阶偏导数命令:
(1) diff(函数 $f(x,y)$,变量名 x, n)   %对函数 $f(x,y)$ 的 x 的 n 阶偏导数.
(2) MATLAB 求雅可比矩阵命令为 jacobian,调用格式:
jacobian([f(x,y,z), g(x,y,z), h(x,y,z)], [x,y,z])   %对多元函数的导数.

例 2-51 设 $u = \sqrt{x^2 + y^2 + z^2}$,求 u 的一阶偏导数.

解 输入命令
diff((x^2 + y^2 + z^2)^(1/2), x).
在命令中将末尾的 x 换成 y 将给出 y 的偏导数
ans = 1/(x^2 + y^2 + z^2)^(1/2)*y.
也可以输入命令
jacobian((x^2 + y^2 + z^2)^(1/2), [x y]).
结果:ans = [1/(x^2 + y^2 + z^2)^(1/2)*x, 1/(x^2 + y^2 + z^2)^(1/2)*y].

例 2-52 设 $z = x^6 - 3y^4 + 2x^2 y^2$,求 $\dfrac{\partial^2 z}{\partial x \partial y}$.

解 输入命令
diff(diff(x^6 - 3*y^4 + 2*x^2*y^2, x), y)
可得 $\dfrac{\partial^2 z}{\partial x \partial y}$:ans = 8*x*y.

四、隐函数的导数

$$\frac{dy}{dx} = -\frac{F'_x}{F'_y} = -\frac{\dfrac{\partial F}{\partial x}}{\dfrac{\partial F}{\partial y}}$$

例 2-53 求由方程 $2x^3 - 2xy + y^2 + x + 2y + 1 = 0$ 确定的隐函数的导数.

clear;
syms x y
df_dx = diff(2*x^3 - 2*x*y + y^2 + x + 2*y + 1, x);
df_dy = diff(2*x^3 - 2*x*y + y^2 + x + 2*y + 1, y);
dy_dx = -df_dx/df_dy
result: dy_dx = (-6*x^2 + 2*y - 1)/(-2*x + 2*y + 2)

本 章 小 结

★ **本章知识网络图**

$$\text{导数与微分}\begin{cases}\text{导数}\begin{cases}\text{定义}\begin{cases}\text{导数的定义}\\ \text{左、右导数的定义}\\ \text{导数存在的充分必要条件}\end{cases}\\ \text{几何意义}\\ \text{可导与连续的关系}\\ \text{求导方法}\begin{cases}\text{定义(左、右导数)}\\ \text{基本公式}\\ \text{四则运算}\\ \text{复合求导方法}\\ \text{隐函数求导法}\\ \text{对数求导法}\\ \text{参数方程求导法}\end{cases}\\ \text{高阶导数}\begin{cases}\text{定义}\\ \text{高阶导数求导法}\end{cases}\end{cases}\\ \text{微分}\begin{cases}\text{定义}\\ \text{可导与可微的关系}\\ \text{微分的基本性质及求法}\end{cases}\end{cases}$$

★ **主要知识点**

一、导数的概念

1. 导数：若 $\lim\limits_{\Delta x \to 0}\dfrac{\Delta y}{\Delta x} = \lim\limits_{\Delta x \to 0}\dfrac{f(x_0 + \Delta x) - f(x_0)}{\Delta x}$ 存在，则函数 $y = f(x)$ 在点 x_0 处可导，并称此极限值为函数 $y = f(x)$ 在点 x_0 处的导数，记作 $f'(x_0)$，$y'|_{x=x_0}$，$\dfrac{dy}{dx}\bigg|_{x=x_0}$ 或 $\dfrac{df}{dx}\bigg|_{x=x_0}$.

2. 左导数 $f'_-(x_0) = \lim\limits_{h \to 0^-}\dfrac{f(x_0 + h) - f(x_0)}{h}$；右导数 $f'_+(x_0) = \lim\limits_{h \to 0^+}\dfrac{f(x_0 + h) - f(x_0)}{h}$.

3. 导数的几何意义.

切线方程: $y - f(x_0) = f'(x_0)(x - x_0)$;

法线方程: $y - f(x_0) = -\dfrac{1}{f'(x_0)}(x - x_0), f'(x_0) \neq 0$.

4. 可导与连续: "可导 $\Rightarrow$ 连续", "不连续 $\Rightarrow$ 不可导".

二、求导法则及高阶导数

1. 求导法则.

2. 导数的四则运算法则.

（1）$(u \pm v)' = u' \pm v'$;

（2）$(uv)' = u'v + uv'$;特别地,当 $(cu)' = cu'(c$ 为常数$)$;

（3）$\left(\dfrac{u}{v}\right)' = \dfrac{u'v - uv'}{v^2} (v \neq 0)$.

3. 复合函数求导法则 $\dfrac{dy}{dx} = \dfrac{dy}{du} \cdot \dfrac{du}{dx}$.

4. 二阶及二阶以上的导数统称为高阶导数.

三、隐函数求导法

1. 隐函数求导法:将方程两边同时对 x 求导,并注意到其中变量 y 是 x 的函数,就可直接求出隐函数的导数.

2. 对数求导法:两边分别取对数,然后等式两边分别对 x 求导,适用一类是幂指函数: $[f(x)]^{g(x)}$;另一类是由一系列函数的乘、除、乘方、开方所构成的函数.

3. 参数方程求导法: $\dfrac{dy}{dx} = \dfrac{dy}{dt} \cdot \dfrac{dt}{dx} = \dfrac{\dfrac{dy}{dt}}{\dfrac{dx}{dt}} = \dfrac{\psi'(t)}{\varphi'(t)}$.

四、微分

1. 设 $y = f(x)$,则 $dy = f'(x)dx$.

2. 微分基本公式及其运算法则.

3. 微分在近似计算中的应用:当 $|\Delta x|$ 很小时,有 $\Delta y \approx dy$ 即 $f(x_0 + \Delta x) \approx f(x_0) + f'(x_0)\Delta x$.

复习题（二）

一、选择题

1. 设 $f(x)$ 在 $x = 0$ 处可导,且 $f'(0) \neq 0$,则下列等式中（　　）正确.

A. $\lim\limits_{\Delta x \to 0} \dfrac{f(0) - f(\Delta x)}{\Delta x} = f'(0)$ B. $\lim\limits_{x \to 0} \dfrac{f(-x) - f(0)}{x} = f'(0)$

C. $\lim\limits_{x\to 0}\dfrac{f(2x)-f(0)}{x}=2f'(0)$ D. $\lim\limits_{\Delta x\to 0}\dfrac{f\left(\dfrac{\Delta x}{2}\right)-f(0)}{\Delta x}=2f'(0)$

2. $f'(x_0)$的存在是$f'_-(x_0)$,$f'_+(x_0)$都存在是的( ).
   A. 充分但非必要条件 B. 必要但非充分条件
   C. 充分且必要条件 D. 既非充分也非必要条件

3. 设$u(x)$在点x_0处可导,$v(x)$在点x_0处不可导,则在x_0处必有( ).
   A. $u(x)+v(x)$与$u(x)\cdot v(x)$都可导
   B. $u(x)+v(x)$可能可导,$u(x)\cdot v(x)$必不可导
   C. $u(x)+v(x)$必不可导,$u(x)\cdot v(x)$可能可导
   D. $u(x)+v(x)$与$u(x)\cdot v(x)$都必不可导

4. 曲线$y=x^2+2$在点$(1,3)$处法线的斜率为( ).
   A. 3 B. $-\dfrac{1}{3}$ C. 2 D. $-\dfrac{1}{2}$

5. 若$f'(x_0)=-1$,则$\lim\limits_{h\to 0}\dfrac{f(x_0-2h)-f(x_0+h)}{h}=$( ).
   A. -1 B. 3 C. 1 D. -2

6. 函数在点x_0处不连续是在该点不可导的( ).
   A. 充分但非必要条件 B. 必要但非充分条件
   C. 充分且必要条件 D. 既非充分也非必要条件

7. 设可导函数$f(x)$有$f'(1)=1$,$y=f(\ln x)$,则$\mathrm{d}y\big|_{x=\mathrm{e}}=$( ).
   A. $\mathrm{d}x$ B. $\dfrac{1}{\mathrm{e}}$ C. $\dfrac{1}{\mathrm{e}}\mathrm{d}x$ D. 1

8. 设$y=f(u)$,$u=g(\sin x)$,其中f,g是可导函数,则下面表达式中错误的是( ).
   A. $\mathrm{d}y=f'(u)\mathrm{d}u$ B. $\mathrm{d}y=f'(u)g'(v)\mathrm{d}v,v=\sin x$
   C. $\mathrm{d}y=f'(u)g'(\sin x)\mathrm{d}x$ D. $\mathrm{d}y=f'(u)g'(v)\cos x\mathrm{d}x$

9. 设$y=x^3$(n为大于4的正整数),则$y^{(n)}(1)=$( ).
   A. 1 B. 0 C. n D. $n!$

10. 已知函数$f(x)=\begin{cases}\sin x+1,&x\leq 0\\\cos x,&x>0\end{cases}$,则在$x=0$处( ).
    A. 间断 B. 连续但不可导 C. $f'(0)=1$ D. $f'(0)=-1$

二、填空题

1. $f'(x_0)$存在,则$\lim\limits_{\Delta x\to 0}\dfrac{f(x_0-\Delta x)-f(x_0)}{\Delta x}=$ _____.

2. 设$f'(0)$存在,且$f(0)=0$,则$\lim\limits_{x\to 0}\dfrac{f(x)}{x}=$ _____;
   $\lim\limits_{x\to 0}\dfrac{f(ax)}{x}=$ _____;$\lim\limits_{x\to 0}\dfrac{f(ax)}{a}=$ _____.

3. $f'_+(x_0) = f'_-(x_0) = A$ 是 $f'(x_0) = A$ 的_____条件.

4. 曲线 $y = x^3$ 在横坐标为 3 处的法线方程为_____.

5. 设 $f(x) = x(x-1)(x-2)\cdots(x-1000)$, 求 $f'(1000) = $_____.

三、计算题

1. 求下列函数的导数:

(1) $y = 3x^2 - \dfrac{2}{x^2} + 5$;

(2) $y = (1 + x^2)\tan x$;

(3) $y = x\arcsin x + \cos\dfrac{\pi}{3}$;

(4) $y = x\sin x \ln x$;

(5) $y = \ln(2x^3 e^{2x})$;

(6) $y = \dfrac{x^3 + x + 3}{x^2 + 1}$.

(7) $y = (3x^2 + 1)^8$;

(8) $y = \sqrt{2 + 3x^2}$;

(9) $y = \sin(1 + x^2)$;

(10) $y = \cos^2 x - x\sin^2 x$;

(11) $y = \sin^2(x^2 + 1)$;

(12) $y = e^{\cos\frac{1}{x}}$;

(13) $y = \sqrt{4 - x^2} + x\arcsin\dfrac{x}{2}$;

(14) $y = e^{-\sin x}$, $y'|_{x=0}$.

2. 求下列隐函数的导数 $\dfrac{dy}{dx}$:

(1) $2x^2 + 3xy + 5y^3 = 0$;

(2) $y^2 + 2y - x = 1$, 求 $\dfrac{dy}{dx}\bigg|_{x=-1}$;

(3) $\begin{cases} x = 1 + t^2 \\ y = t^3 - t \end{cases}$;

(4) $\begin{cases} x = \cos^2 t \\ y = \sin^2 t \end{cases}$;

(5) $y = (\cos x)^x$;

(6) $y = x\dfrac{\sqrt{1 - x^2}}{\sqrt{1 - x^3}}$.

3. 求下列函数的高阶导数:

(1) $y = \cos x + x \cdot 2^x$, 求 y'';

(2) $y = x^3 \ln x$, 求 y''';

(3) $y = xe^x$, 求 $y^{(n)}$.

4. 求下列函数的微分:

(1) $y = x\ln x - x^2$;

(2) $y = \ln\tan\dfrac{x}{2}$;

(3) $y = \arcsin\sqrt{x}$.

5. 计算下列各式的近似值:

(1) $\cos 59°$;

(2) $\arctan 1.03$.

第三章 导数的应用

 学习目标

1. 了解微分中值定理,会用洛必达法则求不定式极限;
2. 掌握函数单调性的判定方法和极值的求法;
3. 会判定曲线的凹凸,会求拐点;
4. 会用导数知识求工程中的极值、最值问题;
5. 能理解力学中分布荷载集度、剪力和弯矩之间的微分关系;
6. 会利用导数知识判定荷载、剪力图和弯矩图的特征.

在第二章里,从实际问题中函数对自变量的变化率问题引入导数的概念,并讨论了导数的计算方法. 本章将应用导数来研究函数以及曲线的某些性态,并利用这些知识解决土建工程中的一些实际问题. 首先,我们介绍微分学的两个中值定理,它们是导数应用的理论基础.

第一节 微分中值定理

一、罗尔定理

定理 3.1(罗尔定理) 如果函数 $f(x)$ 满足
(1) 在闭区间 $[a,b]$ 上连续;
(2) 在开区间 (a,b) 内可导;
(3) 在区间端点的函数值相等,即 $f(a)=f(b)$;
则在 (a,b) 内至少存在一点 ξ,使得 $f'(\xi)=0$,如图 3-1 所示.

罗尔定理的几何意义:在两端高度相同的连续光滑曲线弧 $\overset{\frown}{AB}$ 上,如果在 $\overset{\frown}{AB}$ 上一点(除端点外)都具有不垂直于 x 轴的切线,则在弧 $\overset{\frown}{AB}$ 上至少有一条切线平行于 x 轴. 如图 3-1 中有两条切线与 x 轴平行.

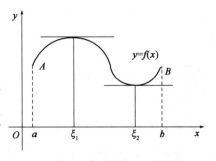

图 3-1

例 3-1 证明方程 $4x^3-3x^2+2x-1=0$ 在 $(0,1)$ 内至少有一个实根.

证 令 $f(x)=x^4-x^3+x^2-x$,则 $f(x)$ 在 $[0,1]$ 上满足罗尔中值定理的全部条件,由罗尔中值定理,至少存在一点 $\xi\in(0,1)$,使得 $f'(\xi)=0$,即方程 $4x^3-3x^2+2x-1=0$ 在 $(0,1)$ 内至少

有一个实根.

在罗尔定理中,由于 $f(a)=f(b)$,即弦 AB 平行与 x 轴. 如果取消这个条件,那么曲线在 ξ 处的切线又将怎样？下面的拉格朗日中值定理回答了这个问题.

二、拉格朗日中值定理

定理 3.2(拉格朗日中值定理) 若函数 $f(x)$ 满足

(1) 在闭区间 $[a,b]$ 上连续；

(2) 在开区间 (a,b) 内可导；

则在 (a,b) 内至少存在一点 ξ,使得 $f'(\xi)=\dfrac{f(b)-f(a)}{b-a}$.

证明略.

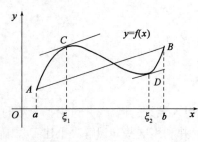

图 3-2

拉格朗日中值定理的几何意义：如果连续曲线弧 $\overset{\frown}{AB}$ 上每一点都具有不垂直于 x 轴的切线,则在弧 $\overset{\frown}{AB}$ 上至少有一点的切线平行于弦 AB,如图 3-2 中有两条切线平行于弦 AB.

推论 1 如果函数 $f(x)$ 在区间 I 内可导,且 $f'(x)\equiv 0$,则函数 $f(x)$ 在区间 I 内恒等于一个常数.

推论 2 如果函数 $f(x)$ 和 $g(x)$ 在区间 I 内的导数处处相等,即 $f'(x)\equiv g'(x)$,则 $f(x)$ 与 $g(x)$ 在区间 I 内仅相差一个常数.

例 3-2 验证 $f(x)=x^2-3x+2$ 在闭区间 $[0,1]$ 上满足拉格朗日中值定理的条件,并求出 ξ 的值.

解 易知函数 $f(x)$ 在闭区间 $[0,1]$ 上连续,在开区间 $(0,1)$ 内可导,即 $f(x)$ 在 $[0,1]$ 上满足拉格朗日中值定理的条件.

$$f'(x)=2x-3,$$

由

$$f(1)-f(0)=f'(\xi)(1-0),$$

得

$$0-2=2\xi-3,$$

从而

$$\xi=\frac{1}{2}\in(0,1).$$

例 3-3 证明当 $x>0$ 时, $\dfrac{x}{1+x}<\ln(1+x)<x$.

证 设 $f(x)=\ln(1+x)$,则 $f(x)$ 在 $[0,x]$ 上满足拉格朗日中值定理的条件,于是

$$f(x)-f(0)=f'(\xi)(x-0),(0<\xi<x).$$

又

$$f(0)=0,f'(\xi)=\frac{1}{1+\xi},$$

因此
$$\ln(1+x) - 0 = \frac{x}{1+\xi},$$
而 $0 < \xi < x$,所以 $1 < 1+\xi < 1+x$,故
$$\frac{1}{1+x} < \frac{1}{1+\xi} < 1,$$
从而 $\frac{x}{1+x} < \frac{x}{1+\xi} < x$,即
$$\frac{x}{1+x} < \ln(1+x) < x \ (x>0).$$
证毕.

习题3.1

1. 设函数 $y=f(x)$ 在 $[a,b]$ 上连续,在 (a,b) 内可导,$f(a)=f(b)$,则曲线 $y=f(x)$ 在 (a,b) 内平行于 x 轴的切线( ).
   A. 仅有一条 B. 至少有一条 C. 不一定有 D. 一定没有

2. 函数 $f(x)=2x^2-x+1$ 在区间 $[-1,3]$ 内满足拉格朗日中值定理的 $\xi=$ ( ).
   A. $-\frac{3}{4}$ B. 0 C. $\frac{3}{4}$ D. 1

3. 函数 $f(x)=\cos x$ 在 $[0,2\pi]$ 上满足罗尔中值定理吗?如果满足,求出定理结论中的 ξ.

4. 验证函数 $f(x)=\ln(x+1)$ 在 $[0,1]$ 上满足拉格朗日中值定理的条件,并求定理中 ξ.

5. 当 $x \in \left(0,\frac{\pi}{2}\right)$ 时,证明 $\frac{x}{1+x^2} < \arctan x < x$.

6. 证明 $4ax^3+3bx^2+2cx=a+b+c$ 在 $(0,1)$ 内至少有一根.

7. 函数 $f(x)=(x-1)^2$ 满足罗尔定理条件的区间( ).(专升本)
   A. $[-1,3]$ B. $[-2,0]$ C. $[-1,1]$ D. $[0,3]$

8. 函数 $y=2\mathrm{e}^x$ 在闭区间 $[0,1]$ 上满足拉格朗日中值定理的 ξ.(专升本)

9. 下列函数在区间 $[-1,1]$ 上满足罗尔中值定理所有条件的是( ).(专升本)
   A. $y=2x+1$ B. $y=|x|+1$ C. $y=x^2+1$ D. $y=\frac{1}{x^2}-1$

第二节　洛必达法则

若当 $x \to x_0$(或 $x \to \infty$)时,函数 $f(x)$ 和 $g(x)$ 都趋于零(或无穷大),则极限 $\lim\limits_{\substack{x \to a \\ (x \to \infty)}} \frac{f(x)}{g(x)}$ 可能存在,也可能不存在,通常把这种极限称为 $\frac{0}{0}$ 型和 $\frac{\infty}{\infty}$ 型未定式.对于这类极限,不能直接用商的法则来求.本节介绍求这些未定式极限的一种有效方法——洛必达法则.

1. $\frac{0}{0}$ 与 $\frac{\infty}{\infty}$ 未定式的极限

若 $\lim\limits_{\substack{x \to x_0 \\ (x \to \infty)}} f(x) = 0$,$\lim\limits_{\substack{x \to x_0 \\ (x \to \infty)}} g(x) = 0$,则 $\lim\limits_{\substack{x \to x_0 \\ (x \to \infty)}} \frac{f(x)}{g(x)}$ 是 $\frac{0}{0}$ 型未定式;若 $\lim\limits_{\substack{x \to x_0 \\ (x \to \infty)}} f(x) = \infty$,$\lim\limits_{\substack{x \to x_0 \\ (x \to \infty)}} g(x) =$

∞,则 $\lim\limits_{\substack{x\to x_0\\(x\to\infty)}}\dfrac{f(x)}{g(x)}$ 是 $\dfrac{\infty}{\infty}$ 型未定式.

定理 3.3(洛必达法则) 若函数 $f(x)$ 和 $g(x)$ 在点 x_0 的某个邻域内可导,且

(1) $\lim\limits_{x\to x_0}f(x)=\lim\limits_{x\to x_0}g(x)=0$ (或 ∞);

(2) $g'(x)\neq 0$;

(3) $\lim\limits_{x\to x_0}\dfrac{f'(x)}{g'(x)}=A$ (A 可以为 ∞);

则

$$\lim_{x\to x_0}\frac{f(x)}{g(x)}=\lim_{x\to x_0}\frac{f'(x)}{g'(x)}=A(或\infty).$$

证明从略.

说明:(1)法则中的 $x\to x_0$ 换成 $x\to\infty$, $x\to+\infty$, $x\to-\infty$ 等,结论也成立.

(2)若 $\lim\dfrac{f'(x)}{g'(x)}$ 还是 $\dfrac{0}{0}$ 型或 $\dfrac{\infty}{\infty}$ 型未定式,且满足定理中的条件,那么可对 $\lim\dfrac{f'(x)}{g'(x)}$ 重复使用洛必达法则.

例 3-4 求 $\lim\limits_{x\to a}\dfrac{e^x-e^a}{x-a}$.

解 $\left(\dfrac{0}{0}\text{型}\right)$ 原式 $=\lim\limits_{x\to a}\dfrac{(e^x-e^a)'}{(x-a)'}=\lim\limits_{x\to a}\dfrac{e^x}{1}=e^a$.

例 3-5 求 $\lim\limits_{x\to 3}\dfrac{x-3}{x^2-2x-3}$.

解 $\left(\dfrac{0}{0}\text{型}\right)$ 原式 $=\lim\limits_{x\to 3}\dfrac{(x-3)'}{(x^2-2x-3)'}=\lim\limits_{x\to 3}\dfrac{1}{2x-2}=\dfrac{1}{4}$.

例 3-6 求 $\lim\limits_{x\to 0}\dfrac{\ln(1+x)}{x^2}$.

解 $\left(\dfrac{0}{0}\text{型}\right)$ 原式 $=\lim\limits_{x\to 0}\dfrac{\dfrac{1}{1+x}}{2x}=\infty$.

例 3-7 求极限 $\lim\limits_{x\to 0}\dfrac{3x^2-x}{1-e^x}$.

解 $\left(\dfrac{0}{0}\text{型}\right)$ 原式 $=\lim\limits_{x\to 0}\dfrac{6x-1}{-e^x}=\dfrac{-1}{-1}=1$.

例 3-8 求极限 $\lim\limits_{x\to 0}\dfrac{e^x-\cos x}{x\sin x}$.

解 $\left(\dfrac{0}{0}\text{型}\right)$ 原式 $=\lim\limits_{x\to 0}\dfrac{e^x+\sin x}{\sin x+x\cos x}=\infty$.

例 3-9 求 $\lim\limits_{x\to\infty}\dfrac{2x^2-3x+1}{x^2}$.

解 $\left(\dfrac{\infty}{\infty}\text{型}\right)$ 原式 $=\lim\limits_{x\to\infty}\dfrac{(2x^2-3x+1)'}{(x^2)'}=\lim\limits_{x\to\infty}\dfrac{4x-3}{2x}=\lim\limits_{x\to\infty}\dfrac{(4x-3)'}{(2x)'}=2$.

例 3-10 求极限 $\lim\limits_{x\to+\infty}\dfrac{\ln x^2}{x}$.

解 $\left(\dfrac{\infty}{\infty}型\right)$原式 $=\lim\limits_{x\to+\infty}\dfrac{2\ln x}{x}=\lim\limits_{x\to+\infty}\dfrac{2}{x}=0$.

例 3-11 求 $\lim\limits_{x\to+\infty}\dfrac{\mathrm{e}^x}{x^2}$.

解 $\left(\dfrac{\infty}{\infty}型\right)$原式 $=\lim\limits_{x\to+\infty}\dfrac{\mathrm{e}^x}{2x}=\lim\limits_{x\to+\infty}\dfrac{\mathrm{e}^x}{2}=+\infty$.

例 3-12 求 $\lim\limits_{x\to+\infty}\dfrac{\ln x}{\mathrm{e}^x}$.

解 $\left(\dfrac{\infty}{\infty}型\right)$原式 $=\lim\limits_{x\to+\infty}\dfrac{(\ln x)'}{(\mathrm{e}^x)'}=\lim\limits_{x\to+\infty}\dfrac{\dfrac{1}{x}}{\mathrm{e}^x}=\lim\limits_{x\to+\infty}\dfrac{1}{x\mathrm{e}^x}=0$.

例 3-13 求 $\lim\limits_{x\to+\infty}\dfrac{\dfrac{\pi}{2}-\arctan x}{\dfrac{1}{x}}$.

解 $\left(\dfrac{\infty}{\infty}型\right)$原式 $=\lim\limits_{x\to+\infty}\dfrac{-\dfrac{1}{1+x^2}}{-\dfrac{1}{x^2}}=\lim\limits_{x\to+\infty}\dfrac{x^2}{1+x^2}\left(\dfrac{\infty}{\infty}\right)=1$.

例 3-14 洛必达法则失效特例:

(1) $\lim\limits_{x\to 0}\dfrac{x^2\sin\dfrac{1}{x}}{\sin x}=\lim\limits_{x\to 0}\dfrac{2x\sin\dfrac{1}{x}-\cos\dfrac{1}{x}}{\cos x}$,因为$\lim\limits_{x\to 0}\cos\dfrac{1}{x}$不存在.

(2) $\lim\limits_{x\to+\infty}\dfrac{x}{\sqrt{1+x^2}}=\lim\limits_{x\to+\infty}\dfrac{1}{\dfrac{x}{\sqrt{1+x^2}}}=\lim\limits_{x\to+\infty}\dfrac{\sqrt{1+x^2}}{x}$,如果再用一次洛必达法则就回到原式了.

2. $\infty-\infty$ 型与 $0\cdot\infty$ 型未定式

(1) $\infty-\infty$ 型$\left(一般是通分化为\dfrac{0}{0}或\dfrac{\infty}{\infty}型\right)$.

例 3-15 求极限 $\lim\limits_{x\to 1}\left(\dfrac{2}{x^2-1}-\dfrac{1}{x-1}\right)$.

解 原式 $=\lim\limits_{x\to 1}\left(\dfrac{2}{x^2-1}-\dfrac{1}{x-1}\right)=\lim\limits_{x\to 1}\dfrac{1-x}{x^2-1}=\lim\limits_{x\to 1}\dfrac{-1}{2x}=-\dfrac{1}{2}$.

例 3-16 求极限 $\lim\limits_{x\to\frac{\pi}{2}}(\sec x-\tan x)$.

解 原式 $=\lim\limits_{x\to\frac{\pi}{2}}\left(\dfrac{1}{\cos x}-\dfrac{\sin x}{\cos x}\right)=\lim\limits_{x\to\frac{\pi}{2}}\dfrac{1-\sin x}{\cos x}=\lim\limits_{x\to\frac{\pi}{2}}\dfrac{-\cos x}{-\sin x}=0$.

(2) $0\cdot\infty$ 型$\left(可转化为\dfrac{\infty}{\infty}或\dfrac{0}{0}\right)$

例 3-17 求 $\lim\limits_{x\to +\infty} x^{-2}e^x$.

解 原式 $= \lim\limits_{x\to +\infty}\dfrac{e^x}{x^2} = \lim\limits_{x\to +\infty}\dfrac{e^x}{2x} = \lim\limits_{x\to +\infty}\dfrac{e^x}{2} = +\infty$

例 3-18 求极限 $\lim\limits_{x\to 0^+} x^3 \ln x$.

解 原式 $= \lim\limits_{x\to 0^+}\dfrac{\ln x}{\dfrac{1}{x^3}} = \lim\limits_{x\to 0^+}\dfrac{\dfrac{1}{x}}{-\dfrac{3}{x^4}} = \lim\limits_{x\to 0^+}\left(\dfrac{-x^3}{3}\right) = 0.$

*$3. 0^0, \infty^0, 1^\infty$ 型$\left(\text{可取对数转化为 }0\cdot\infty\text{ 型,进而再化为}\dfrac{0}{0}\text{ 或}\dfrac{\infty}{\infty}\text{ 型}\right)$

例 3-19 求 $\lim\limits_{x\to 0^+} x^x$.

解 原式 $= \lim\limits_{x\to 0^+} e^{\lim\limits_{x\to 0^+}\frac{\ln x}{\frac{1}{x}}} = e^{\lim\limits_{x\to 0^+}\frac{(\ln x)'}{\left(\frac{1}{x}\right)'}} = e^{\lim\limits_{x\to 0^+}-x} = e^0 = 1.$

下面我们用洛必达法则来重新求第二个重要极限.

例 3-20 求 $\lim\limits_{x\to\infty}\left(1+\dfrac{1}{x}\right)^x$.

解 这是 1^∞ 型未定式,取对数变形为 $\ln\left(1+\dfrac{1}{x}\right)^x = x\ln\left(x+\dfrac{1}{x}\right) = \dfrac{\ln\left(x+\dfrac{1}{x}\right)}{\dfrac{1}{x}},$

$\because \lim\limits_{x\to\infty}\ln\left(1+\dfrac{1}{x}\right)^x = \lim\limits_{x\to\infty}\dfrac{\ln\left(1+\dfrac{1}{x}\right)}{\dfrac{1}{x}} = \lim\limits_{x\to\infty}\dfrac{\left(1+\dfrac{1}{x}\right)^{-1}\left(-\dfrac{1}{x^2}\right)}{-\dfrac{1}{x^2}} = \lim\limits_{x\to\infty}\left(1+\dfrac{1}{x}\right)^{-1} = 1,$

$\therefore \lim\limits_{x\to\infty}\left(1+\dfrac{1}{x}\right)^x = e.$

习题 3.2

1. 求下列极限:

(1) $\lim\limits_{x\to 1}\dfrac{x^n-1}{x-1}$;

(2) $\lim\limits_{x\to 0}\dfrac{1-\cos x}{1-e^x}$(专升本);

(3) $\lim\limits_{x\to 0}\dfrac{1-\cos x}{3x^2}$(专升本);

(4) $\lim\limits_{x\to\frac{\pi}{2}}\dfrac{x\tan x}{\tan 3x}$;

(5) $\lim\limits_{x\to +\infty}\dfrac{1+2x}{x^2+2x+4}$;

(6) $\lim\limits_{x\to 0}\dfrac{\tan x - x}{x-\sin x}$.

2. 求下列极限:

(1) $\lim\limits_{x\to 1}\left(\dfrac{x}{x-1}-\dfrac{1}{\ln x}\right)$;

(2) $\lim\limits_{x\to 0}\left(\dfrac{1}{x}-\dfrac{1}{e^x-1}\right)$;

(3) $\lim\limits_{x\to 0}\left(\dfrac{1}{x^2}-\dfrac{\sin x}{x^3}\right)$(专升本).

3. 求下列极限:

(1) $\lim\limits_{x\to\infty} x\left(e^{\frac{1}{x}}-1\right)$;

(2) $\lim\limits_{x\to 0} x^2\cdot e^{\frac{1}{x^2}}$;

(3) $\lim\limits_{x\to 1} x^{\frac{1}{1-x}}$;

(4) $\lim\limits_{x\to 0^+}(\sin x)^{2x}$.

第三节　函数的单调性与极值

一、函数单调性的判别法

定理 3.4　设函数 $y=f(x)$ 在 $[a,b]$ 上连续,在 (a,b) 内可导.
(1)如果在 (a,b) 内 $f'(x)>0$,那么函数 $y=f(x)$ 在 $[a,b]$ 上单调增加;
(2)如果在 (a,b) 内 $f'(x)<0$,那么函数 $y=f(x)$ 在 $[a,b]$ 上单调减少.

说明:
(1)判定法中的闭区间可换成其他各种区间(包括无穷区间).
(2)一般地,如果 $f'(x)$ 在区间内的有限个点处为零,而其余各点处均为正(或负)时,那么 $f(x)$ 在该区间上仍旧是单调增加(或单调减少)的.
(3) $f'(x)=0$ 的点称为函数 $f(x)$ 的**驻点**.

例 3-21　讨论函数 $y=\mathrm{e}^x-x-1$ 的单调性.

解　函数的定义域是 $(-\infty,+\infty)$.
$$y'=\mathrm{e}^x-1;$$
因为在 $(-\infty,0)$ 内 $y'<0$,所以函数 $y=\mathrm{e}^x-x-1$ 在 $(-\infty,0]$ 上单调减少;
又在 $(0,+\infty)$ 内 $y'>0$,所以函数 $y=\mathrm{e}^x-x-1$ 在 $[0,+\infty)$ 上单调增加.

例 3-22　讨论函数 $y=x-\ln x^2$ 的单调增减区间.

解　函数的定义域是 $(-\infty,0)\cup(0,+\infty)$.
因为
$$y'=1-\frac{2}{x}$$
当 $x=2$ 时, $y'=0$;当 $x=0$ 时, y' 不存在. 列表如下(表3-1).

表3-1

x	$(-\infty,0)$	0	$(0,2)$	2	$(2,+\infty)$
y'	+	不存在	−	0	+
y	↑		↓		↑

函数在 $(-\infty,0)$ 及 $(2,+\infty)$ 单调递增,在 $(0,2)$ 单调递减.

二、函数的极值

定义 3.1　设函数 $f(x)$ 在点 x_0 的某邻域内有定义,若对该邻域内的任意点 $x(x\neq x_0)$,恒有 $f(x)<f(x_0)$[或 $f(x)>f(x_0)$],则称 $f(x_0)$ 是函数 $f(x)$ 的一个**极大值**(或**极小值**),称 x_0 为函数 $f(x)$ 的**极大值点**(或**极小值点**).

函数的极大值与极小值统称为函数的**极值**,极大值点与极小值点统称为**极值点**.

注意:
(1)极值是一个局部性概念,它只是与极值点邻近点的函数值相比较而言,并不意味着它在整个定义区间内最大或最小.

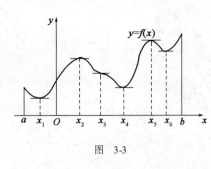

图 3-3

(2)一个定义在区间$[a,b]$上的函数,它在$[a,b]$可以不只有一个极大值和极小值,且其中的极大值并不一定都大于每一个极小值. 如图 3-3 所示,函数在x_2取得的极大值$f(x_2)$比在x_6取得的极小值$f(x_6)$要小.

(3)端点不能作为极值点.

(4)在函数取得极值处,曲线上的切线是水平的. 但曲线上有水平切线的地方,函数不一定取得极值. 在图 3-3 中,曲线$x=x_3$处有水平切线,但$f(x_3)$不是极值.

定理 3.5(极值存在的必要条件) 设函数$f(x)$在点x_0处可导且有极值$f(x_0)$,则$f'(x_0)=0$.

注意:

(1)定理 3.5 表明,可导函数$f(x)$的极值点必定是函数的驻点. 即若$f'(x_0)$存在,$f'(x_0)=0$是点x_0为极值点的必要条件,但不是充分条件,函数$f(x)$的驻点却不一定是极值点. 例如,函数$f(x)=x^3$,当$x=0$时,$f'(0)=0$,但在$x=0$处并没有取得极值,如图 3-4 所示. 所以,函数的驻点只是可能的极值点.

(2)定理 3.5 是对函数在点x_0处可导而言的. 函数在导数不存在的点也可能取得极值. 例如,$f(x)=|x|$,$f'(0)$不存在,但$f(0)=0$为其极小值. 此外,函数$f(x)$的极大值和极小值都可能在导数不存在的点取得,见图 3-5.

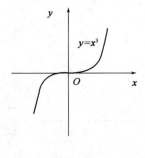

图 3-4

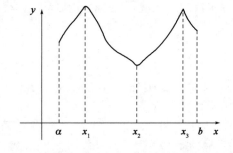

图 3-5

如上所述,驻点可能是函数的极值点,也可能不是函数的极值点,而函数的极值点必是函数的驻点或是导数不存在的点.

定理 3.6(极值存在的第一充分条件) 设函数$f(x)$在点x_0连续,且在点x_0的某空心邻域内可导.

(1)如果当$x<x_0$时,$f'(x)>0$;而当$x>x_0$时,$f'(x)<0$,则$f(x)$在点x_0取得极大值.

(2)如果当$x<x_0$时,$f'(x)<0$;而当$x>x_0$时,$f'(x)>0$,则$f(x)$在点x_0取得极小值.

(3)如果在x_0的两侧$f'(x)$的符号不变,则x_0不是$f(x)$的极值点.

根据上面两个定理,我们可以按下列步骤来求$f(x)$的极值点和极值:

(1)求函数的定义域;

(2)求出$f'(x)$,在定义域内求出使$f'(x)=0$的点及$f'(x)$不存在的点;

(3)用(2)中的点将定义域分为若干个子区间,讨论每个子区间内 $f'(x)$ 的符号;

(4)利用定理 3.6,判断(2)中的点是否为极值点;如果是极值点,进一步判定是极大值点还是极小值点;

(5)求出各极值点的函数值,得函数的全部极值.

例 3-23 求函数 $f(x) = x^3 - 3x$ 的极值.

解 函数的定义域为 $(-\infty, +\infty)$,

$$f'(x) = 3x^2 - 3 = 3(x+1)(x-1),$$

令 $f'(x) = 0$,得驻点 $x_1 = -1, x_2 = 1$,列表判断(表 3-2).

表 3-2

x	$(-\infty, -1)$	-1	$(-1, 1)$	1	$(1, +\infty)$
y'	$+$	0	$-$	0	$+$
y	↗	极大值 $f(-1) = 2$	↘	极小值 $f(1) = -2$	↗

在点 $x = -1$ 处有极大值 $f(-1) = 2$;在点 $x = 1$ 处,有极小值 $f(1) = -2$.

例 3-24 求函数 $f(x) = (x-4)\sqrt[3]{(x+1)^2}$ 的单调区间和极值.

解

(1)函数 $f(x)$ 在 $(-\infty, +\infty)$ 内连续,除 $x = -1$ 外,处处可导,且 $f'(x) = \dfrac{5(x-1)}{3\sqrt[3]{x+1}}$;

(2)令 $f'(x) = 0$,得驻点 $x = 1$;而 $x = -1$ 为 $f(x)$ 的不可导点;

(3)列表判断(表 3-3).

表 3-3

x	$(-\infty, -1)$	-1	$(-1, 1)$	1	$(1, +\infty)$
$f'(x)$	$+$	不可导	$-$	0	$+$
$f(x)$	↗	极大值 $f(-1) = 0$	↘	极小值 $f(1) = -3\sqrt[3]{4}$	↗

所以,函数在区间 $(-\infty, -1)$ 和 $(1, +\infty)$ 单调增加,在区间 $(-1, 1)$ 单调减少. 极大值为 $f(-1) = 0$,极小值为 $f(1) = -3\sqrt[3]{4}$.

当函数在驻点处二阶导数存在且不为零时,有如下判别定理.

定理 3.7(极值存在的第二充分条件) 设函数 $f(x)$ 在点 x_0 处具有二阶导数,且 $f'(x_0) = 0, f''(x_0) \neq 0$:

(1)若 $f''(x_0) > 0$,则 x_0 是函数 $f(x)$ 的极小值点;

(2)若 $f''(x_0) < 0$,则 x_0 是函数 $f(x)$ 的极大值点.

注意:当 $f''(x_0) = 0$ 时,定理 3.7 失效. 此时,函数 $f(x)$ 在点 x_0 可能有极大值,也可能有极小值,还可能没有极值. 此时,可使用第一充分条件来判断.

例 3-25 求函数 $f(x) = x^3 - 3x$ 的极值.

解 函数的定义域为 $(-\infty, +\infty)$,

$$f'(x) = 3x^2 - 3 = 3(x+1)(x-1),$$

令 $f'(x)=0$，得驻点：$x_1=-1, x_2=1$，
$$f''(x)=6x.$$
由于 $f''(1)=6>0$，所以 $f(1)=-2$ 为极小值；$f''(-1)=-6<0$，所以 $f(-1)=2$ 为极大值.

例 3-26 求函数 $y=x^4-\dfrac{8}{3}x^3-6x^2$ 的极值.

解 函数的定义域为 $(-\infty,+\infty)$，$y'=4x^3-8x^2-12x=4x(x+1)(x-3)$，
令 $y'=0$，得 y 的驻点为：$x_1=-1, x_2=0, x_3=3$，
$$y''=12x^2-16x-12.$$
由于 $f''(-1)=16>0$，所以 $f(-1)=-\dfrac{7}{3}$ 为一个极小值；

$f''(0)=-12<0$，所以 $f(0)=0$ 为一个极大值；

$f''(3)=48>0$，所以 $f(3)=-45$ 为也是一个极小值.

三、函数的最大值与最小值

在许多实际问题，包括在土建工程中，经常会遇到在一定条件下求最大、最小值问题，这类问题常归结为求函数在给定条件下的最大值或最小值问题.

由闭区间上连续函数的性质可知，若函数 $f(x)$ 闭区间 $[a,b]$ 上连续，则必存在最大值和最小值. 函数的最大值和最小值有可能在区间的端点取得；如果最大值（或最小值）不在区间的端点取得，则必在开区间 (a,b) 内取得，且一定是函数的极大值（或极小值）. 因此，函数在闭区间 $[a,b]$ 上的最大值（最小值）一定是函数的所有极值和函数在区间端点的函数值中最大者（最小者）.

求最值的方法如下：设 $f(x)$ 在 (a,b) 内的驻点和不可导点（它们是可能的极值点）为 x_1，$x_2,\cdots,x_n$，则比较 $f(a), f(x_1), f(x_2),\cdots, f(x_n), f(b)$ 的大小，其中最大的就是函数 $f(x)$ 在 $[a,b]$ 上的最大值，最小的就是函数 $f(x)$ 在 $[a,b]$ 上的最小值.

例 3-27 求函数 $f(x)=x^4-2x^2+5$ 在区间 $[-2,2]$ 上的最大值和最小值.

解 函数定义域为 $[-2,2]$，$f'(x)=4x^3-4x=4x(x+1)(x-1)$，
令 $f'(x)=0$，得驻点：$x_1=-1, x_2=0, x_3=1$，
在驻点处函数值分别为 $f(-1)=4, f(0)=5, f(1)=4$，
在端点的函数值为 $f(-2)=f(2)=13$.
比较上述各函数值，得到 $f(x)$ 在区间 $[-2,2]$ 上的最大值为 $f(-2)=f(2)=13$，最小值为 $f(-1)=f(1)=4$.

例 3-28 铁路线上 AB 段的距离为 $100km$. 工厂 C 距 A 处为 $20km$，AC 垂直于 AB（图 3-6）. 为了运输需要，要在 AB 线上选定一点 D 向工厂修筑一条公路. 已知铁路每公里货运的运费与公路上每公里货运的运费之比 3∶5. 为了使货物从供应站 B 运到工厂 C 的运费最省，问 D 点应选在何处？

解 设 $AD=x(km)$，则 $DB=100-x$，$CD=\sqrt{20^2+x^2}=\sqrt{400+x^2}$.
再设从 B 点到 C 点需要的总运费为 y，那么 $y=5k\cdot CD+3k\cdot DB$（k 是某个正数），即

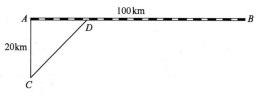

图 3-6

$$y = 5k\sqrt{400+x^2} + 3k(100-x) \quad (0 \leqslant x \leqslant 100).$$

于是问题归结为:x 在 $[0,100]$ 内取何值时目标函数 y 的值最小.

先求 y 对 x 的导数:$y' = k\left(\dfrac{5x}{\sqrt{400+x^2}} - 3\right)$. 令 $y' = 0$ 得 $x = 15\text{km}$.

由于 $y|_{x=0} = 400k$,$y|_{x=15} = 380k$,$y|_{x=100} = 500k\sqrt{1+\dfrac{1}{5^2}}$,其中以 $y|_{x=15} = 380k$ 为最小,因此,当 $AD = x = 15\text{km}$ 时总运费最省.

注意:在求函数最大值(或最小值)时,可能有下述情形:$f(x)$ 在一个区间(有限或无限,开或闭)内可导且只有一个驻点 x_0,且该驻点 x_0 是函数 $f(x)$ 的极值点,那么当 $f(x_0)$ 是极大值时,$f(x_0)$ 就是该区间上的最大值(图 3-7a);当 $f(x_0)$ 是极小值时,$f(x_0)$ 就是在该区间上的最小值(图 3-7b).

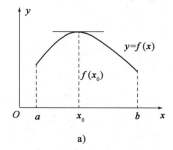
a)

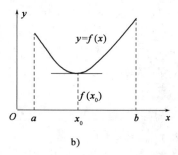
b)

图 3-7

说明:实际问题中往往根据问题的性质可以断定函数 $f(x)$ 确有最大值或最小值,且一定在定义区间内部取得. 这时如果 $f(x)$ 在定义区间内部只有一个驻点 x_0,那么不必讨论 $f(x_0)$ 是否是极值就可断定 $f(x_0)$ 是最大值或最小值.

习题 3.3

1. 确定下列函数增减区间和极值:

    (1)$f(x) = -3x^2 + 12x - 5$; (2)$f(x) = x^3 + 4x - 5$;

    (3)$f(x) = \dfrac{2}{3}x - (x-1)^{\frac{2}{3}}$; (4)$f(x) = 3 - 2(x+1)^{\frac{1}{3}}$.

2. 确定下列函数极值:

    (1)$f(x) = x^3 - 3x^2 - 9x + 1$; (2)$f(x) = 2x^3 - 6x^2 - 18x + 7$.

3. 求下列函数在所给区间上的最大值和最小值:

    (1)$f(x) = x^3 + 3x^2 - 9x - 7, x \in [-6, 4]$.

    (2)$f(x) = \sin 2x - x, x \in \left[\dfrac{-\pi}{2}, \dfrac{\pi}{2}\right]$.

(3) $f(x) = \dfrac{2}{3}x - \sqrt[3]{x}, x \in [-1, 8]$.

4. 一厂家生产某种产品,已知产品的销售量 q(单位:件)与销售价格 p(单位:元/件)满足 $p = 420 - \dfrac{1}{2}q$,产品的成本函数 $c(q) = 30000 + 100q$,问该产品销售量 q 为何值时,生产该产品获得的利润最大,并求此时的销售价格.(专升本)

5. 依订货要求,某厂计划生产一批无盖圆柱形玻璃杯,玻璃杯的容积为 $16\pi\text{cm}^3$,设底面单位面积的造价是侧壁单位面积造价的 2 倍.问底面半径和高分别为多少厘米时,才能使玻璃杯造价最省?(专升本)

第四节 函数图形的描绘

一、曲线的凹凸性与拐点

定义 3.2 如果在区间 I 内,曲线弧总是位于其切线上方,则称曲线在这个区间上是(向上)凹的(也叫下凸);如果曲线弧总是位于切线下方,则称曲线在这个区间上是(向上)凸的(也叫下凹).

定理 3.8 设函数 $f(x)$ 在区间 I 内具有二阶导数:

(1) 如果 $x \in I$,恒有 $f''(x) > 0$,则曲线 $f(x)$ 在 I 内为凹的;

(2) 如果 $x \in I$,恒有 $f''(x) < 0$,则曲线 $f(x)$ 在 I 内为凸的.

定义 3.3 曲线凹与凸的分界点称为曲线的**拐点**.

如果函数 $f(x)$ 在 x_0 的某邻域内连续,当 $f(x)$ 在点 x_0 的二阶导数等于零或不存在时,在点 x_0 两侧 $f(x)$ 的二阶导数存在且异号,则点 $(x_0, f(x_0))$ 是拐点. 如果 x_0 两侧 $f(x)$ 二阶导数符号相同则不是拐点.

确定曲线 $y = f(x)$ 的凹凸区间和拐点的步骤:

(1) 确定函数 $y = f(x)$ 的定义域;

(2) 求一阶 $f'(x)$ 及二阶导数 $f''(x)$;

(3) 求出 $f''(x) = 0$ 及 $f''(x)$ 不存在的点;

(4) 将 (3) 中所求的点把函数定义域分成若干小区间,列表考察 $f''(x)$ 在各区间的符号,从而判定曲线在各区间的凹凸性与拐点.

例 3-29 求曲线 $y = x^4 - 2x^3 + 1$ 的凹凸区间与拐点.

解

(1) 函数的定义域为 $(-\infty, +\infty)$;

(2) $y' = 4x^3 - 6x^2$, $y'' = 12x(x-1)$;

(3) 令 $y'' = 0$,得 $x_1 = 0, x_2 = 1$;

(4) 列表判断(表 3-4).

表 3-4

x	$(-\infty, 0)$	0	$(0, 1)$	1	$(1, +\infty)$
y''	+	0	−	0	+
y	∪	拐点 $(0, 1)$	∩	拐点 $(1, 0)$	∪

曲线在区间$(-\infty,0),(1,+\infty)$内为凹的;在区间$(0,1)$内为凸的;曲线的拐点是$(0,1)$和$(1,0)$,如图 3-8 所示.

例 3-30 求曲线 $y=x^2\ln x$ 的凹凸区间与拐点.

解 函数的定义域为$(0,+\infty)$,

$$y' = 2x\ln x + x^2 \cdot \frac{1}{x} = 2x\ln x + x = x(2\ln x + 1)$$

$$y'' = 2\ln x + 1 + x \cdot \frac{2}{x} = 2\ln x + 3,$$

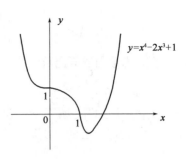

图 3-8

令 $y''=0$,得 $x=e^{-\frac{3}{2}}$ 在定义域内只有一个使二阶导数为零的点 $x=e^{-\frac{3}{2}}$,没有使二阶导数不存在的点,综上述列表如下(表 3-5)

表 3-5

x	$(0,e^{-\frac{3}{2}})$	$e^{-\frac{3}{2}}$	$(e^{-\frac{3}{2}},+\infty)$
y''	−	0	+
y	∩	拐点$(e^{-\frac{3}{2}},-\frac{3}{2}e^{-3})$	∪

所以 $y=x^2\ln x$ 在 $(0,e^{-\frac{3}{2}})$ 内是下凹的,在 $(e^{-\frac{3}{2}},+\infty)$ 内是上凹的,又因为 $y=x^2\ln x$ 在 $x=e^{-\frac{3}{2}}$ 处连续,所以 $(e^{-\frac{3}{2}},-\frac{3}{2}e^{-3})$ 是 $y=x^2\ln x$ 的拐点.

二、曲线的渐近线

定义 3.4 若曲线上的一点沿着曲线趋于无穷远时,该点与某条直线的距离趋于零,则称此直线为曲线的**渐近线**.

1. 水平渐近线

若曲线 $y=f(x)$ 的定义域是无限区间,且有 $\lim\limits_{x\to+\infty}f(x)=b$ 或 $\lim\limits_{x\to-\infty}f(x)=b$,则直线 $y=b$ 为曲线 $y=f(x)$ 的水平渐近线.

例 3-31 求曲线 $y=\arctan x$ 的水平渐近线.

解 因为

$$\lim_{x\to\pm\infty}\arctan x = \pm\frac{\pi}{2},$$

所以,$y=\pm\frac{\pi}{2}$ 是曲线的两条水平渐近线.

2. 垂直渐近线

若曲线 $y=f(x)$ 在点 a 处间断,且 $\lim\limits_{x\to a^+}f(x)=\infty$(或 $\lim\limits_{x\to a^-}f(x)=\infty$),则直线 $x=a$ 为曲线 $y=f(x)$ 的垂直渐近线.

例 3-32 求曲线 $y=\ln x$ 的垂直渐近线.

解 因为

$$\lim_{x\to 0^+}\ln x = -\infty$$

所以,$x=0$ 是曲线 $y=\ln x$ 的一条垂直渐近线.

三、函数图形的描绘

前面讨论的函数图形的各种形态,包括单调性、极值、凹凸性、拐点以及渐近线等均可作为描绘函数图形的依据. 下面给出描绘函数图形的步骤:

(1)确定函数的定义域;
(2)确定函数的奇偶性;
(3)讨论函数的单调性,并确定极值点;
(4)讨论曲线的凹凸性,确定拐点;
(5)确定曲线的渐近线;
(6)由曲线方程找出一些特殊点的坐标,如 x 轴和 y 轴交点坐标等;
(7)描绘出图形.

例 3-33 作函数 $\varphi(x)=\dfrac{1}{\sqrt{2\pi}}e^{-\frac{x^2}{2}}$ 的图形.

解

(1)函数定义域为 $(-\infty,+\infty)$;
(2)$f(x)$ 是偶函数,其图形关于 y 轴对称;
(3)增减性、极值、凹凸性及拐点.

$$\varphi'(x) = -\frac{x}{\sqrt{2\pi}}e^{-\frac{x^2}{2}},$$

$$\varphi''(x) = \frac{x^2-1}{\sqrt{2\pi}}e^{-\frac{x^2}{2}},$$

令 $\varphi'(x)=0$ 得 $x_1=0$,
令 $\varphi''(x)=0$ 得 $x_2=-1$ 和 $x_3=1$,

(4)列表(表3-6).

表3-6

x	$(-\infty,-1)$	-1	$(-1,0)$	0	$(0,1)$	1	$(1,+\infty)$
$\varphi'(x)$	$+$	$+$	$+$	0	$-$	$-$	$-$
$\varphi''(x)$	$+$	0	$-$	$-$	$-$	0	$+$
$\varphi(x)$	↗	拐点 $\left(-1,\dfrac{1}{\sqrt{2\pi e}}\right)$	↗	极大值 $\dfrac{1}{\sqrt{2\pi}}$	↘	拐点 $\left(1,\dfrac{1}{\sqrt{2\pi e}}\right)$	↘

(5)渐近线.
因为

$$\lim_{x\to\infty}\varphi(x)=\lim_{x\to\infty}\frac{1}{\sqrt{2\pi}}e^{-\frac{x^2}{2}}=0,$$

所以,$y=0$ 是水平渐近线.

先作出区间$(0,+\infty)$内的图形,然后利用对称性作出区间$(-\infty,0)$内的图形,如图 3-9 所示.

这个呈钟形状的曲线称为正态曲线或称高斯曲线,是概率论与数理统计中非常重要的曲线.

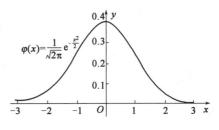

图 3-9

习题 3.4

1. 求下列函数的凹凸区间及拐点:

(1) $y = 3x^2 - x^3$;

(2) $y = (2x-1)^4 + 1$;

(3) $y = xe^{-x}$;

(4) $y = x^4 - 2x^3 + 1$;

(5) $y = 2 + \left(x - \dfrac{1}{4}\right)^{\frac{1}{3}}$;

(6) $y = \dfrac{2}{3}x - \sqrt[3]{x}$.

2. 求下列曲线的渐近线:

(1) $y = \dfrac{1}{x^2 - 5x - 6}$;

(2) $y = xe^{-x^2}$.

3. 作函数 $y = x + \dfrac{1}{x}$ 图像.

4. 曲线 $y = x^2(3-x)$ 的拐点.(专升本)

5. 已知函数 $y = x^3 + ax^2 + b$ 的拐点为 $(1,1)$ 求常数 a, b.(专升本)

第五节 导数在土建工程中的应用

一、应力与应变

1. 应力

在外力作用下,杆件某一截面上一点处内力的分布集度称为应力.如图 3-10 所示,截面上任一点 K 的周围微小面积 ΔA 上,内力的合力为 ΔF,则在微面积 ΔA 上内力 ΔF 的平均集度 $\dfrac{\Delta F}{\Delta A}$ 称为 ΔA 上的平均应力.当微面积无限趋近于 0 时,平均应力的极限值 p 称为点 K 处的应力(式 3-1).应力的量纲为:力/面积.

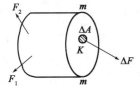

图 3-10

$$p = \lim_{\Delta A \to 0} \frac{\Delta F}{\Delta A} = \frac{dF}{dA} \quad (3\text{-}1)$$

从应力的定义,即式(3-1)可以看出,某一点的应力可以表述为力 F 对面积 A 的导数,反映内力在截面上的分布情况,有利于构件强度的研究.

2. 应变

如图 3-11 所示,微线段 AB 原长为 Δx,变形后 $A'B'$ 的长度为 $\Delta x + \Delta s$.则按式(3-2)得到的 ε 称为 A 点沿 AB 方向的线应变简称应变.应变 ε 无量纲.

$$\varepsilon = \lim_{\Delta x \to 0} \frac{\Delta s}{\Delta x} \quad (3\text{-}2)$$

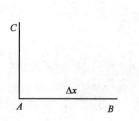
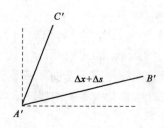

图 3-11

从应变的定义,即式(3-2)可以看出,应变可以表述为变形量对长度的导数,反映变形程度的大小.

由式(3-1)和式(3-2)可知,应力和应变都是描述即时变化率(导数)的问题.

二、分布荷载集度 q 与剪力 F_Q、弯矩 M 之间的微分关系

本书在第一章第四节中介绍了分布荷载集度 q、剪力 F_Q、弯矩 M 的概念.以梁的左端为原点,选取 x 坐标轴,向右为正;若梁上的分布荷载 $q(x)$ 是 x 的连续函数,并规定向上为正;则对于分布荷载集度 q 与剪力 F_Q 弯矩 M 之间有如下微分关系:

$$\frac{\mathrm{d}M(x)}{\mathrm{d}x}=F_Q(x),\quad \frac{\mathrm{d}F_Q}{\mathrm{d}x}=q(x),\quad \frac{\mathrm{d}^2 M(x)}{\mathrm{d}x^2}=q(x) \tag{3-3}$$

式(3-3)表明:弯矩 M 在某点处的导数等于相应截面的剪力 F_Q;剪力 F_Q 在某点处的导数等于相应的荷载集度 q;因此,弯矩 M 在某点处的二阶导数,则等于相应截面处的荷载集度 q.

三、分布荷载集度 q 与剪力 F_Q、弯矩 M 之间微分关系的几何意义

由式(3-3)分布荷载集度 q 与剪力 F_Q、弯矩 M 之间微分关系容易知道:弯矩图上某点处的切线斜率等于该点剪力 F_Q 的大小;剪力图上某点处的切线斜率等于该点处荷载集度 q 的大小.因此,容易得出以下一些结论:

(1)当梁上无荷载作用,即 $q=0$ 时,由式(3-3)可知:剪力图为水平直线,弯矩图为一直线.

当 $F_Q=0$,弯矩图为水平直线.当 $F_Q>0$,弯矩图正向向下时,弯矩图为下斜直线 ⭧.当 $F_Q<0$,弯矩图正向向下时,弯矩图为上斜直线 ⭨.

(2)当梁上的荷载 $q=C$(常数)时,由式(3-3)可知:剪力图为斜直线,弯矩图为二次抛物线.

当 q 向上 $q(\uparrow)>0$,剪力图为上升的斜直线 ⭧,弯矩图是上凸的二次抛物线 ⌒.

当 q 向下 $q(\downarrow)<0$,剪力图为下降的斜直线 ⭨,弯矩图是为下凸的二次抛物线 ⌣.

(3)在 $F_Q=0$ 的截面处,$\dfrac{\mathrm{d}M(x)}{\mathrm{d}x}=F_Q(x)=0$,即弯矩图的斜率为 0,此处弯矩为极值.但要

注意,极值弯矩对全梁来说并不一定是最大弯矩,最大弯矩还可能发生在弯矩图的尖角处(力学上是指:在集中力作用处或在集中力偶作用处).也就是说,梁的最大弯矩通常发生在剪力 $F_Q=0$ 处或集中力、集中力偶作用点处.

表 3-7 所示为常见荷载下梁的荷载集度、剪力图与弯矩图三者间关系及特征.

常见荷载下梁的荷载集度、剪力图与弯矩图三者间关系及特征　　　表 3-7

梁上外力情况 $q(x)$	剪力图特征 $\dfrac{dF_Q}{dx}=q(x)$	弯矩图特征 $\dfrac{dM}{dx}=F_Q(x)$
无分布荷载 $(q=0)$	$\dfrac{dF_Q}{dx}=0$,剪力图为水平直线 $F_Q=0$ $F_Q=C>0$ $F_Q=C<0$	$\dfrac{dM}{dx}=F_Q=0$,$M=C$ $\dfrac{dM}{dx}=F_Q>0$,M 下斜直线 $\dfrac{dM}{dx}=F_Q<0$,M 上斜直线
均布荷载向上作用 $(q>0)$ 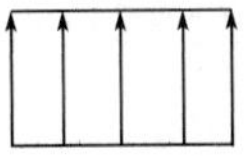	$\dfrac{dF_Q}{dx}=q>0$,F_Q 上斜直线 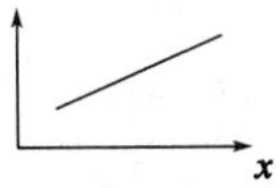	$\dfrac{d^2M}{dx^2}=q>0$,M 上凸曲线 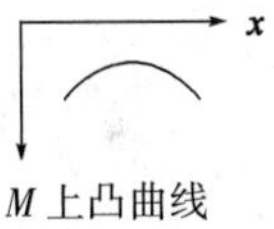
均布荷载向下作用 $(q<0)$	$\dfrac{dF_Q}{dx}=q<0$,F_Q 下斜直线	$\dfrac{d^2M}{dx^2}=q<0$,M 下凸曲线

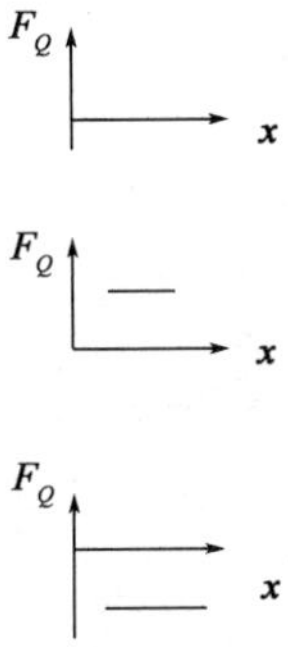

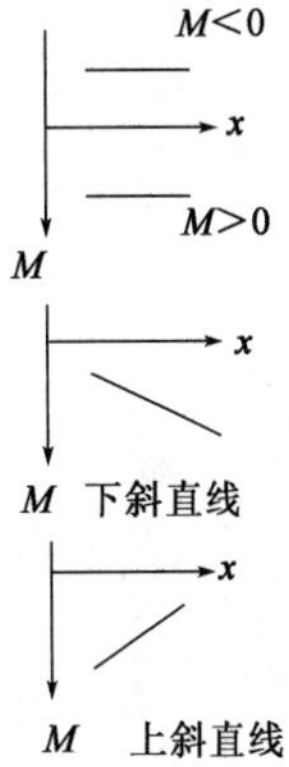

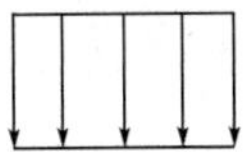

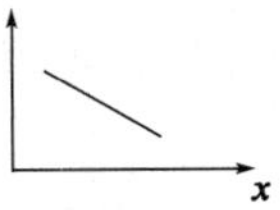

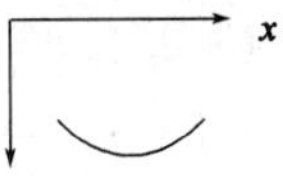

注:需要注意的是,数学上的坐标系,通常纵坐标的正向朝上、横坐标正向朝右.但工程上使用的坐标系统,其坐标正向却不一定如此,它经常根据需要,选择其坐标正向的朝向.如,弯矩图的纵坐标,有时正向朝上、有时正向朝下;故在应用上述规律时,必须结合坐标正向的方向绘图.

例 3-34 一简支梁受力如图 3-12a)所示,以梁的左端为坐标原点,建立 x 坐标.根据力学知识可知,梁的剪力方程和弯矩方程如下:

$$F_Q(x)=\begin{cases}\dfrac{3}{8}ql-qx, & 0<x\leqslant\dfrac{l}{2},AC\text{ 段}\\-\dfrac{1}{8}ql, & \dfrac{l}{2}<x<l,CB\text{ 段}\end{cases}$$

$$M(x) = \begin{cases} \dfrac{3}{8}qlx - \dfrac{1}{2}qx^2, & 0 \leq x \leq \dfrac{l}{2}, AC \text{ 段} \\ \dfrac{1}{8}ql(l-x), & \dfrac{l}{2} < x \leq l, CB \text{ 段} \end{cases}$$

梁 AB 的剪力图如图 3-12b) 所示，AB 梁的弯矩图如图 3-12c) 所示. 请利用分布荷载集度 q 与剪力 F_Q、弯矩 M 之间微分关系描述梁各段的剪力图和弯矩图特征.

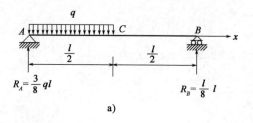

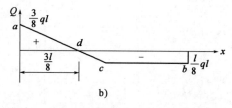

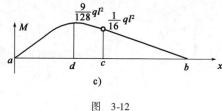

图 3-12

解

剪力图

AC 段内，$q = c < 0$，剪力方程 F_Q 是 x 的一次函数，剪力图为向下斜直线.

CB 段内，$q = 0$，剪力方程为常数，剪力图为一水平线.

梁 AB 的剪力图如图 3-12b) 所示.

弯矩图

AC 段内，弯矩方程 $M(x)$ 是 x 的二次函数，表明弯矩图为二次曲线.

在 $F_Q = 0$ 处弯矩取得极值 (图 3-12b 中 d 点).

CB 段内，弯矩方程 $M(x)$ 是 x 的一次函数，弯矩图为直线.

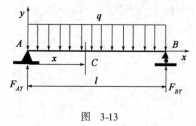

图 3-13

AB 梁的弯矩图如图 3-12c) 所示.

例 3-35 已知一简支梁受均布载荷作用 (荷载集度为 q，方向向下，规定为负，如图 3-13 所示)，且当 $x = 0$ 时，$|F_Q(x)| = |F_{AY}| = \dfrac{1}{2}ql$，求该梁的剪力和弯矩方程，并画出剪力图和弯矩图.

解 根据式(3-3)分布荷载集度 q 与剪力 F_Q 弯矩 M 之间的微分关系：
$$\frac{\mathrm{d}F_Q}{\mathrm{d}x} = q(x)$$
$$\frac{\mathrm{d}M(x)}{\mathrm{d}x} = F_Q(x)$$

可知
$$F_Q(x) = -qx + C \quad (0 < x \leq l),$$

又当 $x = 0$ 时
$$|F_Q(x)| = |F_{AY}| = \frac{1}{2}ql,$$

$\therefore C = \frac{1}{2}ql$，即 $F_Q(x) = \frac{1}{2}ql - qx$，

则
$$M(x) = \frac{1}{2}qlx - \frac{1}{2}qx^2 \quad (0 \leq x \leq l).$$

由此可得：剪力图是一条斜直线(图 3-14a)，弯矩图是二次抛物线(图 3-14b).

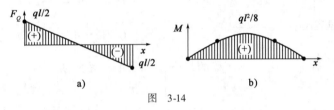

图 3-14

四、工程中极值、最值问题举例

例 3-36 根据力学知识，矩形截面梁的弯曲截面系数 $W = \frac{1}{6}bh^2$，其中 h、b 分别为矩形截面的高、宽；W 与梁的承载能力密切相关，W 越大则承载能力越强. 现要将一根直径为 d 的圆木锯成矩形截面梁，如图 3-15 所示. 要使 W 值最大，h、b 应为何值？W 的最大值是多少？

解 在第一章第四节例 1-52 中，假设矩形截面的宽为 x，得到
$$W(x) = \frac{1}{6}x(d^2 - x^2) \quad (0 < x < d),$$

由此得
$$W' = \frac{1}{6}(d^2 - 3x^2).$$

令 $W'(x) = 0$，得唯一驻点
$$x_1 = \frac{\sqrt{3}}{3}d \; (0 < x < d).$$

在本题的条件下，可知弯曲截面系数一定有最大值，而定义区间 $(0, d)$ 内只有一个驻点 $x_1 = \frac{\sqrt{3}}{3}d$，即最大值点.

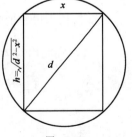

图 3-15

故,当 $x_1 = \frac{\sqrt{3}}{3}d, h = \sqrt{\frac{2}{3}}d$ 时,

弯曲截面系数取得最大值

$$W = \frac{1}{6}\sqrt{\frac{1}{3}}d\left(\sqrt{\frac{2}{3}}d\right)^2 = \frac{\sqrt{3}}{27}d^3.$$

例 3-37 一根梁在外力作用下相应的弯矩函数是 $M(x) = -\frac{qx^2}{4}(0 \leq x \leq l)$. 其中, q 和 l 均为大于 0 的常数,求该梁的最大弯矩(绝对值最大).

解 ∵ $M(x) = -\frac{qx^2}{4}$;

∴ $M' = \left[-\frac{qx^2}{4}\right]' = -\frac{2qx}{4} = -\frac{qx}{2}$;求得驻点 $x = 0$.

比较两端点弯矩值,可知:当 $x = l$ 时,弯矩最大值 $|M_{\max}| = \frac{ql^2}{4}$.

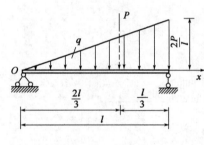

图 3-16

例 3-38 一简支梁受三角形分布荷载作用图(图 3-16),由力学知识可知:剪力 $F_Q = P\left(\frac{1}{3} - \frac{x^2}{l^2}\right)$;弯矩 $M = \frac{Px}{3}\left(1 - \frac{x^2}{l^2}\right)$. 其中, P 为三角形分布荷载的合力, l 为梁的长度, x 为梁的横截面所在的位置的坐标.

求:(1)求最大弯矩 M 发生梁上截面的什么位置上 $(x = ?)$,并求此时弯矩和剪力各为多少?

(2)梁长 $x = l$ 处的分布荷载集度 q.

解

(1) ∵ $M = \frac{Px}{3}\left(1 - \frac{x^2}{l^2}\right)$,

∴ $M' = \left[\frac{Px}{3}\left(1 - \frac{x^2}{l^2}\right)\right]' = \frac{P}{3}\left(1 - \frac{x^2}{l^2}\right) + \frac{Px}{3}\left(-\frac{2x}{l^2}\right) = \frac{P}{3} - \frac{px^2}{l^2}$,

令 $M' = 0$,则有唯一驻点 $x = \frac{\sqrt{3}}{3}l$ ($\because x > 0$),

即当 $x = \frac{\sqrt{3}}{3}l$ 时,弯矩最大值 $M_{\max} = \frac{2Pl}{9\sqrt{3}}$.

此时,代入可验证得:剪力 $F_Q = 0$(因为 $M' = F_Q = 0$).

(2) ∵ $F_Q = P\left(\frac{1}{3} - \frac{x^2}{l^2}\right)$,

∴ $q = F_Q' = \left[P\left(\frac{1}{3} - \frac{x^2}{l^2}\right)\right]' = -\frac{2px}{l^2}$,

∴ 当 $x = l$ 时, $q|_{x=l} = -\frac{2p}{l}$(负号表示 q 方向向下).

例 3-39 已知某梁转角方程为

$$\theta(x) = \begin{cases} \dfrac{1}{EI}\left[\dfrac{1}{16}qlx^2 - \dfrac{7}{384}ql^3\right], & 0 \leqslant x \leqslant \dfrac{l}{2} & (3\text{-}4) \\ \dfrac{1}{EI}\left[\dfrac{1}{16}qlx^2 - \dfrac{1}{6}q\left(x-\dfrac{l}{2}\right)^3 - \dfrac{7}{384}ql^3\right], & \dfrac{l}{2} < x \leqslant l & (3\text{-}5) \end{cases}$$

其中,抗弯刚度 EI、梁的跨度 l 及荷载集度 q 均为常数,求最大转角(绝对值最大).

解 (1) 当 $0 \leqslant x \leqslant \dfrac{l}{2}$ 时,$\theta'(x) = \dfrac{1}{EI}\left[\dfrac{1}{16}qlx^2 - \dfrac{7}{384}ql^3\right]' = \dfrac{qlx}{8EI}$,

令 $\theta'(x) = 0$,得驻点 $x = 0$,

将 $x = 0$ 代入式(3-4),求得

$$\theta_A = -\dfrac{7ql^3}{384EI},$$

将区间端点 $x = \dfrac{l}{2}$ 代入式(3-4),求得

$$\theta_C = -\dfrac{ql^3}{384EI}.$$

(2) 当 $\dfrac{l}{2} \leqslant x \leqslant l$ 时

$$\theta'(x) = \dfrac{1}{EI}\left[\dfrac{1}{16}qlx^2 - \dfrac{1}{6}q\left(x-\dfrac{l}{2}\right)^3 - \dfrac{7}{384}ql^3\right]' = \dfrac{1}{EI}\left[\dfrac{qlx}{8} - \dfrac{1}{2}q\left(x-\dfrac{l}{2}\right)^2\right],$$

令 $\theta'(x) = 0$,得驻点

$$x_1 = l, x_2 = \dfrac{l}{4}(舍去,\because \dfrac{l}{2} \leqslant x \leqslant l).$$

将 $x = l$ 代入(3-5)式,求得

$$\theta_B = \dfrac{9ql^3}{384EI} = \dfrac{3ql^3}{128EI},$$

比较 $\theta_A, \theta_B, \theta_C$,易得

$$|\theta|_{\max} = \dfrac{3ql^3}{128EI}.$$

例 3-40 如图 3-17 所示的简支梁受均匀荷载 q 而发生弯曲,此梁弯曲的挠曲线方程为 $y = \dfrac{q}{24EI}(x^4 - 2lx^3 + l^3x)$,其中,抗弯刚度 EI、梁的跨度 l 及 q 均为常数.求此梁的转角方程 $\theta(x)$ 及最大转角(绝对值最大).

解 第一章第四节中介绍了转角的概念,在变形很小的条件下,任一横截面的以弧度为单位的转角 θ 约等于挠曲线在该截面处的斜率,即 $\theta \approx \tan\theta$.

故

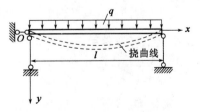

图 3-17

$$\theta(x) = \frac{dy}{dx} = \left[\frac{q}{24EI}(x^4 - 2lx^3 + l^3 x)\right]'$$

$$= \frac{q}{24EI}(4x^3 - 6lx^2 + l^3)$$

$$= \frac{1}{6EI}qx^3 - \frac{1}{4EI}qlx^2 + \frac{1}{24EI}ql^3.$$

$$\theta'(x) = \frac{q}{24EI}(4x^3 - 6lx^2 + l^3)'$$

$$= \frac{q}{24EI}(12x^2 - 12lx) = \frac{q}{2EI}12x(x-l).$$

令 $\theta'(x) = 0$,得

$$x_1 = 0, x_2 = l,$$

将 x_1, x_2 代入得

$$\theta(0) = \frac{ql^3}{24EI} \quad \theta(l) = -\frac{ql^3}{24EI}.$$

∴ 当 $x = 0$ 和 $x = l$ 时

$$|\theta|_{max} = \frac{9ql^3}{24EI}.$$

可见,简支梁在受均布荷载作用下,最大转角发生在支座处.

五、曲率

在建筑设计、土木施工和机械制造中,常需要考虑曲线的弯曲程度. 例如,在土建工程中,各种梁在荷载作用下,会弯曲变形. 在设计梁时,要保证结构物的正常使用,对梁的弯曲程度有一定的限制. 在设计铁路或公路的弯道时,必须考虑弯道处的弯曲程度. 曲线的弯曲程度可以用导数表示,为此本节介绍曲率的概念与计算.

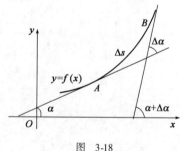

图 3-18

如图 3-18,当点 A 沿曲线 $y = f(x)$ 远动到 B 点时,过 A 点的切线也随之转动,设转过的角度为 $\Delta\alpha$,对应的弧长为 Δs,则 $\left|\frac{\Delta\alpha}{\Delta s}\right|$ 为 $\overset{\frown}{AB}$ 上的平均曲率,它是单位弧长上切线转角上的弧度数,当 $\Delta s \to 0$(即 $B \to A$)时,极限

$$\lim_{\Delta s \to 0}\left|\frac{\Delta\alpha}{\Delta s}\right| = \left|\frac{d\alpha}{ds}\right|,$$

定义为曲线 $y = f(x)$ 在点 A 的曲率,记作 k,即 $k = \left|\frac{d\alpha}{ds}\right|$,曲率反映了曲线弯曲程度,式 (3-6) 为直角坐标系下曲线的曲率计算公式.

$$k = \frac{|y''|}{(1 + y'^2)^{\frac{3}{2}}}. \tag{3-6}$$

例 3-41 求圆 $x^2 + y^2 = R^2$ 上任一点 (x, y) 处的曲率.

解 $y = \pm\sqrt{R^2 - x^2},$

$$y' = \frac{\mp x}{\sqrt{R^2 - x^2}}, y'' = \frac{\mp R^2}{(R^2 - x^2)^{\frac{3}{2}}},$$

代入(3-6)式,得 $k = \frac{1}{R}$,所以圆上任一点处的曲率等于圆半径的倒数.

在工程结构中考虑直梁的微小弯曲变形时,由于沿直线于梁轴线方向的变形 y 很小,所以梁的挠曲线 $y = f(x)$ 的切线与 x 轴的夹角也很小,即 $y' = \tan\alpha$ 很小,因而在式(3-6)中往往把 $(y')^2$ 项忽略不计,则

$$k \approx |y''|. \tag{3-7}$$

式(3-7)表明直梁挠曲线 $y = f(x)$ 的二阶导数的绝对值近似反映直梁挠曲线的弯曲程度.

例 3-42 有一个长度为 l 的悬臂直梁,一端固定在墙内,另一端自由,当自由端有集中力 p 作用时,梁发生微小的弯曲,选择坐标系如图 3-19 所示,其挠曲线方程为

$$y = \frac{p}{EI}\left(\frac{1}{2}lx^2 - \frac{1}{6}x^3\right),$$

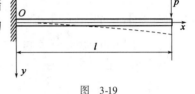

图 3-19

其中 EI 为大于 0 的常数,试求该梁的挠曲线在 $x = 0, \frac{l}{2}, l$ 处的曲率.

解
$$y' = \frac{p}{EI}\left(lx - \frac{1}{2}x^2\right),$$

$$y'' = \frac{p}{EI}(l - x),$$

由于梁的弯曲变形很小,用式(3-7)得

$$k \approx |y''| = \frac{p}{EI}|l - x|,$$

把 $x = 0, \frac{l}{2}, l$,代入上式,得梁的挠曲线在 $x = 0, \frac{l}{2}, l$ 处的曲率为

$$k\big|_{x=0} \approx \frac{pl}{EL}, k\big|_{x=\frac{l}{2}} \approx \frac{pl}{2EL}, k\big|_{x=l} = 0.$$

计算结果表明,当悬臂梁的自由端有集中荷载作用时,越靠近固定端的曲率越大(此时相应的弯矩大),自由端曲率为零.因此,靠近固定端的部分,需要加强设计.

习题 3.5

1. 已知一梁某截面的弯矩 M_x 可表示为 $M_x = \frac{F_R}{l}(l - x - a)x - M_i$,其中 F_R, l, a, M_i 均为已知的常数,求 M_x 何时取得极值并求出此时的弯矩值.

2. 求例 3-35 中分别在截面什么位置上:
(1)剪力和弯矩取得最大值,且最大值各为多少?
(2)验证最大弯矩发生在剪力为 0 的截面上.

3. 一根梁在外力作用下相应的弯矩函数是 $M(x) = -\frac{qx^2}{2}(0 \leq x \leq l)$,其中 q 和 l 都是大于 0 的常数,求该梁的最大弯矩(绝对值最大).

4. 已知某梁挠曲线方程为 $y(x) = \frac{qx^2}{24EI}[x^2 - 4lx + 6l^2]$,其中,$EI$ 为常数,q 为荷载集度,l 为梁的长度.求

此梁的转角方程 $\theta(x)$ 及最大转角.

5. 求下列各曲线在给定点的曲率.

(1) $y = e^x$,点 $(0, 1)$;

(2) $y = \tan x$,点 $\left(\dfrac{\pi}{4}, 1\right)$.

实验三　极值和最值的计算

一、一元函数极值

【命令】Fminbnd(f,x1,x2):求函数 f 在区间 $[x_1, x_2]$ 上的极小值.
　　　　Fminsearch 意义同上.

例 3-43　求函数 $f(x) = x^3 - 5x^2 + 3x + 2$ 在 $[-6, 18]$ 中的极小值.

解　输入命令

fun = 'x^3 - 5 * x^2 + 3 * x + 2';

x = fminbnd(fun, -6, 18)

f = eval(fun)

ans = -412

例 3-44　求函数 $f(x, y) = 5 - x^4 - y^4 + 4xy$ 在原点附近的极大值.

解　输入命令

fun = 'x(1)^4 + x(2)^4 - 4 * x(1) * x(2) - 5';

x = fminsearch(fun, [0, 0]); f = - eval(fun)

ans: f = 7

例 3-45　求函数 $y = \dfrac{x}{1 + x^2}$ 的极值(图 3-20).

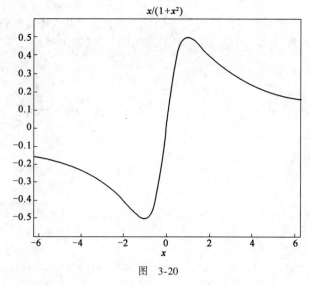

图 3-20

解 输入命令
```
clear;
syms x
y = x/(1 + x*x);
dy = diff(y,x)
solve(dy)
ezplot(y)
```
result:ans = -1   1

x = -1 取最大值;x = 1 取最小值.

二、多元函数极值

例 3-46 求 $f(x,y) = x^3 - y^3 + 3x^2 + 3y^2 - 9x$ 的极值.

解 输入命令
```
function f = fun(x,y)
f = x^3 - y^3 + 3*x^2 + 3*y^2 - 9*x;
clear;
syms x y
f = x^3 - y^3 + 3*x^2 + 3*y^2 - 9*x;
[x y] = solve(diff(f,x),diff(f,y),'x,y')
fun(1,0)
fun(-3,0)
fun(1,2)
fun(-3,2)
```

result:x =   1   -3   1   -3

y = 0   0   2   2

ans =   -5

ans =   27

ans =   -1

ans =   31

则极大值为 f(-3,2) = 31，极小值为 f(1,0) = -5.

三、土建工程实例

实例 3-1 土建工程极值问题

梁上承受地板传来的均匀分布力 q，由结构力学可知 AB 段挠度曲线方程为 $y(x) = \dfrac{q}{24EI}(x^4 - 3.80x^3 + 7068x)$ 其中 E、I、q 为常数. 试用计算机计算 AB 跨上挠度的最大值.

解 取 $\dfrac{q}{24EI}$ 为单位，问题转化为求 $y(x) = x^4 - 3.8x^3 + 7.68x$ 的最大值.

(1) 先作 $y(x) = x^4 - 3.8x^3 + 7.68x$ 的图形(图3-21), $x \in (2, 2.2)$.
$x = 0:0.1:2.2;$
$y = x^4 - 3.80*x^3 + 7.68*x; \text{plot}(x,y) \downarrow$

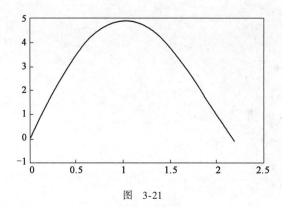

图 3-21

在Figurel窗口可见曲线有一个极大值点,此处 $x \approx 1.1$.
(2) 键入 $yy = ' - (x^4 - 3.80*x^3 + 7.68*x)';$
$X = \text{fminbnd}(yy, 0.9, 1.1) \downarrow$ %得 $x = 1.0260$

极大值点处 $x = 1.0260$.
(3) 键入 $x = 1.0260;$
$y = x^4 - 3.80*x^3 + 7.68*x \downarrow$ %得 $y = 4.8836$
$[x, y] = \text{solve}('x^4 - 3.80*x^3 + 7.68*x - y = 0', 'x - 1.026 = 0')$
$x = 1.02600000000000000000000000000$
$y = 4.88363357217600000000000000000$

结论:在 $x = 1.0260$ 处,有 AB 跨上的最大挠度 $y = 4.8836 \dfrac{q}{24EI} = 0.2036 \dfrac{q}{EI}$.

实例 3-2 工程项目的费用问题

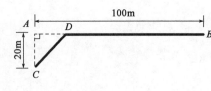

图 3-22

某工程要从 C 处铺设水管到 B 处,并要求 D 点在 AB 之间,如图3-22所示. 已知 AB 段的距离为100m, C 距直线 AB 距离为20m,又 CD 段1m长度的水管排管费为90元, DB 段1m长度的水管排管费为60元. 设 AD 为 x m,试建立从 C 到 B 的排管费 T 与 x 间的函数关系,并计算何时排管费用最小.

【分析】根据 T 与 x 之间的函数关系,可通过求导数,算出排管的最小费用.
【建立模型】
设 AD 为 x m,依题意可知

$$CD = \sqrt{20^2 + x^2} = \sqrt{400 + x^2}, BD = 100 - x,$$

所以

$$T = 90\sqrt{400 + x^2} + 60(100 - x) \quad (0 \le x \le 100).$$

【MATLAB 程序】

```
fun = '90 * sqrt(400 + x^2) + 60 * (100 - x)';
>> x = fminbnd(fun,0,100)
```
输出
x =
    17.8885
```
>> f = eval(fun)
```
输出
f =
    7.3416e+003

则表示,当 $x \approx 17.89$ 时(AD 为 17.89m),管道的最小费用 $T \approx 7341.6$ 元.

本 章 小 结

★ **本章知识网络图**

$$
\text{导数的应用}
\begin{cases}
\text{中值定理}\begin{cases}\text{罗尔定理}\\ \text{拉格朗日定理(两个重要推论)}\end{cases}\\
\text{洛必达法则(用于求}\frac{0}{0},\frac{\infty}{\infty},\infty\cdot 0,1^{\infty},0^{0},\infty-\infty,\infty^{0}\text{型不定式的极限)}\\
\text{单调性与极值}\begin{cases}\text{驻点的定义}\\ \text{极值的必要条件}\\ \text{判定极值的两个充分条件}\\ \text{单调性的判定}\end{cases}\\
\text{曲线凹凸性及作图}\begin{cases}\text{凹凸的定义}\\ \text{判别法}\\ \text{拐点的定义}\\ \text{函数图形描绘}\end{cases}\\
\text{工程中的导数应用}\begin{cases}\text{弯矩、剪力和分析荷载集度之间的微分关系}\\ \text{荷载、剪力图和弯矩图三者间的关系和特征}\\ \text{工程中极值、最值问题举例}\\ \text{曲率}\end{cases}
\end{cases}
$$

★ **主要知识点**

一、中值定理

1. 罗尔定理

函数 $f(x)$ 在 $[a,b]$ 上连续,在 (a,b) 内可导,$f(a)=f(b)$,则至少存在一点 $\xi\in(a,b)$,使得 $f'(\xi)=0$.

2. 拉格朗日定理

函数 $f(x)$ 在 $[a,b]$ 上连续,在 (a,b) 内可导,则至少存在一点 $\xi \in (a,b)$,使得 $f'(\xi) = \dfrac{f(b)-f(a)}{b-a}$. 注意两个推论.

二、洛必达法则

若分式 $\dfrac{f(x)}{g(x)}$ 是 $\dfrac{0}{0}$ 型或 $\dfrac{\infty}{\infty}$ 型未定式,而且 $\lim \dfrac{f'(x)}{g'(x)} = A$(或 ∞),则有 $\lim \dfrac{f(x)}{g(x)} = \lim \dfrac{f'(x)}{g'(x)} = A$(或 ∞).

注意:上述公式对任意的变化过程都是成立的. 其他形式的未定式必须化成 $\dfrac{0}{0}$ 型或 $\dfrac{\infty}{\infty}$ 型未定式才能应用此法则.

三、导数在函数特性方面的应用及函数作图.

1. 判断函数的单调区间.

设函数 $f(x)$ 在区间 (a,b) 内可导. 如果在 (a,b) 内 $f'(x) > 0$,则函数 $f(x)$ 在 (a,b) 内单调递增;如果在 (a,b) 内 $f'(x) < 0$,则函数 $f(x)$ 在 (a,b) 内单调递减.

2. 求函数的极值.

当 x 由小到大经过 x_0 时,若 $f'(x)$ 由正变负,则 x_0 是极大值点;若 $f'(x)$ 由负变正,则 x_0 是极小值点. 或用二阶导数的符号来判别:若 $f''(x_0) > 0$,则 x_0 是极小值点;若 $f''(x_0) < 0$,则 x_0 是极大值点.

3. 求函数的最值.

求函数的最值,闭区间上的最值;一般区间上的最值;实际问题中的最值.

4. 凹凸区间及拐点.

在某个区间内,如果 $f''(x) > 0$,则曲线为凹的;如果 $f''(x) < 0$,则曲线为凸的;$f''(x)$ 改变符号的点为拐点.

5. 函数作图.

四、导数在土建工程中的应用

1. 分布荷载集度 q 与剪力 F_Q、弯矩 M 之间的微分关系:

$$\frac{dM(x)}{dx} = F_Q(x), \frac{dF_Q}{dx} = q(x), \frac{d^2 M(x)}{dx^2} = q(x)$$

2. 分布荷载集度 q 与剪力 F_Q、弯矩 M 之间微分关系的几何意义:

弯矩图上某点处的切线斜率等于该点剪力 F_Q 的大小;剪力图上某点处的切线斜率等于该点处荷载集度 q 的大小.

3. 工程中极值、最值问题.

4. 曲率.

复习题(三)

一、选择题

1. 下列函数在 $[1,e]$ 上满足拉格朗日中值定理条件的是( ).

   A. $\ln(\ln x)$　　　　B. $\ln x$　　　　C. $\dfrac{1}{\ln x}$　　　　D. $\ln(2-x)$

2. 下列给定的极限都存在,能使用洛必达法则的有( ).

   A. $\lim\limits_{x\to 0}\dfrac{x^2\sin\dfrac{1}{x}}{\sin x}$　　B. $\lim\limits_{x\to\infty}\dfrac{x-\sin x}{x+\sin x}$　　C. $\lim\limits_{x\to 0}\dfrac{x-\sin x}{x\sin x}$;　　D. $\lim\limits_{x\to 1}\dfrac{x+\ln x}{x-1}$

3. 函数 $y=\dfrac{e^x}{1+x}$ 单调增加的区间是( ).

   A. $[-1,+\infty)$　　B. $(-\infty,\infty)$　　C. $(-\infty,0)$　　D. $(0,+\infty)$

4. 若 x_0 为 $f(x)$ 的极值点,则下列命题( )正确.

   A. $f'(x_0)=0$　　　　　　　　　　　　B. $f'(x_0)\neq 0$

   C. $f'(x_0)=0$ 或 $f'(x_0)$ 不存在　　　D. $f'(x_0)$ 不存在

5. $f(x)=x^3+1$ 在 $[-1,3]$ 上的最大值为( ).

   A. 0　　　　　　B. 28　　　　　　C. 1　　　　　　D. 10

6. $f'(x_0)=0,f''(x_0)>0$ 是函数 $y=f(x)$ 在点 x_0 处取得极值的( ).

   A. 充分条件　　　　　　　　　　　B. 必要条件

   C. 充要条件　　　　　　　　　　　D. 以上说法都不对

7. 设 $f(x)$ 可导,且 $f'(0)=0$,又 $\lim\limits_{x\to 0}\dfrac{f'(x)}{x}=-1$,则 $f(0)$ ( )

   A. 可能不是 $f(x)$ 的极值　　　　　B. 一定是 $f(x)$ 的极值

   C. 一定是 $f(x)$ 的极小值　　　　　D. 等于 0

8. 设函数 $f(x)=(x-3)^{\frac{2}{3}}$,则点 $x=3$ 是 $f(x)$ 的( ).

   A. 间断点　　　　B. 可导点　　　　C. 驻点　　　　D. 极值点

9. 函数 $y=ax^2+b$ 在区间 $(0,+\infty)$ 内单调增加,则 a,b 应满足( )

   A. $a<0$ 且 $b=0$　　　　　　　　　B. $a>0,b$ 可为任意常数

   C. $a<0$ 且 $b\neq 0$　　　　　　　　D. 无法说清 a,b 的规律

10. 曲线 $f(x)=\dfrac{1}{x-3}$ 下列说法正确的是( ).

    A. 有水平渐近线 $x=3$　　　　　　B. 无垂直渐近线

    C. 有水平渐近线 $y=0$　　　　　　D. 既无有水平渐近线又无垂直渐近线

11. 已知梁上的分布荷载 $q(x)$、剪力 $F(x)$ 和弯矩 $M(x)$ 之间的微分关系为: $q(x)=F'(x),F(x)=M'(x)$,则当梁上有向下作用的均布载荷,即荷载 q 为常数且 $q<0$ 时,剪力图、弯矩图分别为( ).

A. 上斜直线,二次抛物线   B. 水平直线,上凸曲线

C. 水平直线,下斜直线   D. 下斜直线,二次抛物线

12. 曲线 $f(x)=x^2-2x+3$ (   ).(专升本)

A. 在 $(-\infty,1]$ 单调上升且是凹的   B. 在 $(-\infty,1]$ 单调上升且是凸的

C. 在 $(-\infty,1]$ 单调下降且是凹的   D. 在 $(-\infty,1]$ 单调下降且是凸的

13. 设 $f(x)=x^3+ax^2+bx+c, x_0$ 是方程 $f(x)=0$ 的最小的根,则必有(   ).(专升本)

A. $f'(x_0)<0$ B. $f'(x_0)>0$ C. $f'(x_0)\leq 0$ D. $f'(x_0)\geq 0$

二、填空题

1. 函数 $y=\sqrt[3]{x}$ 在 $[0,2]$ 上满足拉格朗日中值定理的 $\xi=$ _____ .

2. 函数 $f(x)$ 可能的极值点有 _____ 和 _____ .

3. $y=x-\dfrac{3}{2}x^{\frac{2}{3}}$ 的单调递增区间为 _____ ;单调递减区间 _____ .

4. 函数 $y=x-\ln(1+x^2)$ 是单调 _____ .

5. 若函数 $f(x)=a\sin x+\dfrac{1}{4}\sin 4x$ 在 $x=\dfrac{\pi}{4}$ 处取得极值,则 $a=$ _____ .

6. 函数 $f(x)=x^3-3x$ 在 $[-\sqrt{3},\sqrt{3}]$ 上有最大值 _____ ,最小值 _____ .

7. 曲线 $y=(x-2)^{\frac{5}{3}}$ 的拐点为 _____ .

8. 函数 $y=\dfrac{3x^2+2}{1-x^2}$ 的水平渐近线为 _____ ,垂直渐近线 _____ .

三、求下列极限

1. $\lim\limits_{x\to 0}\dfrac{e^x-1}{x^2-x}$;

2. $\lim\limits_{x\to 0}\dfrac{x(e^x+1)-2(e^x-1)}{x^3}$;

3. $\lim\limits_{x\to\infty}\dfrac{\ln(1+3x^2)}{\ln(3+x^2)}$;

4. $\lim\limits_{x\to 0}\left[\dfrac{\pi}{4x}-\dfrac{\pi}{2x(e^{\pi x}+1)}\right]$;

5. $\lim\limits_{x\to 0}\left(\dfrac{1}{x}-\dfrac{1}{\ln(1+x)}\right)$;

6. $\lim\limits_{x\to\infty}\left(\dfrac{x^2-1}{x^2}\right)^x$.

四、计算题

1. 求函数 $y=\dfrac{2}{3}x-\sqrt[3]{x}$ 的单调区间、极值点与极值,并求相应曲线的拐点与凹凸区间.

2. 求函数 $y=e^{-x}(x+1)$ 在区间 $[1,3]$ 上的最大值和最小值.

3. 设 $x=1$ 与 $x=2$ 是函数 $f(x)=a\ln x+bx^2+x$ 的两个极值点.

(1)试确定常数 a 和 b 的值;

(2)试判断 $x=1,x=2$ 是函数 $f(x)$ 的极大值还是极小值,并说明理由.

4. 证明:当 $0<a<b$ 时,$\dfrac{b-a}{b}<\ln\dfrac{b}{a}<\dfrac{b-a}{a}$ 成立.

5. 已知点 $(1,3)$ 为曲线 $y=x^3+ax^2+bx+14$ 的拐点,试求 a,b 的值.

6. 已知矩形的周长为32,将它绕一边旋转成一立体,问矩形的长、宽各为多少时,所得立

体体积最大?

7. 要建筑一个容积为 108m^3 的无盖水池,已知池底为正方形,四壁为长方形,问池底的边长和池深应各为多大,才能使所用的材料最省? 假设单位面积所用的材料,对池底和侧壁都是一样的.

8. 证明:当 $x<0$ 时, $2\arctan x < \ln(1+x^2)$. (专升本)

9. 设函数 $f(x) = \begin{cases} \dfrac{x}{2} + x^2 \sin \dfrac{1}{x}, & x \neq 0, \\ 0, & x = 0. \end{cases}$

(1) 证明 $f(x)$ 在 $x=0$ 处可导;

(2) 讨论是否存在点 $x=0$ 的一个邻域,使得 $f(x)$ 在该领域内单调? 并说明理由. (专升本)

10. 设函数 $f(x) = x|x|$.

(1) 证明 $f(x)$ 在 $x=0$ 处可导,并求 $f'(0)$;

(2) 讨论 $f(x)$ 的单调性. (专升本)

第四章 积　　分

 学习目标

1. 理解不定积分和定积分的概念、性质、几何意义；
2. 掌握不定积分的第一换元法、第二换元法、分部积分法；
3. 会用牛顿-莱布尼兹公式求定积分；
4. 会用定积分的微元法解决平面图形的面积等几何问题；
5. 会用微元法建立定积分的数学模型来解决土建工程中实际问题,如杆件变形、分布荷载的力矩等简单计算.

第一节　不定积分的概念与基本公式

一、不定积分的概念与性质

1. 原函数与不定积分的概念

设质点做直线运动,它的运动方程为 $s=s(t)$,那么质点的运动速度 $v=s'(t)$,这是求导问题. 现在,若已知该质点的速度方程 $v(t)$,求其运动方程 $s=s(t)$,即由 $s'(t)=v(t)$ 求函数 $s(t)$. 这就是求导数的相反问题,即已知函数的导函数求原来这个函数的问题.

定义 4.1　如果在区间 I 上,可导函数 $F(x)$ 的导函数为 $f(x)$,即对该区间上任一点 $x\in I$,都有

$$F'(x)=f(x) \text{ 或 } \mathrm{d}F(x)=f(x)\mathrm{d}x$$

则称 $F(x)$ 为 $f(x)$ 在区间 I 上的原函数.

例如:$(\sin x)' = \cos x$,即 $\sin x$ 是 $\cos x$ 的一个原函数.

$(x^2)' = 2x$,即 x^2 为 $2x$ 的一个原函数.

$[\ln(x+\sqrt{1+x^2})]' = \dfrac{1}{\sqrt{1+x^2}}$,即 $\ln(x+\sqrt{1+x^2})$ 是 $\dfrac{1}{\sqrt{1+x^2}}$ 的一个原函数.

根据定义 4.1 可知,$x^2,x^2+1,x^2+2,\cdots,x^2+\pi,x^2+e$ 等都是 $2x$ 的原函数.

说明:

(1) 若 $F(x)$ 是 $f(x)$ 的原函数,则 $[F(x)+C]'=f(x)$,即 $F(x)+C$ 也为 $f(x)$ 的原函数,其中 C 为任意常数. 因此若 $f(x)$ 有一个原函数,则 $f(x)$ 就有无穷多个原函数.

(2) 如果 $F(x)$ 与 $G(x)$ 都为 $f(x)$ 在区间 I 上的原函数,则 $F(x)$ 与 $G(x)$ 之差为常数,即

$F(x) - G(x) = C$（C 为常数）. 因此,$f(x)$ 的全体原函数可表示为 $F(x) + C$（C 为常数）.

定义 4.2 在区间 I 上,函数 $f(x)$ 的全体原函数 $F(x) + C$,称为 $f(x)$ 在区间 I 上的不定积分,记为 $\int f(x)dx$,即

$$\int f(x)dx = F(x) + C, (C \text{ 为积分常数}).$$

其中,"$\int$" 称为积分号,$f(x)$ 称为被积函数,$f(x)dx$ 称为被积表达式,x 称为积分变量.

例 4-1 求 $\int x^2 dx$

解 因为 $\left(\dfrac{x^3}{3}\right)' = x^2$,得 $\int x^2 dx = \dfrac{x^3}{3} + C$.

例 4-2 求 $\int \dfrac{1}{x} dx$

解 因为,$x > 0$ 时,$(\ln x)' = \dfrac{1}{x}$;$x < 0$ 时,$[\ln(-x)]' = \dfrac{1}{-x}(-x)' = \dfrac{1}{x}$,得

$$(\ln|x|)' = \dfrac{1}{x}, \text{因此有} \quad \int \dfrac{1}{x} dx = \ln|x| + C.$$

例 4-3 求 $\int \dfrac{1}{1+x^2} dx$

解 因为 $(\arctan x)' = \dfrac{1}{1+x^2}$,得 $\int \dfrac{1}{1+x^2} dx = \arctan x + C$.

例 4-4 设曲线过点 $(1,2)$,且曲线上任一点的切线斜率为该点横坐标的两倍,求此曲线的方程.

解 设曲线方程为 $y = f(x)$,依题可知,曲线上任一点 (x,y) 处切线的斜率为

$$k = \dfrac{dy}{dx} = 2x,$$

从而

$$y = \int 2x dx = x^2 + C.$$

由 $y(1) = 2$,得 $C = 1$,因此所求曲线方程为

$$y = x^2 + 1.$$

2. 不定积分几何意义

若 $F(x)$ 是 $f(x)$ 的一个原函数,则称 $y = F(x)$ 的图像为 $f(x)$ 的一条积分曲线. 例 4-4 就是求函数 $y = 2x$ 过点 $(1,2)$ 的那条积分曲线,该曲线可由 $y = x^2$ 沿 y 轴平移而得（图 4-1）. 于是,$f(x)$ 的不定积分在几何上表示 $f(x)$ 的某一条积分曲线沿纵轴方向任意平移所得一组积分曲线组成的曲线族（图 4-2）. 若在每一条积分曲线上横坐标相同的点处作切线,则这些切线互相平行. 因为它们的斜率都等于 $f(x)$.

3. 不定积分性质

由导数、原函数及不定积分的概念和运算法则可得:

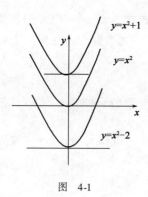

图 4-1

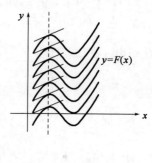

图 4-2

(1) $\left[\int f(x)\mathrm{d}x\right]' = f(x)$ 或 $\mathrm{d}\int f(x)\mathrm{d}x = f(x)\mathrm{d}x$;

(2) $\int F'(x)\mathrm{d}x = F(x) + C$ 或 $\int \mathrm{d}F(x) = F(x) + C$;

(3) $\int [f(x) \pm g(x)]\mathrm{d}x = \int f(x)\mathrm{d}x \pm \int g(x)\mathrm{d}x$;

(4) $\int kf(x)\mathrm{d}x = k\int f(x)\mathrm{d}x$ (k 为常数, $k \neq 0$).

二、不定积分的基本公式

因为求不定积分与求导互为互逆运算,所以可以根据导数公式得到相应积分公式. 下面列出常用的基本积分公式:

(1) $\int k\mathrm{d}x = kx + C$ (k 为常数);

(2) $\int x^a \mathrm{d}x = \dfrac{x^{\alpha+1}}{1+\alpha} + C (a \neq -1)$;

(3) $\int \dfrac{1}{x}\mathrm{d}x = \ln|x| + C$;

(4) $\int a^x \mathrm{d}x = \dfrac{a^x}{\ln a} + C$ ($a > 0, a \neq 1$);

(5) $\int e^x \mathrm{d}x = e^x + C$;

(6) $\int \cos x \mathrm{d}x = \sin x + C$;

(7) $\int \sin x \mathrm{d}x = -\cos x + C$;

(8) $\int \sec^2 x \mathrm{d}x = \int \dfrac{1}{\cos^2 x}\mathrm{d}x = \tan x + C$;

(9) $\int \csc^2 x \mathrm{d}x = \int \dfrac{1}{\sin^2 x}\mathrm{d}x = -\cot x + C$;

(10) $\int \sec x \tan x \mathrm{d}x = \sec x + C$;

(11) $\int \csc x \tan x \, dx = -\csc x + C$;

(12) $\int \dfrac{1}{1+x^2} dx = \arctan x + C$;

(13) $\int \dfrac{dx}{\sqrt{1-x^2}} dx = \arcsin x + C$.

例 4-5 求 $\int x^3 dx$.

解 $\int x^3 dx = \dfrac{1}{4}x^4 + C$.

例 4-6 求 $\int (4e^x - 3\cos x + 2x) dx$.

解 $\int (4e^x - 3\cos x + 2x) dx$

$= 4\int e^x dx - 3\int \cos x \, dx + 2\int x \, dx$

$= 4e^x - 3\sin x + x^2 + C$.

例 4-7 求 $\int x(x^2 - 5) dx$.

解 $\int x(x^2 - 5) dx = \int (x^3 - 5x) dx$

$= \int x^3 dx - 5\int x \, dx$

$= \dfrac{1}{4}x^4 - \dfrac{5}{2}x^2 + C$.

例 4-8 求 $\int \dfrac{x + \sqrt{x} + 3x^2}{x} dx$.

解 $= \int \left(\dfrac{x}{x} + \dfrac{\sqrt{x}}{x} + \dfrac{3x^2}{x} \right) dx$

$= \int dx + \int x^{-\frac{1}{2}} dx + \int 3x \, dx$

$= x + 2x^{\frac{1}{2}} + \dfrac{3}{2}x^2 + C$.

例 4-9 求 $\int \dfrac{(x-1)^3}{x^2} dx$.

解 $\int \dfrac{(x-1)^3}{x^2} dx = \int \dfrac{x^3 - 3x^2 + 3x - 1}{x^2} dx$

$= \int \left(x - 3 + \dfrac{3}{x} - \dfrac{1}{x^2} \right) dx$

$= \dfrac{x^2}{2} - 3x + 3\ln|x| + \dfrac{1}{x} + C$.

例 4-10 求 $\int \dfrac{1 + x + x^2}{x(1+x^2)} dx$.

解 $\int \dfrac{1+x+x^2}{x(1+x^2)}dx$

$= \int \dfrac{(1+x^2)+x}{x(1+x^2)}dx$

$= \int \dfrac{1}{x}dx + \int \dfrac{1}{1+x^2}dx$

$= \ln|x| + \arctan x + C.$

例 4-11 求 $\int \dfrac{x^4}{1+x^2}dx.$

解 $\int \dfrac{x^4}{1+x^2}dx = \int \dfrac{x^4-1+1}{1+x^2}dx = \int \dfrac{(x^2+1)(x^2-1)+1}{1+x^2}dx$

$= \int \left(x^2-1+\dfrac{1}{1+x^2}\right)dx = \dfrac{x^3}{3} - x + \arctan x + C.$

例 4-12 求 $\int \sin^2 \dfrac{x}{2} dx.$

解 $\int \sin^2 \dfrac{x}{2} dx = \int \dfrac{1-\cos x}{2}dx = \int \dfrac{1}{2}dx - \dfrac{1}{2}\int \cos x dx = \dfrac{1}{2}(x - \sin x) + C.$

例 4-13 求 $\int \dfrac{dx}{\sin^2 \dfrac{x}{2} \cos^2 \dfrac{x}{2}}.$

解 $\int \dfrac{dx}{\sin^2 \dfrac{x}{2} \cos^2 \dfrac{x}{2}} = \int \dfrac{4}{\sin^2 x}dx = 4\int \csc^2 x dx = -4\cot x + C.$

例 4-14 求 $\int \dfrac{1}{\sin^2 x \cos^2 x}dx.$

解 $\sin^2 x + \cos^2 x = 1$,那么

$$\dfrac{1}{\sin^2 x \cos^2 x} = \dfrac{\sin^2 x + \cos^2 x}{\sin^2 x \cos^2 x} = \dfrac{1}{\cos^2 x} + \dfrac{1}{\sin^2 x}$$

即

$$\int \dfrac{1}{\sin^2 x \cos^2 x}dx = \int \left(\dfrac{1}{\cos^2 x} + \dfrac{1}{\sin^2 x}\right)dx$$

$$= \int \dfrac{1}{\cos^2 x}dx + \int \dfrac{1}{\sin^2 x}dx = \tan x - \cot x + C.$$

例 4-15 求 $\int \tan^2 x dx.$

解 $\int \tan^2 x dx = \int (\sec^2 x - 1)dx$

$= \int \sec^2 x dx - \int dx$

$= \tan x - x + C.$

习题 4.1

1. 求下列不定积分.

(1) $\int (2^x - 3\sin x)\,dx$;

(2) $\int \left(e^x - \dfrac{4}{x} + x^3\right)dx$;

(3) $\int \dfrac{(x+1)^3}{x^2}\,dx$;

(4) $\int x(x-4)\,dx$;

(5) $\int \dfrac{x^2-2}{x^2+1}\,dx$;

(6) $\int \left(2\cos x - \dfrac{3}{\sqrt{1-x^2}}\right)dx$;

(7) $\int \cos^2 \dfrac{x}{2}\,dx$;

(8) $\int (2\sqrt{x}+1)\left(x - \dfrac{2}{\sqrt{x}}\right)dx$.

2. 已知曲线 $y=f(x)$ 过点 $(1,1)$,且在任一点的切线斜率为 $3x$,求此曲线方程.

3. 已知曲线 $y=f(x)$ 过坐标原点,且在任一点的切线斜率为 $2x+1$,求此曲线方程.

第二节　不定积分换元法和分部积分法

一、第一类换元法(凑微分法)

例如：求 $\int \cos 2x\,dx$.

分析：计算此不定积分,如果直接套用基本积分公式 $\int \cos x\,dx = \sin x + C$,似乎所求答案应为 $\sin 2x + C$. 显然这一结果是不正确的. 因为 $(\sin 2x + C)' = 2\cos 2x$,即 $\sin 2x$ 不是 $\cos 2x$ 的原函数. 事实上,因为 $\left(\dfrac{1}{2}\sin 2x\right)' = \cos 2x$,所以 $\dfrac{1}{2}\sin 2x$ 才是 $\cos 2x$ 的原函数,于是正确的答案应当是

$$\int \cos 2x\,dx = \dfrac{1}{2}\sin 2x + C.$$

为什么不能直接应用基本积分公式？这是因为被积函数是一个复合函数,为了能套用积分公式 $\int \cos x\,dx = \sin x + C$,可以先把原积分做下列变形后计算:

$$\int \cos 2x\,dx = \dfrac{1}{2}\int \cos 2x\,d2x \xrightarrow{\text{令 } 2x = u} \dfrac{1}{2}\int \cos u\,du = \dfrac{1}{2}\sin u + C \xrightarrow{\text{回代 } u = 2x} \dfrac{1}{2}\sin 2x + C.$$

上例解法的特点是引入新变量 $u = 2x$,从而把原积分化成积分变量为 u 的积分,再用基本积分公式求解. 这种解法对于复合函数的积分具有普遍意义,一般地,我们有如下定理:

定理 4.1　设 $F(u)$ 为 $f(u)$ 的原函数,$u = \varphi(x)$ 可微,则

$$\int f[\varphi(x)]\varphi'(x)\,dx = \left[\int f(u)\,du\right]_{u=\varphi(x)} = F[\varphi(x)] + C.$$

证明从略.

上述定理表明在基本积分公式中,自变量换成任一可微函数后公式仍成立. 这就拓宽了基本积分公式的使用范围. 利用这个定理,采用的方法可归纳为:

$$\int f[\varphi(x)]\varphi'(x)\mathrm{d}x \xrightarrow{\text{凑微分}} \int f[\varphi(x)]\mathrm{d}\varphi(x) \xrightarrow{\text{令} u = \varphi(x)} \int f(u)\mathrm{d}u$$
$$= F(u) + C \xrightarrow{\text{回代}} F[\varphi(x)] + C.$$

这种求积分的方法叫作第一换元法或凑微分法.

例 4-16 求 $\int (3x-2)^4 \mathrm{d}x$.

解 设 $u = 3x - 2$,得 $\mathrm{d}u = 3\mathrm{d}x$,从而 $\mathrm{d}x = \frac{1}{3}\mathrm{d}u$,于是有

$$\int (3x-2)^4 \mathrm{d}x = \int u^4 \frac{1}{3}\mathrm{d}u = \frac{1}{3}\int u^4 \mathrm{d}u = \frac{1}{3} \times \frac{1}{5}u^5 + C = \frac{1}{15}(3x-2)^5 + C.$$

例 4-17 求 $\int \frac{1}{3+2x}\mathrm{d}x$.

解 $\int \frac{1}{3+2x}\mathrm{d}x = \frac{1}{2}\int \frac{1}{3+2x}(3+2x)'\mathrm{d}x = \frac{1}{2}\int \frac{1}{3+2x}\mathrm{d}(3+2x) = \frac{1}{2}\ln|3+2x| + C.$

例 4-18 求 $\int x\mathrm{e}^{x^2}\mathrm{d}x$.

解 $\int x\mathrm{e}^{x^2}\mathrm{d}x = \frac{1}{2}\int \mathrm{e}^{x^2}\mathrm{d}x^2 = \frac{1}{2}\mathrm{e}^{x^2} + C.$

例 4-19 求 $\int \frac{\mathrm{e}^{\sqrt{x}}}{\sqrt{x}}\mathrm{d}x$.

解 $\int \frac{\mathrm{e}^{\sqrt{x}}}{\sqrt{x}}\mathrm{d}x = \int \mathrm{e}^{\sqrt{x}} \cdot \frac{1}{\sqrt{x}}\mathrm{d}x = 2\int \mathrm{e}^{\sqrt{x}}\mathrm{d}(\sqrt{x}) = 2\mathrm{e}^{\sqrt{x}} + C.$

例 4-20 求 $\int \frac{1}{a^2+x^2}\mathrm{d}x$.

解 $\int \frac{1}{a^2+x^2}\mathrm{d}x = \frac{1}{a^2}\int \frac{1}{1+\left(\frac{x}{a}\right)^2}\mathrm{d}x = \frac{1}{a}\int \frac{1}{1+\left(\frac{x}{a}\right)^2}\mathrm{d}\left(\frac{x}{a}\right) = \frac{1}{a}\arctan\frac{x}{a} + C.$

例 4-21 求 $\int \frac{1}{x\ln x}\mathrm{d}x$.

解 $\int \frac{1}{x\ln x}\mathrm{d}x = \int \frac{1}{\ln x}\mathrm{d}\ln x = \ln|\ln x| + C.$

例 4-22 求 $\int \frac{1}{x^2-a^2}\mathrm{d}x$.

解 $\int \frac{1}{x^2-a^2}\mathrm{d}x = \frac{1}{2a}\int \left(\frac{1}{x-a} - \frac{1}{x+a}\right)\mathrm{d}x.$

$$= \frac{1}{2a}\left[\int \frac{1}{x-a}\mathrm{d}(x-a) - \int \frac{1}{x+a}\mathrm{d}(x+a)\right]$$

$$= \frac{1}{2a}[\ln|x-a| - \ln|x+a|] + C$$

$$= \frac{1}{2a}\ln\left|\frac{x-a}{x+a}\right| + C.$$

例 4-23 求 $\int \dfrac{1}{x^2+2x-8}dx$.

解 $\int \dfrac{1}{x^2+2x-8}dx$

$= \int \dfrac{1}{(x+1)^2-9}d(x+1) = \dfrac{1}{6}\ln\left|\dfrac{3-(x+1)}{3+(x+1)}\right|+C = \dfrac{1}{6}\ln\left|\dfrac{2-x}{4+x}\right|+C.$

例 4-24 求 $\int \cos^3 x\,dx$.

解 $\int \cos^3 x\,dx = \int \cos^2 x\cos x\,dx = \int(1-\sin^2 x)d(\sin x)$

$= \sin x - \dfrac{1}{3}\sin^3 x + C.$

例 4-25 求 $\int \sin x\cos^2 x\,dx$.

解 $\int \sin x\cos^2 x\,dx = \int \cos^2 x(-d\cos x) = -\int \cos^2 x\,d\cos x = -\dfrac{1}{3}\cos^3 x + C.$

例 4-26 求 $\int \tan x\,dx$.

解 $\int \tan x\,dx = \int \dfrac{\sin x}{\cos x}dx = \int \dfrac{1}{\cos x}d(-\cos x) = -\ln|\cos x| + C.$

例 4-27 求 $\int \cos x\sqrt{\sin x}\,dx$.

解 $\int \cos x\sqrt{\sin x}\,dx = \int \sqrt{\sin x}\,d(\sin x) = \dfrac{2}{3}\sin^{\frac{3}{2}}x + C = \dfrac{2}{3}\sqrt{\sin^3 x} + C.$

二、第二类换元积分法

例 4-28 求 $\int \dfrac{1}{1+\sqrt{x}}dx$.

分析：该题关键是把 $\int \dfrac{1}{1+\sqrt{x}}dx$ 被积函数中的根式去掉，转化为类似 $\int \dfrac{1}{1+t}dt$ 形式. 于是，设想令 $\sqrt{x}=t$，可将无理函数化为有理函数的积分.

解 设 $x=t^2, dx=dt^2=2tdt$

$\int \dfrac{1}{1+\sqrt{x}}dx = \int \dfrac{2t}{1+t}dt = \int(2-\dfrac{2}{1+t})dt = 2\int dt - 2\int \dfrac{1}{1+t}d(1+t)$

$= 2t - 2\ln|1+t| + C = 2\sqrt{x} - 2\ln|1+\sqrt{x}| + C.$（回代 $t=\sqrt{x}$）

上例解法的特点是进行换元 $\sqrt{x}=t$，得出 $x=t^2$ 从而把将无理函数化为有理函数 t 的积分，再用基本积分公式和第一换元法求解. 这种解法对于含有根式的积分具有普遍意义，一般地，我们有如下定理：

定理 4.2 设 $x=\psi(t)$ 是单调的可导函数，且在区间内部有 $\psi'(t)\neq 0$，又设 $f[\psi(t)]\psi'(t)$ 具有原函数 $F(t)$，则

$$\int f(x)\mathrm{d}x = F(\psi^{-1}(t)) + C.$$

其中, $t = \psi^{-1}(x)$ 为 $x = \psi(t)$ 的反函数.

具体步骤为: 令 $x = \psi(t)$, 则

$$\int f(x)\mathrm{d}x \xrightarrow[\text{换元}]{x=\psi(t)} \int f(\psi(t))\psi'(t)\mathrm{d}t \xrightarrow{\text{积分}} F(t) + C \xrightarrow[\text{回代}]{t=\psi^{-1}(x)} F(\psi^{-1}(x)) + C.$$

这种方法叫作第二换元法.

例 4-29 求 $\int \dfrac{1}{1+\sqrt[3]{x}}\mathrm{d}x$.

解 令 $t = \sqrt[3]{x}$ 则 $x = t^3, \mathrm{d}x = 3t^2\mathrm{d}t$

$$\begin{aligned}
\int \frac{1}{1+\sqrt[3]{x}}\mathrm{d}x &= \int \frac{3t^2}{1+t}\mathrm{d}t = 3\int \frac{t^2-1+1}{1+t}\mathrm{d}t \\
&= 3\int (t-1)\mathrm{d}t + 3\int \frac{1}{1+t}\mathrm{d}t \\
&= \frac{3}{2}t^2 - 3t + 3\ln|t+1| + C \\
&= \frac{3}{2}\sqrt[3]{x^2} - 3\sqrt[3]{x} + 3\ln|\sqrt[3]{x}+1| + C.
\end{aligned}$$

例 4-30 求 $\int \dfrac{2x+1}{\sqrt{x-1}}\mathrm{d}x$.

解 令 $t = \sqrt{x-1}, x = t^2+1, \mathrm{d}x = 2t\mathrm{d}t$, 则有

$$\begin{aligned}
\int \frac{2x+1}{\sqrt{x-1}}\mathrm{d}x &= \int \frac{2(t^2+1)+1}{t}2t\mathrm{d}t \\
&= \int (4t^2+6)\mathrm{d}t \\
&= \frac{4}{3}t^3 + 6t + C \\
&= \frac{4}{3}\sqrt{(x-1)^3} + 6\sqrt{x-1} + C.
\end{aligned}$$

例 4-31 求 $\int \sqrt{a^2-x^2}\mathrm{d}x$ $(a>0)$.

解 令 $x = a\sin t\left(-\dfrac{\pi}{2} \leqslant t \leqslant \dfrac{\pi}{2}\right)$, 如图 4-3 所示, 则

$$\sqrt{a^2-x^2} = a\cos t, \mathrm{d}x = a\cos t\mathrm{d}t,$$

因此有

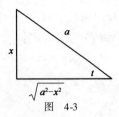

图 4-3

$$\begin{aligned}
\int \sqrt{a^2-x^2}\mathrm{d}x &= \int (a\cos t)(a\cos t)\mathrm{d}t \\
&= a^2\int \cos^2 t\mathrm{d}t \\
&= a^2\int \frac{1+\cos 2t}{2}\mathrm{d}t
\end{aligned}$$

$$= \frac{a^2}{2}t + \frac{a^2}{4}\sin 2t + C$$

$$= \frac{a^2}{2}t + \frac{a^2}{2}\sin t\cos t + C$$

$$= \frac{a^2}{2}\arcsin\frac{x}{a} + \frac{a^2}{2}\cdot\frac{x}{a}\cdot\frac{\sqrt{a^2-x^2}}{a} + C$$

$$= \frac{a^2}{2}\arcsin\frac{x}{a} + \frac{1}{2}x\sqrt{a^2-x^2} + C.$$

例 4-32 求 $\int\frac{1}{\sqrt{x^2-a^2}}dx\,(a>0)$.

解 令 $x = a\sec t\left(-\frac{\pi}{2}<t<\frac{\pi}{2}\right)$, $dx = a(\sec t)(\tan t)dt$, 如图 4-4 所示, 因此

$$\int\frac{1}{\sqrt{x^2-a^2}}dx = \int\frac{1}{a\tan t}(a\sec t)(\tan t)dt$$

$$= \int\sec t\,dt = \ln|\sec t + \tan t| + C$$

$$= \ln\left|x + \sqrt{x^2-a^2}\right| + C.$$

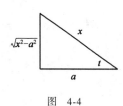

图 4-4

由以上例子可以看到, 当被积函数含有因式: $\sqrt{a^2-x^2}$, $\sqrt{x^2-a^2}$, $\sqrt{x^2+a^2}$ 时, 如果不能直接应用基本积分表中的公式, 我们往往可以利用三角函数来进行换元, 从而消去根式使被积表达式简化. 即当被积函数含有:

(1) $\sqrt{a^2-x^2}$, 可作变换 $x = a\sin t$, 或 $x = a\cos t$;

(2) $\sqrt{x^2-a^2}$, 可作变换 $x = a\sec t$, 或 $x = a\csc t$;

(3) $\sqrt{x^2+a^2}$, 可作变换 $x = a\tan t$, 或 $x = a\cot t$.

例 4-33 求 $\int\frac{1}{x^2\sqrt{4-x^2}}dx$.

解 令 $x = 2\sin t$, 则 $dx = 2\cos t\,dt$, $\sqrt{4-x^2} = 2\cos t$, 于是

$$\int\frac{1}{x^2\sqrt{4-x^2}}dx = \int\frac{2\cos t}{4\sin^2 t\cdot 2\cos t}dt$$

$$= \frac{1}{4}\int\csc^2 t\,dt$$

$$= -\frac{1}{4}\cot t + C = -\frac{1}{4}\cdot\frac{\sqrt{4-x^2}}{x} + C.$$

三、分部积分法

定理 4.3 设函数 $u = u(x)$, $v = v(x)$ 具有连续导数, 则有

$$(uv)' = u'v + uv' \quad 或 \quad d(uv) = v\,du + u\,dv,$$

两端求不定积分, 得

$$\int (uv)' dx = \int vu' dx + \int uv' dx \quad 或 \int d(uv) = \int v du + \int u dv.$$

即

$$\int u dv = uv - \int v du \quad 或 \quad \int uv' dx = uv - \int vu' dx.$$

该公式称为不定积分的分部积分公式.

例 4-34 求 $\int x e^x dx$.

解 令 $u = x, dv = e^x dx = d(e^x)$，则 $du = dx, v = e^x$. 因此，由分部积分公式可得

$$\int x e^x dx = x e^x - \int e^x dx = x e^x - e^x + C.$$

例 4-35 求 $\int x \cos x dx$.

解
$$\int x \cos x dx = \int x d\sin x$$
$$= x \sin x - \int \sin x dx$$
$$= x \sin x + \cos x + C.$$

例 4-36 求 $\int x^2 e^x dx$.

解
$$\int x^2 e^x dx = \int x^2 de^x$$
$$= x^2 e^x - \int e^x dx^2$$
$$= x^2 e^x - 2 \int x e^x dx$$
$$= x^2 e^x - 2(x e^x - \int e^x dx)$$
$$= x^2 e^x - 2x e^x + 2 e^x + C.$$

例 4-37 求 $\int x \sin 3x dx$.

解
$$\int x \sin 3x dx = \int x d\left(-\frac{1}{3}\cos 3x\right) = -\frac{x}{3}\cos 3x + \frac{1}{3}\int \cos 3x dx$$
$$= -\frac{x}{3}\cos 3x + \frac{1}{9}\sin 3x + C.$$

注意：由上面例题可以看出，当被积函数是幂函数与正弦(余弦)乘积或是幂函数与指数函数乘积，进行分部积分时，取幂函数为 u，其余部分取为 dv.

例 4-38 求 $\int x \ln x dx$.

解
$$\int x \ln x dx = \frac{1}{2}\int \ln x dx^2$$
$$= \frac{1}{2}\left[x^2 \ln x - \int x^2 d(\ln x)\right]$$

$$= \frac{1}{2}\left[x^2\ln x - \int x\mathrm{d}x\right]$$

$$= \frac{1}{2}x^2\ln x - \frac{1}{4}x^2 + C.$$

例 4-39 求 $\int \arctan x \mathrm{d}x$.

解 设 $u = \arctan x, \mathrm{d}v = \mathrm{d}x$,即 $v = x$,则

$$\int \arctan x \mathrm{d}x = x\arctan x - \int x \mathrm{d}(\arctan x)$$

$$= x\arctan x - \int \frac{x}{1+x^2}\mathrm{d}x$$

$$= x\arctan x - \frac{1}{2}\ln(1+x^2) + C.$$

注意:由上面两例可以看出,当被积函数是幂函数与对数函数乘积或是幂函数与反三角函数函数乘积,进行分部积分时,取对数函数或反三角函数为 u,其余部分取为 $\mathrm{d}v$.

例 4-40 求 $\int \mathrm{e}^x \sin x \mathrm{d}x$.

解 $\int \mathrm{e}^x \sin x \mathrm{d}x = \int \sin x \mathrm{d}\mathrm{e}^x = \mathrm{e}^x \sin x - \int \mathrm{e}^x \mathrm{d}\sin x$

$$= \mathrm{e}^x \sin x - \int \mathrm{e}^x \cos x \mathrm{d}x = \mathrm{e}^x \sin x - \int \cos x \mathrm{d}\mathrm{e}^x$$

$$= \mathrm{e}^x \sin x - (\mathrm{e}^x \cos x - \int \mathrm{e}^x \mathrm{d}\cos x)$$

因此

$$2\int \mathrm{e}^x \sin x \mathrm{d}x = \mathrm{e}^x(\sin x - \cos x) + C_1$$

故

$$\int \mathrm{e}^x \sin x \mathrm{d}x = \frac{1}{2}\mathrm{e}^x(\sin x - \cos x) + C.$$

注意:形式如上例题 $\int \mathrm{e}^{ax}\sin bx\mathrm{d}x, \int \mathrm{e}^{ax}\cos bx\mathrm{d}x$ 的不定积分,可以任意选择 u 和 $\mathrm{d}v$,但应注意,因为要使用两次分部积分公式,两次选择 u 和 $\mathrm{d}v$ 应保持一致.

例 4-41 计算 $\int \mathrm{e}^{\sqrt{3x+2}}\mathrm{d}x$.

解 令 $\sqrt{3x+2} = t$,则 $x = \frac{t^2-2}{3}$,所以 $\mathrm{d}x = \frac{2}{3}t\mathrm{d}t$,代入原式得

$$\int \mathrm{e}^{\sqrt{3x+2}}\mathrm{d}x = \frac{2}{3}\int t\mathrm{e}^t\mathrm{d}t.$$

再用分部积分法可得

$$\int \mathrm{e}^{\sqrt{3x+2}}\mathrm{d}x = \frac{2}{3}\int t\mathrm{e}^t\mathrm{d}t = \frac{2}{3}\int t\mathrm{d}\mathrm{e}^t = \frac{2}{3}t\mathrm{e}^t - \frac{2}{3}\int \mathrm{e}^t\mathrm{d}t$$

$$= \frac{2}{3}t\mathrm{e}^t - \frac{2}{3}\mathrm{e}^t + C = \frac{2}{3}(\sqrt{3x+2}-1)\mathrm{e}^{\sqrt{3x+2}} + C.$$

例 4-42 计算 $\int x^5 \cos x^3 dx$.

解 $\int x^5 \cos x^3 dx = \frac{1}{3}\int x^3 \cos x^3 d(x^3) = \frac{1}{3}\int x^3 d(\sin x^3)$

$= \frac{1}{3}x^3 \sin x^3 - \frac{1}{3}\int \sin x^3 dx^3 = \frac{1}{3}x^3 \sin x^3 + \frac{1}{3}\cos x^3 + C.$

上述几个例子表明,在积分过程中,往往要兼顾换元积分方法与分部积分法.

习题 4.2

1. 求下列不定积分.

(1) $\int (2x-3)^{10} dx$;

(2) $\int \sqrt{5x+1} dx$;

(3) $\int 2x e^{x^2+1} dx$;

(4) $\int x\sqrt{2x^2-5} dx$;

(5) $\int \frac{\sin\sqrt{x}}{\sqrt{x}} dx$;

(6) $\int \frac{e^{\frac{1}{x}}}{x^2} dx$;

(7) $\int \frac{e^x}{1+e^{2x}} dx$;

(8) $\int \sin x \cos x dx$;

(9) $\int \frac{1}{x^2+7x+12} dx$;

(10) $\int \frac{\ln x}{x} dx$.

2. 求下列不定积分.

(1) $\int \frac{1}{1+\sqrt{3x}} dx$;

(2) $\int \frac{\sqrt{x}}{1+x} dx$;

(3) $\int \frac{dx}{\sqrt{x}(1+\sqrt[3]{x})} dx$;

(4) $\int \frac{x}{\sqrt{2x+1}} dx$;

(5) $\int \frac{1}{x^2\sqrt{x^2-25}} dx$;

(6) $\int \frac{1+x}{x^2 \cdot \sqrt[3]{x}} dx$.

3. 求下列不定积分.

(1) $\int x \sin x dx$;

(2) $\int x \cos 7x dx$;

(3) $\int x e^{-x} dx$;

(4) $\int x^2 \ln x dx$;

(5) $\int x \arctan x dx$;

(6) $\int e^x \cos x dx$.

第三节 定积分的概念和性质

一、定积分的概念

1. 曲边梯形的面积

设 $y = f(x)$ 在 $[a,b]$ 上非负、连续. 由曲线 $y = f(x)$, 直线 $x = a$, $x = b$ 以及 x 轴所围成的平面图形, 称为曲边梯形.

计算曲边梯形面积的思路:用矩形面积近似取代曲边梯形面积,显然,小矩形越多,矩形总面积越接近曲边梯形面积.

(1) 分割

在区间 $[a,b]$ 内插入 $n-1$ 个分点使得 $a = x_0 < x_1 < x_2 < x_3 < \cdots < x_{n-1} < x_n = b$.

这些分点把区间 $[a,b]$ 分成 n 个小区间 $[x_{i-1},x_i]$ $(i=1,2,\cdots,n)$,各小区间 $[x_{i-1},x_i]$ 的长度依次记为 $\Delta x_i = x_i - x_{i-1}(i=1,2,\cdots,n)$.过各个分点作垂直于 x 轴的直线,将整个曲边梯形分成 n 个小曲边梯形(图 4-5),小曲边梯形的面积记为 $\Delta A_i(i=1,2,\cdots,n)$.

(2) 近似

在每个小区间 $[x_{i-1},x_i]$ 上任意取一点 $\xi_i(x_{i-1} \leqslant \xi_i \leqslant x_i)$,作以 $f(\xi_i)$ 为高,底边为 Δx_i 的小矩形,其面积为 $f(\xi_i)\Delta x_i$,它可作为同底的小曲边梯形的近似值,即

$$\Delta A_i \approx f(\xi_i)\Delta x_i \quad (i=1,2,\cdots,n).$$

(3) 求和

把 n 个小矩形的面积加起来,就得到整个曲边梯形面积 A 的近似值:

$$A = \sum_{i=1}^{n} \Delta A_i \approx \sum_{i=1}^{n} f(\xi_i)\Delta x_i.$$

(4) 取极限

记 $\lambda = \max\{\Delta x_1, \Delta x_2, \cdots, \Delta x_n\}$,则当 $\lambda \to 0$ 时,每个小区间 $[x_{i-1},x_i]$ 的长度 Δx_i 也趋于零.此时和式 $\sum_{i=1}^{n} f(\xi_i)\Delta x_i$ 的极限便是所求曲边梯形面积 A 的精确值,即

$$A = \lim_{\lambda \to 0} \sum_{i=1}^{n} f(\xi_i)\Delta x_i.$$

2. 变力所做的功

设质点受力 F 的作用沿 x 轴由点 a 移动到点 b,F 为变力(图 4-6),它连续依赖于质点所在位置的坐标 x,即 $F = F(x), x \in [a,b]$ 为一连续函数,此时 F 对质点所做的功 W 又该如何计算?F 虽然是变力,但在很短一段间隔内 Δx,F 的变化不大,可近似看作是常力做功问题.按照求曲边梯形面积类似的思想:

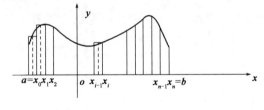

图 4-5

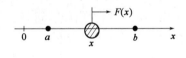

图 4-6

(1) 分割

$$a < x_1 < \cdots < x_{i-1} < x_i < \cdots < x_n = b.$$

当每个小区间的长度都很小时,小区间 $[x_{i-1},x_i]$ 上的力 $F(x) \approx F(\xi_i), \xi_i \in [x_{i-1},x_i]$.

(2) 近似

在 $[x_{i-1},x_i]$ 上,很短一段间隔内 Δx,F 的变化不大,可近似看作是常力做功问题

$$\Delta W_i \approx F(\xi_i)\Delta x_i$$

(3) 求和

力 F 在 $[a,b]$ 上做的功,把 n 个小常力做功加起来,就得到整个区间上做功近似值

$$W = \sum_{i=1}^{n} \Delta W_i \approx \sum_{i=1}^{n} F(\xi_i) \Delta x_i.$$

(4) 取极限

记 $\lambda = \max\{\Delta x_1, \Delta x_2, \cdots, \Delta x_n\}$,则当 $\lambda \to 0$ 时,每个小区间 $[x_{i-1}, x_i]$ 的长度 Δx_i 也趋于零. 此时和式 $\sum_{i=1}^{n} F(\xi_i) \Delta x_i$ 的极限便是所求变力所做的功的精确值,即

$$W = \lim_{\lambda \to 0} \sum_{i=1}^{n} F(\xi_i) \Delta x_i.$$

从上面两个例子看出,不管是求曲边梯形的面积或是计算变力作的功,它们都归结为对问题的某些量进行"分割、近似、求和、取极限",或者说都归结为寻求一种特定的和式极限问题,形如

$$\lim_{\lambda \to 0} \sum_{i=1}^{n} f(\xi_i) \Delta x_i.$$

3. 定积分的定义

定义 4.3 设函数 $y = f(x)$ 在区间 $[a,b]$ 上有界,在 $[a,b]$ 上插入若干个分点

$$a = x_0 < x_1 < x_2 < x_3 < \cdots < x_{n-1} < x_n = b,$$

将区间 $[a,b]$ 分成 n 个小区间 $[x_0, x_1], [x_1, x_2], \cdots, [x_{n-1}, x_n]$,各小区间的长度依次记为 $\Delta x_i = x_i - x_{i-1} (i = 1, 2, \cdots, n)$,在每个小区间上任取一点 $\xi_i (x_{i-1} \leq \xi_i \leq x_i)$,作乘积 $f(\xi_i) \Delta x_i$ $(i = 1, 2, \cdots, n)$. 并作出和式 $\sum_{i=1}^{n} f(\xi_i) \Delta x_i$.

记 $\lambda = \max_{1 \leq i \leq n} \{\Delta x_i\}$,如果不论对区间 $[a,b]$ 怎样分法,也不论在小区间 $[x_{i-1}, x_i]$ 上点 ξ_i 怎样取法,只要当 $\lambda \to 0$ 时,和式 $\sum_{i=1}^{n} f(\xi_i) \Delta x_i$ 总趋于确定的值 I,则称 $f(x)$ 在 $[a,b]$ 上可积,称此极限值 I 为函数 $f(x)$ 在 $[a,b]$ 上的定积分,记作 $\int_a^b f(x) \, dx$,即

$$\int_a^b f(x) \, dx = \lim_{\lambda \to 0} \sum_{i=1}^{n} f(\xi_i) \Delta x_i.$$

其中 $f(x)$ 称为被积函数,$f(x) dx$ 称为被积表达式,x 称为积分变量,a 称为积分下限,b 称为积分上限,$[a,b]$ 称为积分区间.

函数可积的两个充分条件:

(1) 设 $f(x)$ 在 $[a,b]$ 上连续,则 $f(x)$ 在 $[a,b]$ 上可积.

(2) 设 $f(x)$ 在 $[a,b]$ 上有界,且只有有限个间断点,则 $f(x)$ 在 $[a,b]$ 上可积.

注意:

(1) 积分与积分变量无关,即:$\int_a^b f(x) \, dx = \int_a^b f(t) \, dt = \int_a^b f(u) \, du$.

(2) 函数 $f(x)$ 在区间 $[a,b]$ 上可积是指定积分 $\int_a^b f(x) \, dx$ 存在,即不论对区间 $[a,b]$ 怎样划分及点 ξ_i 如何选取,当 $\lambda \to 0$ 时,和式 $\sum_{i=1}^{n} f(\xi_i) \Delta x_i$ 的极限值都唯一存在.

4. 定积分的几何意义

(1) 若在 $[a,b]$ 上 $f(x) \geq 0$,定积分 $\int_a^b f(x) \, dx$ 等于以 $y = f(x)$ 为曲边的 $[a,b]$ 上的曲边梯

形的面积 A，即 $\int_a^b f(x)\,dx = A$.

(2) 若在 $[a,b]$ 上 $f(x) \leqslant 0$，因 $f(\xi_i) \leqslant 0$，从而 $\sum_{i=1}^{n} f(\xi_i)\Delta x_i \leqslant 0$，$\int_a^b f(x)\,dx \leqslant 0$. 此时 $\int_a^b f(x)\,dx$ 等于由曲线 $y=f(x)$，直线 $x=a,x=b,y=0$ 所围成的曲边梯形的面积 A 的相反数（图4-7）.

(3) 若在 $[a,b]$ 上 $f(x)$ 有正有负，则 $\int_a^b f(x)\,dx$ 等于曲线 $y=f(x)$，直线 $x=a,x=b,y=0$ 所围成的各部分面积的代数和. 例如，对图4-8有

$$\int_a^b f(x)\,dx = \int_a^{x_1} f(x)\,dx + \int_{x_1}^{x_2} f(x)\,dx + \int_{x_2}^{b} f(x)\,dx = -A_1 + A_2 - A_3.$$

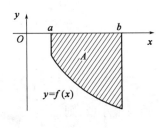

图 4-7

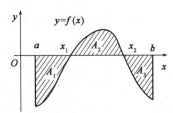

图 4-8

二、定积分的基本性质

为方便定积分计算及应用，作如下补充规定：

(1) 当 $a=b$ 时，$\int_a^b f(x)\,dx = 0$；

(2) 当 $a>b$ 时，$\int_a^b f(x)\,dx = -\int_b^a f(x)\,dx$.

性质1 函数和（差）的定积分等于它们的定积分的和（差），即

$$\int_a^b [f(x) \pm g(x)]\,dx = \int_a^b f(x)\,dx \pm \int_a^b g(x)\,dx$$

证 $\int_a^b [f(x) \pm g(x)]\,dx = \lim_{\lambda \to 0} \sum_{i=1}^{n} [f(\xi_i) \pm g(\xi_i)]\Delta x_i$

$= \lim_{\lambda \to 0} \sum_{i=1}^{n} f(\xi_i)\Delta x_i \pm \lim_{\lambda \to 0} \sum_{i=1}^{n} g(\xi_i)\Delta x_i$

$= \int_a^b f(x)\,dx \pm \int_a^b g(x)\,dx.$

性质2 被积函数的常数因子可以提到积分号外面，即

$$\int_a^b kf(x)\,dx = k\int_a^b f(x)\,dx\ (k\ \text{是常数}).$$

性质3 如果将积分区间分成两部分，则在整个区间上的定积分等于这两个区间上定积分之和，即，对于任意点 c，有 $\int_a^b f(x)\,dx = \int_a^c f(x)\,dx + \int_c^b f(x)\,dx.$

注意:无论 a,b,c 的相对位置如何,总有上述等式成立.

性质 4 如果在区间 $[a,b]$ 上,$f(x)\equiv 1$,则 $\int_a^b f(x)\mathrm{d}x = \int_a^b \mathrm{d}x = b-a$.

性质 5 如果在区间 $[a,b]$ 上,$f(x)\geq 0$,则
$$\int_a^b f(x)\mathrm{d}x \geq 0 \quad (a<b).$$

证明 因 $f(x)\geq 0$,故 $f(\xi_i)\geq 0(i=1,2,3,\cdots,n)$,又因
$$\Delta x_i \geq 0(i=1,2,\cdots,n),$$
故
$$\sum_{i=1}^n f(\xi_i)\Delta x_i \geq 0,$$
设 $\lambda = \max\{\Delta x_1,\Delta x_2,\cdots,\Delta x_n\}$,$\lambda\to 0$ 时,即可证命题.

推论 1 如果在 $[a,b]$ 上,$f(x)\leq g(x)$,则
$$\int_a^b f(x)\mathrm{d}x \leq \int_a^b g(x)\mathrm{d}x.$$

推论 2 $\left|\int_a^b f(x)\mathrm{d}x\right| \leq \int_a^b |f(x)|\mathrm{d}x \ (a<b).$

性质 6 设 M 与 m 分别是函数 $f(x)$ 在 $[a,b]$ 上的最大值及最小值,则
$$m(b-a) \leq \int_a^b f(x)\mathrm{d}x \leq M(b-a) \quad (a<b)$$

性质 7(定积分中值定理) 如果函数 $f(x)$ 在闭区间 $[a,b]$ 上连续,则在积分区间 $[a,b]$ 上至少存在一点 ξ,使得
$$\int_a^b f(x)\mathrm{d}x = f(\xi)(b-a) \quad (a\leq \xi \leq b)$$

证明 因为函数 $f(x)$ 在闭区间 $[a,b]$ 上连续,根据闭区间上连续函数的最大值和最小值定理,$f(x)$ 在 $[a,b]$ 上一定有最大值 M 和最小值 m,由性质 6,有
$$m(b-a)\leq \int_a^b f(x)\mathrm{d}x \leq M(b-a),$$
$$\therefore m \leq \frac{1}{b-a}\int_a^b f(x)\mathrm{d}x \leq M.$$

即数值 $\frac{1}{b-a}\int_a^b f(x)\mathrm{d}x$ 介于 $f(x)$ 在 $[a,b]$ 上的最大值 M 和最小值 m 之间. 根据闭区间上连续函数的介值定理,至少存在一点 ξ,使得

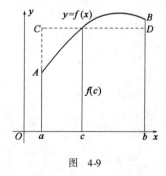

图 4-9

$$f(\xi) = \frac{1}{(b-a)}\int_a^b f(x)\mathrm{d}x$$

即
$$\int_a^b f(x)\mathrm{d}x = f(\xi)(b-a) \quad (a\leq \xi \leq b).$$

积分中值定理的几何意义:在 $[a,b]$ 上至少存在一点 c,使得曲边梯形的面积等于同一底边而高为 $f(c)$ 的矩形的面积(图 4-9).

例 4-43 比较定积分值的大小：(1) $\int_0^1 x\mathrm{d}x$ 与 $\int_0^1 x^2\mathrm{d}x$；(2) $\int_0^{\frac{\pi}{2}} x\mathrm{d}x$ 与 $\int_0^{\frac{\pi}{2}} \sin x\mathrm{d}x$.

解

(1) 因为在 $(0,1)$ 上，$x^2 < x$，

所以
$$\int_0^1 x\mathrm{d}x > \int_0^1 x^2\mathrm{d}x.$$

(2) 因为在 $\left(0, \dfrac{\pi}{2}\right)$，$\sin x < x$，

所以
$$\int_0^{\frac{\pi}{2}} x\mathrm{d}x > \int_0^{\frac{\pi}{2}} \sin x\mathrm{d}x.$$

例 4-44 证明下列不等式：

(1) $1 < \int_0^1 \mathrm{e}^{x^2}\mathrm{d}x < \mathrm{e}$；

(2) $1 < \int_0^{\frac{\pi}{2}} \dfrac{\sin x}{x}\mathrm{d}x < \dfrac{\pi}{2}$；

证

(1) 因为 $1 = \mathrm{e}^0 < \mathrm{e}^{x^2} < \mathrm{e}^1 = \mathrm{e}$，$x \in (0,1)$.

故
$$1 = \int_0^1 1\mathrm{d}x < \int_0^1 \mathrm{e}^{x^2}\mathrm{d}x < \int_0^1 \mathrm{e}\mathrm{d}x = \mathrm{e}.$$

(2) 由于 $\dfrac{2}{\pi} < \dfrac{\sin x}{x} < 1$，$x \in \left(0, \dfrac{\pi}{2}\right)$，

故
$$1 = \int_0^{\frac{\pi}{2}} \dfrac{2}{\pi}\mathrm{d}x < \int_0^{\frac{\pi}{2}} \dfrac{\sin x}{x}\mathrm{d}x < \int_0^{\frac{\pi}{2}} \mathrm{d}x = \dfrac{\pi}{2}.$$

例 4-45 估计积分 $\int_0^\pi \dfrac{1}{3 + \sin^3 x}\mathrm{d}x$ 的值.

解 设 $f(x) = \dfrac{1}{3 + \sin^3 x}$，$\forall x \in [0, \pi]$，$0 \leqslant \sin^3 x \leqslant 1$，

$$\dfrac{1}{4} \leqslant \dfrac{1}{3 + \sin^3 x} \leqslant \dfrac{1}{3}, \quad \int_0^\pi \dfrac{1}{4}\mathrm{d}x \leqslant \int_0^\pi \dfrac{1}{3 + \sin^3 x}\mathrm{d}x \leqslant \int_0^\pi \dfrac{1}{3}\mathrm{d}x,$$

$\therefore \dfrac{\pi}{4} \leqslant \int_0^\pi \dfrac{1}{3 + \sin^3 x}\mathrm{d}x \leqslant \dfrac{\pi}{3}.$

习题 4.3

1. 利用定积分的几何意义说明下列等式成立.

(1) $\int_1^3 (1 + x)\mathrm{d}x = 6$；

(2) $\int_{-1}^2 |2x|\mathrm{d}x = 5$；

(3) $\int_{-\pi}^{\pi} \sin x \mathrm{d}x = 0$; (4) $\int_{0}^{2} \sqrt{4-x^2}\, \mathrm{d}x = \pi$.

2. 不计算定积分的值,比较下列各题中两定积分值的大小.

(1) $\int_{1}^{3} x^2 \mathrm{d}x$ 与 $\int_{1}^{3} x^3 \mathrm{d}x$; (2) $\int_{0}^{\frac{\pi}{4}} \cos x \mathrm{d}x$ 与 $\int_{0}^{\frac{\pi}{4}} \sin x \mathrm{d}x$;

3. 利用定积分的性质定理估计下列定积分的值.

(1) $\int_{0}^{2} x^3 \mathrm{d}x$; (2) $\int_{\frac{\pi}{6}}^{\frac{\pi}{3}} \cos x \mathrm{d}x$; (3) $\int_{-2}^{1} \mathrm{e}^{-x^2} \mathrm{d}x$.

第四节 定积分的换元法和分部积分法

一、微积分基本公式

1. 积分上限函数及其导数

定理 4.4 如果函数 $f(x)$ 在区间 $[a,b]$ 上连续,则积分上限函数

$$\Phi(x) = \int_{a}^{x} f(t) \mathrm{d}t$$

在 $[a,b]$ 上具有导数,并且它的导数是

$$\Phi'(x) = \frac{\mathrm{d}}{\mathrm{d}x} \int_{a}^{x} f(t) \mathrm{d}t = f(x) \quad (a \leqslant x \leqslant b). \tag{4-1}$$

证 当 $x \in (a,b)$ 时,

$$\Delta \Phi(x) = \Phi(x + \Delta x) - \Phi(x) = \int_{a}^{x+\Delta x} f(t) \mathrm{d}t - \int_{a}^{x} f(t) \mathrm{d}t$$

$$= \int_{x}^{x+\Delta x} f(t) \mathrm{d}t = f(\xi) \Delta x. \quad (根据积分中值定理)$$

ξ 在 x 与 $x + \Delta x$ 之间,把上式两端各除以 Δx,则有

$$\frac{\Delta \Phi(x)}{\Delta x} = f(\xi).$$

$\Delta x \to 0$ 时,有 $\Phi'(x) = f(x)$.

由定理 4.4 可引出原函数存在定理.

定理 4.5 如果函数 $f(x)$ 在区间 $[a,b]$ 上连续,则函数

$$\Phi(x) = \int_{a}^{x} f(t) \mathrm{d}t$$

就是 $f(x)$ 的一个原函数.

2. 牛顿-莱布尼茨公式(Newton-Leibniz 公式)

定理 4.6 如果函数 $F(x)$ 是连续函数 $f(x)$ 在区间 $[a,b]$ 上的一个原函数,则

$$\int_{a}^{b} f(x) \mathrm{d}x = F(b) - F(a).$$

证 因 $F(x)$ 与 $\Phi(x)$ 均是 $f(x)$ 原函数,故

$$F(x) - \Phi(x) = C \quad (a \leqslant x \leqslant b).$$

$$\int_a^x f(t)\,dt = F(x) + C.$$

又因为

$$\int_a^a f(t)\,dt = F(a) + C = 0, \text{所以 } C = -F(a).$$

于是有

$$\int_a^x f(t)\,dt = F(x) - F(a).$$

所以 $\int_a^b f(x)\,dx = F(b) - F(a)$ 成立.

为方便起见,通常把 $F(b) - F(a)$ 简记为 $F(x)\big|_a^b$ 或 $[F(x)]_a^b$,所以公式可改写为

$$\int_a^b f(x)\,dx = F(x)\big|_a^b = F(b) - F(a).$$

上述公式就是 Newton-Leibniz 公式,也称作微积分基本公式.

例 4-46 求 $\int_0^{\frac{\pi}{2}} \cos x\,dx$.

解 $\int_0^{\frac{\pi}{2}} \cos x\,dx = \sin x \big|_0^{\frac{\pi}{2}} = 1.$

例 4-47 求 $\int_0^1 (2x+3)\,dx$.

解 $\int_0^1 (2x+3)\,dx = (x^2 + 3x)\big|_0^1 = 4.$

例 4-48 求 $\int_1^2 \frac{2}{x}\,dx$.

解 $\int_1^2 \frac{2}{x}\,dx = 2\ln|x|\big|_1^2 = 2\ln 2.$

例 4-49 计算 $y = \sin x$ 在 $[0,\pi]$ 上与 x 轴所围成平面图形的面积.

解 $A = \int_0^\pi \sin x\,dx = -\cos x\big|_0^\pi = 2.$

例 4-50 求 $\int_{-1}^2 |x|\,dx$.

解 $\int_{-1}^2 |x|\,dx = \int_{-1}^0 (-x)\,dx + \int_0^2 x\,dx = -\left[\frac{x^2}{2}\right]_{-1}^0 + \left[\frac{x^2}{2}\right]_0^2 = \frac{5}{2}.$

二、定积分的换元法

定理 4.7 设 $f(x)$ 在区间 $[a,b]$ 上连续,函数 $x = \varphi(t)$ 在区间 $[\alpha,\beta]$ 上是单值,且有连续导数,同时满足 $a = \varphi(\alpha), b = \varphi(\beta)$,当 t 在 $[\alpha,\beta]$ 上变化时,x 在 $[a,b]$ 上变化,则有

$$\int_a^b f(x)\,dx = \int_\alpha^\beta f(\varphi(t))\varphi'(t)\,dt.$$

上述公式称为定积分的换元积分公式.

注意:

(1) 定积分的换元法在换元后,积分上下限也要做相应的变换,即"换元必换限".

(2) 定积分在换元之后,按新的积分变量进行定积分运算,不必像不定积分那样再还原为原变量.

例 4-51 求 (1) $\int_0^1 xe^{x^2}dx$; (2) $\int_0^2 (1-2x)^7 dx$;

(3) $\int_1^e \frac{2+\ln x}{x}dx$ ($a>0$); (4) $\int_0^4 \frac{1}{1+\sqrt{x}}dx$.

解 (1) $\int_0^1 xe^{x^2}dx = \frac{1}{2}\int_0^1 e^{x^2}dx^2 = \frac{1}{2}e^{x^2}\Big|_0^1 = \frac{1}{2}e - \frac{1}{2}$.

(2) $\int_0^2 (1-2x)^7 dx = -\frac{1}{2}\int_0^2 (1-2x)^7 d(1-2x) = -\frac{1}{16}(1-2x)^8\Big|_0^2 = \frac{1^8-3^8}{16} = \frac{1-3^8}{16}$.

(3) $\int_1^e \frac{2+\ln x}{x}dx = \int_1^e \left(\frac{2}{x} + \frac{\ln x}{x}\right)dx = \left(2\ln|x| + \frac{1}{2}\ln^2 x\right)\Big|_1^e = \frac{5}{2}$.

注: 定积分换元法中,若未引入新变量,则积分上、下限不变,如例 4.51 的 (1). (2). (3).

(4) 设 $t = \sqrt{x}, x = t^2, dx = 2tdt$,

当 $x=0$ 时,$t=0$;当 $x=4$ 时,$t=2$. 则

$$\int_0^4 \frac{1}{1+\sqrt{x}}dx = \int_0^2 \frac{2t}{1+t}dt = 2t\Big|_0^2 - 2\int_0^2 \frac{1}{1+t}d(t+1)$$

$$= 4 - 2\ln|t+1|\Big|_0^2 = 4 - 2\ln 3.$$

注: 不定积分第二换元法必须回代,而定积分则不必.

例 4-52 设 $f(x)$ 在 $[-a,a]$ 上连续,证明:

(1) 如果 $f(x)$ 是 $[-a,a]$ 上的偶函数,则 $\int_{-a}^a f(x)dx = 2\int_0^a f(x)dx$;

(2) 如果 $f(x)$ 是 $[-a,a]$ 上的奇函数,则 $\int_{-a}^a f(x)dx = 0$.

证 因为 $\int_{-a}^a f(x)dx = \int_{-a}^0 f(x)dx + \int_0^a f(x)dx$,对积分 $\int_{-a}^0 f(x)dx$ 做变量代换 $x = -t$,则

$$\int_{-a}^0 f(x)dx = -\int_a^0 f(-t)dt = \int_0^a f(-t)dt = \int_0^a f(-x)dx.$$

于是 $\int_{-a}^a f(x)dx = \int_0^a f(-x)dx + \int_0^a f(x)dx = \int_0^a [f(-x)+f(x)]dx$.

(1) 当 $f(x)$ 为偶函数时,即 $f(-x)=f(x)$,则 $f(x)+f(-x)=2f(x)$,所以

$$\int_{-a}^a f(x)dx = 2\int_0^a f(x)dx.$$

(2) 当 $f(x)$ 为奇函数,即 $f(-x) = -f(x)$,则 $f(x)+f(-x)=0$,所以

$$\int_{-a}^a f(x)dx = 0.$$

例 4-53 求 $\int_{-1}^{1} \dfrac{x^2 \sin x}{1+x^2} dx$.

解 ∵ $\sin x$ 为奇函数；x^2 和 $(1+x^2)$ 为偶函数；

∴ $\dfrac{x^2 \sin x}{1+x^2}$ 为奇函数；根据例 4.52 的结论，$\int_{-1}^{1} \dfrac{x^2 \sin x}{1+x^2} dx = 0$.

注：常见奇函数有：$\sin x, x^3, kx, \tan x$；偶函数：$\cos x, x^2, 1+x^2, C$.

三、定积分分部积分法

定理 4.8 设函数 $u(x), v(x)$ 在区间 $[a,b]$ 上具有连续导数 $u'(x)$ 和 $v'(x)$，则
$$\int_a^b u dv = uv \Big|_a^b - \int_a^b v du.$$

该式称为定积分的分部积分公式.

例 4-54 求 $\int_0^1 x e^x dx$.

解 $\int_0^1 x e^x dx = (x e^x) \Big|_0^1 - \int_0^1 e^x dx$

$= e - e^x \Big|_0^1 = 1.$

例 4-55 求 $\int_0^1 \arcsin x dx$.

解 $\int_0^1 \arcsin x dx = (x \arcsin x) \Big|_0^1 - \int_0^1 \dfrac{x dx}{\sqrt{1-x^2}}$

$= \dfrac{\pi}{2} + \dfrac{1}{2} \int_0^1 \dfrac{d(1-x^2)}{\sqrt{1-x^2}} = \dfrac{\pi}{2} + \sqrt{1-x^2} \Big|_0^1 = \dfrac{\pi}{2} - 1.$

例 4-56 求 $\int_0^1 e^{\sqrt{x}} dx$.

解 设 $\sqrt{x} = t$，当 $x=0$ 时 $t=0$；当 $x=1$ 时，$t=1$. 则

$$\int_0^1 e^{\sqrt{x}} dx = \int_0^1 e^t dt^2 = 2 \int_0^1 t e^t dt$$

$$= 2 \int_0^1 t de^t$$

$$= 2[te^t]_0^1 - 2\int_0^1 e^t dt$$

$$= 2e - 2(e-1)$$

$$= 2.$$

例 4-57 求 $\int_{\frac{1}{e}}^{e} |\ln x| dx$.

解 $\int_{\frac{1}{e}}^{e} |\ln x| dx = \int_{\frac{1}{e}}^{1} (-\ln x) dx + \int_1^e \ln x dx$

$= -(x\ln x - x) \Big|_{\frac{1}{e}}^{1} + (x\ln x - x) \Big|_1^e = 2(1 - e^{-1}).$

例 4-58 设函数 $f(x) = \begin{cases} xe^x, x > 0 \\ e^{-x}, x \leq 0 \end{cases}$,求 $\int_{-1}^{1} f(x) dx$.

解 $\int_{-1}^{1} f(x) dx = \int_{-1}^{0} e^{-x} dx + \int_{0}^{1} xe^x dx$

$$= -e^{-x}\Big|_{-1}^{0} + (xe^x)\Big|_{0}^{1} - \int_{0}^{1} e^x dx$$

$$= e - 1 + e - e^x\Big|_{0}^{1}$$

$$= 2e - 1 - e + 1$$

$$= e.$$

习题 4.4

求下列定积分的值.

(1) $\int_{1}^{2} (x+1)^2 dx$;

(2) $\int_{1}^{2} (x + \frac{1}{x})^2 dx$;

(3) $\int_{0}^{1} xe^{\frac{x^2}{2}} dx$;

(4) $\int_{0}^{1} (1+2x)^4 dx$;

(5) $\int_{3}^{8} \frac{\sqrt{x+1}}{x} dx$;

(6) $\int_{0}^{\frac{\pi}{2}} \frac{\cos x}{1+\sin^2 x} dx$;

(7) $\int_{0}^{1} x^2 \sqrt{1-x^2} dx$;

(8) $\int_{0}^{1} xe^{\frac{x}{2}} dx$;

(9) $\int_{1}^{e} x\ln x dx$;

(10) $\int_{-1}^{1} x\cos x dx$;(专升本)

(11) $\int_{-\pi}^{\pi} \sin x\cos x dx$;(专升本)

(12) $\int_{-1}^{1} (2\sin x^5 + 3) dx$;(专升本)

(13) 记 $\Phi(x) = \int_{0}^{x} (x-t)\cos t dt$,求 $\Phi'(x)$.(专升本)

第五节 广义积分

一、无穷区间上的广义积分

定义 4.4 设函数 $f(x)$ 在区间 $[a, +\infty)$ 上连续,取 $b > a$. 如果极限

$$\lim_{b \to +\infty} \int_{a}^{b} f(x) dx$$

存在,则称此极限为函数 $f(x)$ 在无穷区间 $[a, +\infty)$ 上的广义积分,记作 $\int_{a}^{+\infty} f(x) dx$,即

$$\int_{a}^{+\infty} f(x) dx = \lim_{b \to +\infty} \int_{a}^{b} f(x) dx.$$

这时也称广义积分 $\int_{a}^{+\infty} f(x) dx$ 收敛;如果上述极限不存在,函数 $f(x)$ 在无穷区间 $[a, +\infty)$ 上的广义积分 $\int_{a}^{+\infty} f(x) dx$ 就没有意义,习惯上称为广义积分 $\int_{a}^{+\infty} f(x) dx$ 发散.

类似地,设函数 $f(x)$ 在区间 $(-\infty, b]$ 上连续,取 $a < b$. 如果极限

$$\lim_{a \to -\infty} \int_a^b f(x)\mathrm{d}x$$

存在,则称此极限为函数 $f(x)$ 在无穷区间 $(-\infty, b]$ 上的广义积分,记作 $\int_{-\infty}^b f(x)\mathrm{d}x$,即

$$\int_{-\infty}^b f(x)\mathrm{d}x = \lim_{a \to -\infty} \int_a^b f(x)\mathrm{d}x.$$

这时也称广义积分 $\int_{-\infty}^b f(x)\mathrm{d}x$ 收敛;如果上述极限不存在,就称广义积分 $\int_{-\infty}^b f(x)\mathrm{d}x$ 发散.

定义 4.5 设函数 $f(x)$ 在区间 $(-\infty, +\infty)$ 上连续,如果广义积分

$$\int_{-\infty}^c f(x)\mathrm{d}x \text{ 和 } \int_c^{+\infty} f(x)\mathrm{d}x$$

都收敛,则称上述两广义积分之和为函数 $f(x)$ 在无穷区间 $(-\infty, +\infty)$ 上的广义积分,记作 $\int_{-\infty}^{+\infty} f(x)\mathrm{d}x$,即

$$\int_{-\infty}^{+\infty} f(x)\mathrm{d}x = \int_{-\infty}^c f(x)\mathrm{d}x + \int_c^{+\infty} f(x)\mathrm{d}x$$

$$= \lim_{a \to -\infty} \int_a^c f(x)\mathrm{d}x + \lim_{b \to +\infty} \int_c^b f(x)\mathrm{d}x.$$

这时也称广义积分 $\int_{-\infty}^{+\infty} f(x)\mathrm{d}x$ 收敛;否则就称广义积分 $\int_{-\infty}^{+\infty} f(x)\mathrm{d}x$ 发散.

例 4-59 计算广义积分 $\int_{-\infty}^{+\infty} \frac{1}{1+x^2}\mathrm{d}x$.

解
$$\int_{-\infty}^{+\infty} \frac{1}{1+x^2}\mathrm{d}x = \int_{-\infty}^0 \frac{1}{1+x^2}\mathrm{d}x + \int_0^{+\infty} \frac{1}{1+x^2}\mathrm{d}x$$

$$= \lim_{a \to -\infty} \int_a^0 \frac{1}{1+x^2}\mathrm{d}x + \lim_{b \to +\infty} \int_0^b \frac{1}{1+x^2}\mathrm{d}x$$

$$= \lim_{a \to -\infty} [\arctan x]_a^0 + \lim_{b \to +\infty} [\arctan x]_0^b$$

$$= -\left(-\frac{\pi}{2}\right) + \frac{\pi}{2} = \pi.$$

例 4-60 计算广义积分 $\int_0^{+\infty} t\mathrm{e}^{-pt}\mathrm{d}t$ (p 是常数,且 $p > 0$).

解
$$\int_0^{+\infty} t\mathrm{e}^{-pt}\mathrm{d}t = \lim_{b \to +\infty} \int_0^b t\mathrm{e}^{-pt}\mathrm{d}t$$

$$= \lim_{b \to +\infty} \left[\left(-\frac{t}{p}\mathrm{e}^{-pt}\right)\Big|_0^b + \frac{1}{p}\int_0^b \mathrm{e}^{-pt}\mathrm{d}t\right]$$

$$= \left[-\frac{t}{p}\mathrm{e}^{-pt}\right]_0^{+\infty} - \frac{1}{p^2}[\mathrm{e}^{-pt}]_0^{+\infty}$$

$$= -\frac{1}{p}\lim_{t \to +\infty} t\mathrm{e}^{-pt} - 0 - \frac{1}{p^2}(0-1) = \frac{1}{p^2}.$$

例 4-61 讨论积分 $\int_a^{+\infty} \frac{\mathrm{d}x}{x^p}(a > 0)$ 的收散性(p 为实数).

解 当 $p = 1$ 时，$\int_a^{+\infty} \frac{1}{x^p} dx = \int_a^{+\infty} \frac{1}{x} dx = \ln x \Big|_a^{+\infty} = +\infty$；

当 $p \neq 1$ 时，$\int_a^{+\infty} \frac{1}{x^p} dx = \frac{x^{1-p}}{1-p}\Big|_a^{+\infty} = \begin{cases} +\infty, & p < 1; \\ \frac{a^{1-p}}{p-1}, & p > 1. \end{cases}$

所以，广义积分 $\int_a^{+\infty} \frac{1}{x^p} dx (a > 0)$ 当 $p > 1$ 时收敛；当 $p \leq 1$ 时发散.

二、被积函数有无穷间断点的广义积分

定义 4.6 设 $f(x)$ 在 a 的左（或右）邻域有定义，若 $\lim\limits_{x \to a^-} f(x)$ 或 $\lim\limits_{x \to a^+} f(x)$ 不存在，则称 a 为 $f(x)$ 的奇点或瑕点.

定义 4.7 设函数 $f(x)$ 在 $x = a$ 右邻域内无界，取 $\varepsilon > 0$，如果极限 $\lim\limits_{\varepsilon \to 0^+} \int_{a+\varepsilon}^b f(x) dx$ 存在，则称此极限为 $f(x)$ 在 $(a, b]$ 上的广义积分（或瑕积分），即

$$\int_a^b f(x) dx = \lim_{\varepsilon \to 0^+} \int_{a+\varepsilon}^b f(x) dx.$$

这时也说广义积分 $\int_a^b f(x) dx$ 收敛. 若极限不存在，就说广义积分 $\int_a^b f(x) dx$ 发散.

类似地，b 是 $f(x)$ 的瑕点，如果 $\int_a^b f(x) dx = \lim\limits_{\varepsilon \to 0^+} \int_a^{b-\varepsilon} f(x) dx$ 存在，则 $\int_a^b f(x) dx$ 收敛. 否则广义积分 $\int_a^b f(x) dx$ 发散.

定义 4.8 设函数 $f(x)$ 在区间 $[a, b]$ 上除 c 点连续，$c \in (a, b)$，而 $\lim\limits_{x \to c} f(x) = \infty$，如果 $\int_a^c f(x) dx$ 与 $\int_c^b f(x) dx$ 均收敛，则称 $\int_a^b f(x) dx$ 收敛，且 $\int_a^b f(x) dx = \int_a^c f(x) dx + \int_c^b f(x) dx$.

例 4-62 计算广义积分 $\int_0^1 \frac{dx}{\sqrt{x}}$.

解 $\int_0^1 \frac{dx}{\sqrt{x}} = \lim\limits_{\varepsilon \to 0^+} \int_{0+\varepsilon}^1 \frac{dx}{\sqrt{x}}$

$= \lim\limits_{\varepsilon \to 0^+} 2\sqrt{x} \Big|_{0+\varepsilon}^1 = \lim\limits_{\varepsilon \to 0^+} (2 - \sqrt{\varepsilon})$

$= 2.$

例 4-63 讨论广义积分 $\int_{-1}^1 \frac{1}{x^2} dx$ 的收敛性.

解 $\int_{-1}^1 \frac{1}{x^2} dx = \int_{-1}^0 \frac{1}{x^2} dx + \int_0^1 \frac{1}{x^2} dx = \lim\limits_{\varepsilon \to 0^+} \int_{-1}^{-\varepsilon} \frac{1}{x^2} dx + \lim\limits_{\varepsilon' \to 0^+} \int_{0+\varepsilon'}^1 \frac{1}{x^2} dx.$

由于 $\lim\limits_{\varepsilon \to 0^+} \int_{-1}^{-\varepsilon} \frac{1}{x^2} dx = -\lim\limits_{\varepsilon \to 0^+} \left[\frac{1}{x}\right]_{-1}^{-\varepsilon} = \lim\limits_{\varepsilon \to 0^+} \left(\frac{1}{\varepsilon} - 1\right) = +\infty$，

故所求广义积分 $\int_{-1}^1 \frac{1}{x^2} dx$ 发散.

习题 4.5

1. 求积分 $\int_1^{+\infty} \dfrac{dx}{x^2}$.

2. 求积分 $\int_{-\infty}^1 e^{-x} dx$.

3. 求广义积分 $\int_{-\infty}^{+\infty} xe^{-x^2} dx$.

4. 求广义积分 $\int_0^1 \dfrac{1}{\sqrt[3]{x}} dx$.

5. 判定下列广义积分的敛散性,如果收敛,则求出它的值:

(1) $\int_0^1 \dfrac{1}{\sqrt{1-x^2}} dx$; (2) $\int_{-1}^2 \dfrac{1}{(x-1)^2} dx$.

第六节 定积分的几何应用

一、定积分应用的微元法

为了说明定积分的微元法,这里先回顾求曲边梯形面积 A 的方法和步骤:

(1)将区间 $[a,b]$ 分成 n 个小区间,相应地得到 n 个小曲边梯形,小曲边梯形的面积记为 $\Delta A_i (i=1,2,\cdots,n)$;

(2)计算 ΔA_i 的近似值,即 $\Delta A_i \approx f(\xi_i) \Delta x_i$(其中 $\Delta x_i = x_i - x_{i-1}, \xi_i \in [x_{i-1}, x_i]$);

(3)求和得 A 的近似值,即 $A \approx \sum_{i=1}^n f(\xi_i) \Delta x_i$;

(4)对和取极限得 $A = \lim_{\lambda \to 0} \sum_{i=1}^n f(\xi_i) \Delta x_i = \int_a^b f(x) dx$.

下面对上述四个步骤进行具体分析:

第(1)步指明了所求量(面积 A)具有的特性,即 A 在区间 $[a,b]$ 上具有可分割性和可加性.

第(2)步是关键,这一步以不变高代替变高,以矩形代替曲边梯形.确定 $\Delta A_i \approx f(\xi_i) \Delta x_i$,省略下标得:$\Delta A \approx f(\xi) \Delta x$,则 ΔA 的近似值就是以 dx 为底,$f(x)$ 为高的小矩形的面积(如图 4-10 阴影部分),即

$$\Delta A \approx f(x) dx.$$

通常称 $f(x) dx$ 为面积微元,记为

$$dA = f(x) dx.$$

将(3)、(4)两步合并,即将这些面积微元在 $[a,b]$ 上"无限累加",就得到面积 A.即 $A = \int_a^b f(x) dx$.

一般说来,用定积分解决实际问题时,通常是按以下步骤来进行:

(1)确定积分变量 x,并求出相应的积分区间 $[a,b]$;

(2)在区间 $[a,b]$ 上任取一个小区间 $[x, x+dx]$,并在小区间上找出所求量 I 的微元 $dI = f(x) dx$;

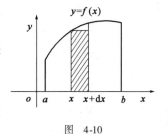

图 4-10

(3) 写出所求量 I 的积分表达式 $I = \int_a^b f(x)dx$,进而计算它的值.

按上述步骤解决实际问题的方法叫作定积分的微元法.

二、平面图形的面积

1. 直角坐标系下平面图形面积的计算

(1) 求由两条曲线 $y=f(x), y=g(x), [f(x) \geq g(x)]$ 及直线 $x=a, x=b$ 所围成平面的面积 A(图 4-11).

下面用微元法求面积 A.

① 取 x 为积分变量,$x \in [a,b]$.

② 在区间 $[a,b]$ 上任取一小区间 $[x, x+dx]$,该区间上小曲边梯形的面积 dA 可以用高 $f(x) - g(x)$,底边为 dx 的小矩形的面积近似代替,从而得面积元素

$$dA = [f(x) - g(x)]dx.$$

③ 写出积分表达式,即

$$A = \int_a^b [f(x) - g(x)]dx. \tag{4-2}$$

(2) 求由两条曲线 $x = \psi(y), x = \varphi(y), [\psi(y) \leq \varphi(y)]$ 及直线 $y = c, y = d$ 所围成平面图形(图 4-12)的面积.

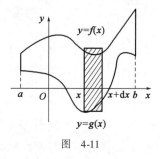

图 4-11

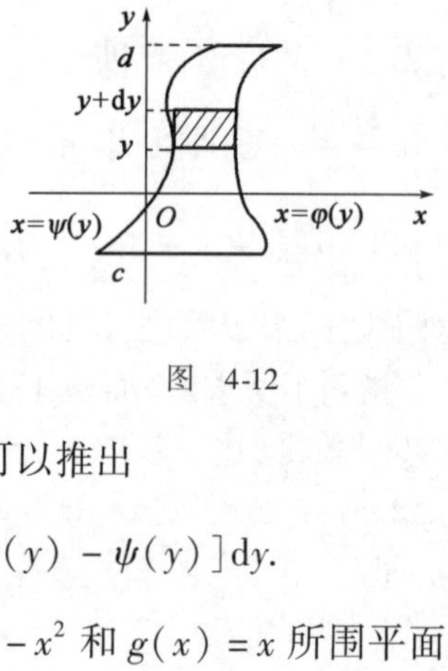

图 4-12

这里以 y 为积分变量,$y \in [c,d]$,用类似 (1) 的方法可以推出

$$A = \int_c^d [\varphi(y) - \psi(y)]dy. \tag{4-3}$$

例 4-64 求由 $f(x) = 2 - x^2$ 和 $g(x) = x$ 所围平面图形的面积(图 4-13).

解 在图 4-13 中,注意到 $f(x)$ 和 $g(x)$ 有两个交点.为了确定积分的上、下限,先求出这两条曲线交点的横坐标:$x = -2$ 或 $x = 1$.选 x 为积分变量 $x \in [-2,1]$,面积微元是:

$$\Delta A = [f(x) - g(x)]\Delta x = [(2-x^2) - x]\Delta x.$$

则所求面积是

$$A = \int_{-2}^{1} [(2-x^2) - x]dx = \left(2x - \frac{1}{3}x^3 - \frac{1}{2}x^2\right)\Big|_{-2}^{1} = \frac{9}{2}.$$

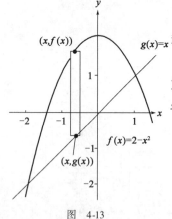

图 4-13

例 4-65 求由曲线 $y = x^2$ 与 $y = 2x - x^2$ 所围图形的面积.

解 先画出所围的图形(图4-14).

由方程组 $\begin{cases} y = x^2 \\ y = 2x - x^2 \end{cases}$,得两条曲线的交点为 $O(0,0), A(1,1)$,取 x 为积分变量,$x \in [0,1]$.由公式得

$$A = \int_0^1 (2x - x^2 - x^2) dx = \left[x^2 - \frac{2}{3}x^3 \right]_0^1 = \frac{1}{3}.$$

例 4-66 求曲线 $y^2 = x$ 与 $y = x - 2$ 所围图形的面积.

解 画出所求图形(图4-15).

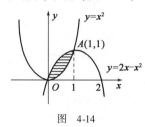

图 4-14

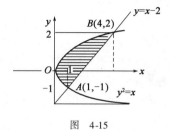

图 4-15

由方程组 $\begin{cases} y^2 = x \\ y = x - 2 \end{cases}$,得两条曲线的交点坐标为 $A(1, -1), B(4, 2)$,取 y 为积分变量,$y \in [-1, 2]$.将两曲线方程分别改写为 $x = y^2$ 及 $x = y + 2$,则所求面积为

$$A = \int_{-1}^{2} \left[(y + 2) - y^2 \right] dy = \left(\frac{1}{2}y^2 + 2y - \frac{1}{3}y^3 \right) \Big|_{-1}^{2} = \frac{9}{2}.$$

注意:本题若以 x 为积分变量,由于图形在 $[0,1]$ 和 $[1,4]$ 两个区间上的构成情况不同,因此需要分成两部分来计算,其结果应为:

$$A = \int_0^1 [\sqrt{x} - (-\sqrt{x})] dx + \int_1^4 [\sqrt{x} - (x - 2)] dx = \frac{4}{3}\sqrt{x^3} \Big|_0^1 + \left(\frac{2}{3}\sqrt{x^3} - \frac{1}{2}x^2 + 2x \right) \Big|_1^4 = \frac{9}{2}.$$

显然,对于该例选取 x 作为积分变量,不如选取 y 作为积分变量计算简便.可见,选取适当的积分变量,可使计算简化.一般地,有如下常用公式:

$$A = \int_{x_1}^{x_2} [上方曲线 - 下方曲线] dx (面积元素形状为竖直长方形);$$

$$A = \int_{y_1}^{y_2} [右方曲线 - 左方曲线] dy (面积元素形状为水平长方形).$$

例 4-67 求曲线 $y = \cos x$ 与 $y = \sin x$ 在区间 $[0, \pi]$ 上所围平面图形的面积.

解 如图4-16所示,曲线 $y = \cos x$ 与 $y = \sin x$ 的交点坐标为 $\left(\frac{\pi}{4}, \frac{\sqrt{2}}{2} \right)$,选取 x 作为积分变量,$x \in [0, \pi]$,于是,所求面积为

$$A = \int_0^{\frac{\pi}{4}} (\cos x - \sin x) dx + \int_{\frac{\pi}{4}}^{\pi} (\sin x - \cos x) dx$$

$$= (\sin x + \cos x) \Big|_0^{\frac{\pi}{4}} + (-\cos x - \sin x) \Big|_{\frac{\pi}{4}}^{\pi} = 2\sqrt{2}.$$

例 4-68 求由曲线 $y = x^3 - 2x$ 以及 $y = x^2$ 所围的平面图形的面积.

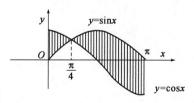

图 4-16

解 如图 4-17 所示,由 $\begin{cases} y = x^3 - 2x \\ y = x^2 \end{cases}$,得两曲线的交点坐标是:$(-1,1)$;$(0,0)$;$(2,4)$.

由于在开区间 $(-1,0)$ 内,曲线 $y = x^3 - 2x$ 在 $y = x^2$ 之上;在开区间 $(0,2)$ 内,曲线 $y = x^3 - 2x$ 在 $y = x^2$ 之下.从而,所求面积 A 为

$$A = \int_{-1}^{0} [(x^3 - 2x - x^2)] dx + \int_{0}^{2} [x^2 - (x^3 - 2x)] dx$$

$$= \left[\frac{1}{4}x^4 - x^2 - \frac{1}{3}x^3\right]\Big|_{-1}^{0} + \left[\frac{1}{3}x^3 - \frac{1}{4}x^4 + x^2\right]\Big|_{0}^{2} = \frac{5}{12} + \frac{8}{3} = \frac{37}{12}.$$

*2. 极坐标系下平面图形面积的计算

设平面图形是由曲线 $\rho = \rho(\theta)$ 及射线 $\theta = \alpha$,$\theta = \beta$ 所围成的曲边扇形(图 4-18).取极角 θ 为积分变量,$\alpha \leq \theta \leq \beta$,在平面图形中任意截取一典型的面积微元 ΔA,它是极角变化区间为 $[\theta, \theta + d\theta]$ 所对应的窄曲边扇形.

ΔA 的面积可近似地用半径为 $\rho = \rho(\theta)$,中心角为 $d\theta$ 的窄圆边扇形的面积来代替,即

$$\Delta A \approx \frac{1}{2}[\rho(\theta)]^2 d\theta.$$

从而得到了曲边扇形的面积微元

$$dA = \frac{1}{2}[\rho(\theta)]^2 d\theta.$$

则

$$A = \int_{\alpha}^{\beta} \frac{1}{2}[\rho(\theta)]^2 d\theta. \tag{4-4}$$

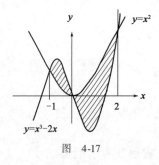

图 4-17

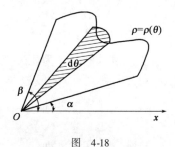

图 4-18

例 4-69 计算心形线 $\rho = a(1 + \cos\theta)$ $(a > 0)$ 所围图形的面积(图 4-19).

解 此图形对称于极轴,因此所求图形的面积 A 是极轴上方部分图形面积 A_1 的两倍.对于极轴上方部分图形,取 θ 为积分变量,$\theta \in [0, \pi]$,由上述公式得

$$A = 2A_1 = 2 \times \frac{1}{2}\int_{0}^{\pi} a^2(1 + \cos\theta)^2 d\theta$$

$$= a^2 \int_{0}^{\pi} (1 + 2\cos\theta + \cos^2\theta) d\theta$$

$$= a^2 \int_{0}^{\pi} \left(\frac{3}{2} + 2\cos\theta + \frac{1}{2}\cos2\theta\right) d\theta$$

$$= a^2 \left[\frac{3}{2}\theta + 2\sin\theta + \frac{1}{4}\sin2\theta\right]\Big|_{0}^{\pi} = \frac{3}{2}\pi a^2.$$

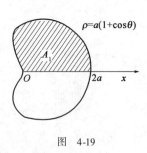

图 4-19

三、旋转体的体积

旋转体是一个平面图形绕这平面内的一条直线旋转而成的立体.这条直线叫作**旋转轴**.

设旋转体是由连续曲线 $y = f(x)\,[f(x) \geqslant 0]$ 和直线 $x = a, x = b$ 及 x 轴所围成的曲边梯形绕 x 轴旋转一周而成(图4-20).

取 x 为积分变量,它的变化区间为 $[a,b]$,在 $[a,b]$ 上任取一小区间 $[x, x+\mathrm{d}x]$,相应薄片的体积近似于以 $f(x)$ 为底面圆半径,$\mathrm{d}x$ 为高的小圆柱体的体积,从而得到体积元素为 $\mathrm{d}V = \pi[f(x)]^2\mathrm{d}x$,于是,所求旋转体体积为

$$V_x = \pi \int_a^b [f(x)]^2 \mathrm{d}x. \tag{4-5}$$

类似地,由曲线 $x = \varphi(y)$ 和直线 $y = c, y = d$ 及 y 轴所围成的曲边梯形绕 y 轴旋转一周而成(图4-21),所得旋转体的体积为

$$V_y = \pi \int_c^d [\varphi(y)]^2 \mathrm{d}y. \tag{4-6}$$

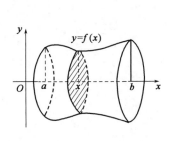

图 4-20

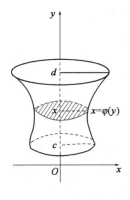

图 4-21

例 4-70 求由曲线 $xy = 3$,直线 $x = 1, x = 3, y = 0$ 绕 x 轴旋转一周而形成的立体体积.

解 先画图形(图4-22),因为图形绕 x 轴旋转,所以取 x 为积分变量,x 的变化区间为 $[1,3]$,相应于 $[1,3]$ 上任取一子区间 $[x, x+\mathrm{d}x]$ 的小窄条,绕 x 轴旋转而形成的小旋转体体积,可用高为 $\mathrm{d}x$,底面积为 πy^2 的小圆柱体体积近似代替,即体积微元为

$$\mathrm{d}V = \pi y^2 \mathrm{d}x = \pi \left(\frac{3}{x}\right)^2 \mathrm{d}x,$$

于是,体积

$$\begin{aligned} V &= \pi \int_1^3 \left(\frac{3}{x}\right)^2 \mathrm{d}x \\ &= 9\pi \int_1^3 \frac{1}{x^2} \mathrm{d}x \\ &= -9\pi \frac{1}{x} \bigg|_1^3 = 6\pi \end{aligned}$$

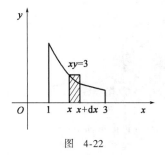

图 4-22

例 4-71 求由椭圆 $\dfrac{x^2}{a^2} + \dfrac{y^2}{b^2} = 1$ 绕 x 轴及 y 轴旋转而成的椭球体的体积.

解 （1）绕 x 轴旋转的椭球体如图 4-23 所示，它可看作上半椭圆 $y = \dfrac{b}{a}\sqrt{a^2 - x^2}$ 与 x 轴围成的平面图形绕 x 轴旋转而成. 取 x 为积分变量，$x \in [-a, a]$，则所求椭球体的体积为

$$V_x = \pi \int_{-a}^{a} \left(\dfrac{b}{a} \sqrt{a^2 - x^2} \right)^2 dx$$

$$= \dfrac{2\pi b^2}{a^2} \int_0^a (a^2 - x^2) dx$$

$$= \dfrac{2\pi b^2}{a^2} \left[a^2 x - \dfrac{x^3}{3} \right]_0^a$$

$$= \dfrac{4}{3} \pi a b^2.$$

（2）绕 y 轴旋转的椭球体，可看作右半椭圆 $x = \dfrac{a}{b}\sqrt{b^2 - y^2}$ 与 y 轴围成的平面图形绕 y 轴旋转而成（图 4-24），取 y 为积分变量，$y \in [-b, b]$，由公式所求椭球体体积为

$$V_y = \pi \int_{-b}^{b} \left(\dfrac{a}{b} \sqrt{b^2 - y^2} \right)^2 dy$$

$$= \dfrac{2\pi a^2}{b^2} \int_0^b (b^2 - y^2) dy$$

$$= \dfrac{2\pi a^2}{b^2} \left[b^2 y - \dfrac{y^3}{3} \right]_0^b$$

$$= \dfrac{4}{3} \pi a^2 b.$$

当 $a = b = R$ 时，上述结果为 $V = \dfrac{4}{3} \pi R^3$，这就是大家所熟悉的球的体积公式.

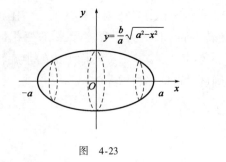

图 4-23

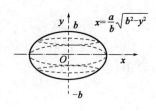

图 4-24

习题 4.6

1．求抛物线 $y = x^2$ 与直线 $y = x + 2$ 所围成图形的面积 A.

2．已知图形由 $y = x^2$，x 轴及 $x = 1$ 所围成，求

（1）图形面积；

（2）图形绕 x 轴、绕 y 轴旋转的体积.

3. 求曲线 $x-y=0, y=x^2-2x$ 所围成图形的面积.

4. 求由曲线 $y^2=2x$ 与 $y^2=(1-x)$ 所围图形的面积.

5. 用定积分求底圆半径为 r，高为 h 的圆锥体的体积.

6. 用定积分求由 $y=x^2+1, y=0, x=1, x=0$ 所围平面图形绕 x 轴旋转一周所得旋转体的体积.

7. 设直线 $y=x$ 与曲线 $y=x^2$ 所围成的平面图形为 D，求：

(1) D 的面积；

(2) D 绕 x 轴旋转一周所得旋转体的体积.（专升本）

8. 已知平面图形 D 由曲线 $y=e^x, y=x, x=0, x=1$ 围成，求：

(1) D 的面积 A；

(2) D 绕 x 轴旋转一周所得旋转体的体积 V.（专升本）

9. 设曲线 $y=\cos x\left(x\in\left[0, \dfrac{\pi}{2}\right]\right)$ 与 x 轴及 y 轴所围成的平面图形为 D，求：

(1) D 的面积 A；

(2) D 绕 x 轴旋转一周所得的体积 V.（专升本）

10. 设双曲线 $xy=1$ 与 $y=x, y=2$ 所围成的图形为 D，求：

(1) D 的面积 A；

(2) D 绕 y 轴旋转一周所得的体积 V.

第七节　定积分在土建工程中的应用

前面我们介绍了应用定积分来解决平面图形面积、旋转体体积等几何问题，下面我们将列举一些土建工程中的应用实例，通过运用微元法建立定积分的数学模型来解决土建工程中的实际问题.

一、杆件的变形

在利用定积分解决实际问题时，常采用"微元法". 下面我们将应用此方法来讨论土建工程中的一些实际问题.

工程中常用当低碳钢或合金钢材料制成拉杆. 根据材料力学中的胡克定律，若杆长和轴力不变，杆的变形 Δl 与轴力 N、杆长 l 成正比，与横截面积成反比，即

$$\Delta l = \dfrac{Nl}{EA},$$

其中比例常数 E 是弹性模量，反应杆件抵抗拉伸（或压缩）变形的能力.

当各横截面的轴力不相同时，就不能简单套用上述公式计算；如果轴力的变化是连续的，可以用定积分的微元法来计算.

例 4-72　如图 4-25a）所示的铅锤悬挂的等截面直杆，杆长为 l，横截面面积为 A，材料的重度为 γ，弹性模量为 E，其中 l, A, γ, E 均为常数，整个杆件的重力 $W=\gamma Al$. 求该杆件由于自重引起的总伸长量 Δl.

解　该杆件由自重引起的轴力，在不同横截面是不一样的而且连续变化. 因此，用定积分的微元法来计算.

以吊杆轴线为坐标轴，吊杆底部为原点，建立坐标系如图 4-25a）所示，则任一横截面的位

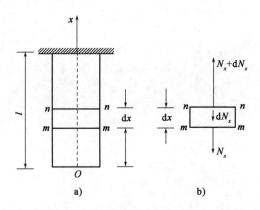

图 4-25

置可用 x 来表示,取 $x \in [0, l]$ 为积分变量. 在离下端 x 处相距 dx 的 $m—m$ 和 $n—n$ 两截面从杆中切出,取相应子区间 $[x, x+dx]$ 微段为研究对象,其受力情况如图 4-25b) 所示. 因 dx 极其微小,该微段上下两面的轴力可以认为相等,故该微段上各横截面上的轴力可以用下截面 $m—m$ 上的轴力 $N(x)$ 近似代替,而 $N(x)$ 等于 $m—m$ 截面下 x 段杆件的重力,即

$$N(x) = \gamma A x.$$

因此,dx 微段的伸长的近似值,即伸长微元为

$$d(\Delta l) = \frac{N(x) dx}{EA} = \frac{\gamma A x}{EA} dx = \frac{\gamma}{E} x dx.$$

则杆的总伸长量为

$$\Delta l = \int_0^l \frac{\gamma}{E} x dx = \frac{\gamma}{2E} x^2 \Big|_0^l = \frac{\gamma l^2}{2E}.$$

例 4-73 如图 4-26a) 所示,杆 AB 长为 L,受分布力(作用在单位长度内的力) $q = kx$ 作用,方向如图. 由力学知识可知,该杆任一截面的轴力 $N(x)$ 等于截面左侧的合力[如图 4-26b) 所示,按规定此时轴力为负]. 试求:

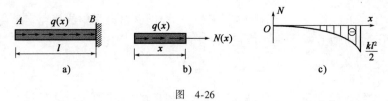

图 4-26

(1) 该杆各截面的轴力函数 $N(x)$,并画出轴力分布图,即 $N(x)$ 的图形;
(2) $N(x)$ 绝对值最大值;
(3) AB 杆的变形量.

解

(1) 由于该杆任一截面的轴力 $N(x)$ 等于截面左侧的合力,则

$$N(x) = \int_0^x -kx dx = -\frac{1}{2} k x^2.$$

轴力分布图如图 4-26c) 所示.

(2) 设 $y = |N(x)| = \frac{1}{2}kx^2$,则 $y' = kx$,令 $y' = 0$,得驻点 $x = 0$,

又 $\because x \in [0,l]$,易知:当 $x = l$ 时,$y_{\max} = \frac{1}{2}kl^2$.

即

$$|N(x)|_{\max} = \frac{1}{2}kl^2.$$

(3) 由杆件变形的有关知识及例 4.72 可知,该杆 AB 的总变形量

$$\Delta l = \int_0^l \frac{N(x)}{EA}dx = \int_0^l \frac{-kx^2}{2EA}dx = -\frac{kl^3}{6EA}.$$

二、分布荷载的力矩

如图 4-27 所示,一水平梁上受分布荷载的作用,其载荷集度(杆件单位长度上的载荷)为 $q(x)$(N/m),梁长为 l(m).求该分布载荷对梁左端点 O 的力矩.

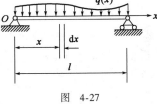

图 4-27

由力学知识可知,作用于某点的力 F(集中力)对矩心 O 的力矩 M_0 等于该力与点 O 到该力作用线的距离 d(称为力臂)的乘积,即 $M_0 = Fd$.

分布荷载不是集中力,M_0 应为分布荷载的合力与合力力臂的乘积,而合力与合力力臂均尚未确认,不能直接运用上面的公式,需要用定积分的微元法计算分布荷载的力矩.

如图 4-27 所示,根据微元法,取 x 为积分变量,积分区间为 $[0,l]$,将该梁分成若干微段.在 $[0,l]$ 上任取微段 $[x, x+dx]$,则该微段梁上分布荷载对点 O 的力矩,可以用力为 $dF_Q = q(x)dx$、力臂为 x 的力矩来近似表达,从而得到力矩微元

$$dM_0 = xq(x)dx.$$

这样,整个梁上的分布荷载对 O 的力矩为

$$M_0 = \int_0^l xq(x)dx. \tag{4-7}$$

例 4-74 一水平梁上受分布荷载的作用,如图 4-28 所示,其荷载集度 $q(x) = kx$(N/m),梁长为 l(m).试求该分布荷载对梁左端点 O 的力矩 M_0.

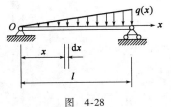

图 4-28

解 建立坐标系如图 4-28 所示,根据式(4-7),该分布荷载对点 O 的力矩为

$$M_0 = \int_0^l kx \cdot x dx = \frac{1}{3}kx^3 \Big|_0^l = \frac{1}{3}kl^3.$$

三、平面图形的形心

图形的几何中心,叫作形心.由力学知识知道,均质物体的重心就是它的质心,并且和形状与它相同的几何体的形心位置重合.所以,有了平面图形形心的计算公式就有了均质薄板状物

体重心的计算公式.

在如图 4-29 所示的直角坐标系中,设平面图形的面积为 A,则根据力学知识,该图形的形心坐标 x_c 和 y_c 的计算公式是

$$x_c = \frac{\int_A x \mathrm{d}A}{A}, y_c = \frac{\int_A y \mathrm{d}A}{A} \qquad (4\text{-}8)$$

其中

$$S_x = \int_A y \mathrm{d}A, S_y = \int_A x \mathrm{d}A \qquad (4\text{-}9)$$

分别称为该平面图形对于 x 轴和 y 轴的静矩(或面积矩).

利用式(4-8)和式(4-9)计算平面图形的形心和静矩的关键是:如何根据平面图形选定合适的积分变量,使 $\mathrm{d}A$ 容易得出,并方便地计算出上面的积分表达式.

如图 4-30 所示,由直线 $x=a, x=b, y=0$ 及曲线 $y=f(x)$ 所围成的曲边梯形;并且在 $[a,b]$ 上 $f(x) \geqslant 0$. 对于该曲边梯形,取 x 为积分变量,积分区间为 $[a,b]$,在 $[a,b]$ 上任取一个子区间 $[x, x+\mathrm{d}x]$,则区间 $[x, x+\mathrm{d}x]$ 对应的窄曲边梯形的面积可以用高为 $f(x)$、宽为 $\mathrm{d}x$ 的矩形面积来近似,从而得到面积微元

$$\mathrm{d}A = f(x) \mathrm{d}x. \qquad (4\text{-}10)$$

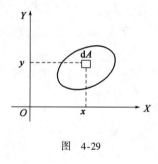

图 4-29

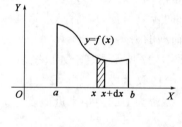

图 4-30

因为 $\mathrm{d}x$ 极其微小,窄曲边梯形的形心的横坐标可近似为 x,纵坐标近似为 $\frac{1}{2}f(x)$.

则对于 x 轴和 y 轴的静矩微元为

$$\mathrm{d}S_x = y\mathrm{d}A = \frac{1}{2}f(x)\mathrm{d}A, \mathrm{d}S_y = x\mathrm{d}A. \qquad (4\text{-}11)$$

将式(4-10)、式(4-11)代入式(4-8)就得到该曲边梯形的形心坐标 (x_c, y_c) 的积分表达式为:

$$x_c = \frac{\int_A x \mathrm{d}A}{A} = \frac{\int_a^b x f(x) \mathrm{d}x}{\int_a^b f(x) \mathrm{d}x}, y_c = \frac{\int_A y \mathrm{d}A}{A} = \frac{\frac{1}{2}\int_a^b f^2(x) \mathrm{d}x}{\int_a^b f(x) \mathrm{d}x}. \qquad (4\text{-}12)$$

例 4-75 求抛物线 $y = x^2$,与 $x = 2$ 及 x 轴围成平面图形的形心(图 4-31).

解 根据形心公式(式 4-12)

$$x_c = \frac{\int_A x\,\mathrm{d}A}{A} = \frac{\int_a^b x f(x)\,\mathrm{d}x}{\int_a^b f(x)\,\mathrm{d}x} = \frac{\int_0^2 x^3\,\mathrm{d}x}{\int_0^2 x^2\,\mathrm{d}x} = \frac{4}{\frac{8}{3}} = \frac{3}{2};$$

$$y_c = \frac{\int_A y\,\mathrm{d}A}{A} = \frac{\frac{1}{2}\int_a^b f^2(x)\,\mathrm{d}x}{\int_a^b f(x)\,\mathrm{d}x} = \frac{\frac{1}{2}\int_0^2 x^4\,\mathrm{d}x}{\int_0^2 x^2\,\mathrm{d}x} = \frac{\frac{16}{5}}{\frac{8}{3}} = \frac{6}{5}.$$

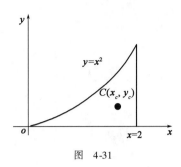

图 4-31

则平面区域的形心 $C\left(\frac{3}{2}, \frac{6}{5}\right)$.

例 4-76 求 $y = -x^2 + 2x$ 与 $y = 0$ 所围成平面区域的形心.

解 如图 4-32 所示,面积 $= \int_0^2 f(x)\,\mathrm{d}x = \int_0^2 (-x^2 + 2x)\,\mathrm{d}x = \frac{4}{3}$.

利用图形的对称性,可直接看出形心的横坐标为 $\overline{x} = 1$.

$\because \int_0^2 \frac{1}{2}[f(x)]^2\,\mathrm{d}x = \frac{1}{2}\int_0^2 (-x^2 + 2x)^2\,\mathrm{d}x = \frac{8}{15}$,

$\therefore \overline{y} = \dfrac{\int_0^2 \frac{1}{2}[f(x)]^2\,\mathrm{d}x}{\int_0^2 f(x)\,\mathrm{d}x} = \dfrac{\frac{8}{15}}{\frac{4}{3}} = \dfrac{2}{5}.$

故形心坐标 $(\overline{x}, \overline{y})$ 为 $\left(1, \dfrac{2}{5}\right)$.

类似地,如图 4-33 所示,由曲线 $y = f(x)$ 和 $y = g(x)$ 以及直线 $x = a, x = b\,(a < b)$ 围成的平面图形. 现将区间 $[a, b]$ 分成 n 个子区间,第 i 个子区间可以看作高度为 $h = f(x_i) - g(x_i)$,宽度为 Δx 的长方形,其中心为 (x_i, y_i),它到 x 轴的距离为 $y_i = \frac{1}{2}[f(x_i) + g(x_i)]$;则该区域的面积 A、对 x 轴和 y 轴的静矩微元分别为

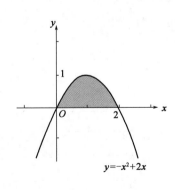

图 4-32

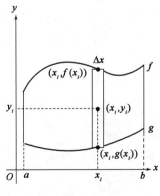

图 4-33

$$\mathrm{d}A = [f(x) - g(x)]\,\mathrm{d}x,\quad \mathrm{d}S_x = \frac{1}{2}[f(x) + g(x)]\,\mathrm{d}A,\quad \mathrm{d}S_y = x\,\mathrm{d}A.$$

则该平面图形的形心坐标 $(\overline{x}, \overline{y})$ 为

$$\bar{x} = \frac{S_y}{A} = \frac{\int_a^b x[f(x) - g(x)]dx}{\int_a^b [f(x) - g(x)]dx},$$

$$\bar{y} = \frac{S_x}{A} = \frac{\frac{1}{2}\int_a^b [f^2(x) - g^2(x)]dx}{\int_a^b [f(x) - g(x)]dx}. \tag{4-13}$$

例 4-77 求 $y = x$ 和 $y = x^2$ 所围成平面区域的静矩和形心坐标(图 4-34).

解
$$A = \int_0^1 (x - x^2)dx = \left(\frac{1}{2}x^2 - \frac{1}{3}x^3\right)\Big|_0^1 = \frac{1}{6},$$

$$S_x = \frac{1}{2}\int_0^1 (x + x^2)(x - x^2)dx = \frac{1}{2}\int_0^1 (x^2 - x^4)dx$$

$$= \frac{1}{2}\left(\frac{1}{3}x^3 - \frac{1}{5}x^5\right)\Big|_0^1 = \frac{1}{15}$$

$$S_y = \int_0^1 x \cdot (x - x^2)dx = \int_0^1 (x^2 - x^3)dx$$

$$= \left(\frac{1}{3}x^3 - \frac{1}{4}x^4\right)\Big|_0^1 = \frac{1}{12}.$$

$$\therefore \bar{x} = \frac{S_y}{A} = \frac{\frac{1}{12}}{\frac{1}{6}} = \frac{1}{2}, \quad \bar{y} = \frac{S_x}{A} = \frac{\frac{1}{15}}{\frac{1}{6}} = \frac{2}{5}. \text{ 形心坐标为}\left(\frac{1}{2}, \frac{2}{5}\right).$$

用类似的方法可以推导出图 4-35，由曲线 $x = \varphi(y)$ 和直线 $y = c, y = d(c < d)$ 以及 y 轴围成；并且在 $[c,d]$ 上 $\varphi(y) \geq 0$ 的曲边梯形的形心坐标 (x_c, y_c) 的积分表达式为：

$$x_c = \frac{\int_A x dA}{A} = \frac{\frac{1}{2}\int_c^d \varphi^2(y)dy}{\int_c^d \varphi(y)dy}, y_c = \frac{\int_A y dA}{A} = \frac{\int_c^d y\varphi(x)dx}{\int_c^d \varphi(x)dx}. \tag{4-14}$$

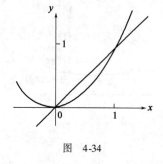

图 4-34

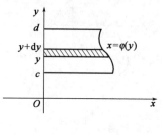

图 4-35

例 4-78 求梯形形心的纵坐标 y_c，具体数据如图 4-36 所示.

解 如图 4-36 所示建立平面直角坐标系，根据图中的数据可知，梯形两腰 OC, AB 所在的

直线的方程分别为

$$\frac{y-0}{x-0} = \frac{h-0}{c-0}, \frac{y-0}{x-b} = \frac{h-0}{a+c-b}.$$

化简为

$$x = \frac{c}{h}y, x = b - \frac{b-a-c}{h}y.$$

取 y 为积分变量,积分区间为 $[0,h]$. 在 $[0,h]$ 上任取一个小区间 $[y,y+dy]$,则区间 $[y,y+dy]$ 对应的扁梯形的面积可以用宽为 $\left(b - \frac{b-a-c}{h}y\right) - \frac{c}{h}y$,高为 dy 的矩形面积来近似,即

$$dA = \left(b - \frac{b-a-c}{h}y\right)dy.$$

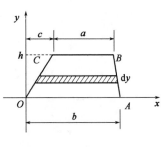

图 4-36

根据式(4-14),其中

$$x = \varphi(y) = \left(b - \frac{b-a-c}{h}y\right) - \frac{c}{h}y = b - \frac{b-a}{h}y,$$

$$y_c = \frac{\int_0^h y\left(b - \frac{b-a}{h}y\right)dy}{\int_0^h \left(b - \frac{b-a}{h}y\right)dy} = \frac{\left(\frac{1}{2}by^2 - \frac{b-a}{3h}y^3\right)\Big|_0^h}{\left(by - \frac{b-a}{2h}y^2\right)\Big|_0^h},$$

则有

$$= \frac{\frac{1}{2}bh^2 - \frac{b-a}{3}h^2}{bh - \frac{b-a}{h}h} = \frac{2a+b}{3(a+b)}h.$$

例 4-79 如图 4-37 所示,曲线 OB 为一抛物线 $y = \frac{h}{l^2}x^2$,求平面区域 $OABO$ 的形心.

解 如图 4-37 所示,取 x 为积分变量,积分区间为 $[0,l]$. 根据式(4-12)

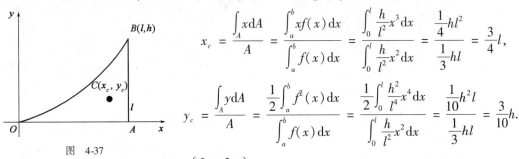

$$x_c = \frac{\int_A xdA}{A} = \frac{\int_a^b xf(x)dx}{\int_a^b f(x)dx} = \frac{\int_0^l \frac{h}{l^2}x^3 dx}{\int_0^l \frac{h}{l^2}x^2 dx} = \frac{\frac{1}{4}hl^2}{\frac{1}{3}hl} = \frac{3}{4}l,$$

$$y_c = \frac{\int_A ydA}{A} = \frac{\frac{1}{2}\int_a^b f^2(x)dx}{\int_a^b f(x)dx} = \frac{\frac{1}{2}\int_0^l \frac{h^2}{l^4}x^4 dx}{\int_0^l \frac{h}{l^2}x^2 dx} = \frac{\frac{1}{10}h^2 l}{\frac{1}{3}hl} = \frac{3}{10}h.$$

图 4-37

则平面区域 $OABO$ 的形心 $C\left(\frac{3}{4}l, \frac{3}{10}h\right)$.

例 4-80 试计算如图 4-38 所示矩形截面对 z 轴的静矩 S_z.

解 取平行于 z 轴的微面积 $dA = bdy$,由式(4-9)得

$$S_z = \int_A ydA = \int_0^h y \cdot bdy = b\frac{y^2}{2}\Big|_0^h = \frac{1}{2}bh^2.$$

例 4-81 求图 4-39 所示半圆形的 S_z, S_y 及形心坐标.

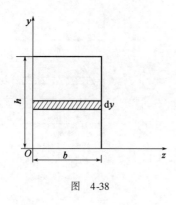

图 4-38

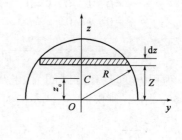

图 4-39

解 由对称性,$y_c = 0, S_z = 0$.

现取平行于 y 轴的狭长条作为微面积 dA

$$dA = 2ydz = 2\sqrt{R^2 - z^2}\,dz,$$

所以

$$S_y = \int_A z\,dA = \int_0^R z \cdot 2\sqrt{R^2 - z^2}\,dz = \frac{2}{3}R^3,$$

$$z_c = \frac{S_y}{A} = \frac{4R}{3\pi}.$$

四、平面图形的惯性矩

由力学知识可知,如图 4-29 所示的直角坐标系中,若平面图形的面积表示为 A,则

$$I_x = \int_A y^2\,dA, \quad I_y = \int_A x^2\,dA \tag{4-15}$$

分别称为该平面图形对 x 轴和 y 轴的惯性矩.

例 4-82 求图 4-40 所示宽为 b、高为 h 的矩形对 y 轴和 z 轴的惯性矩.

解 取 y 为积分变量,积分区间为 $\left[-\frac{h}{2}, \frac{h}{2}\right]$,在 $\left[-\frac{h}{2}, \frac{h}{2}\right]$ 上任取一个子区间 $[y, y+dy]$,则区间 $[y, y+dy]$ 对应的窄矩形的面积微元为

$$dA = b\,dy.$$

根据惯性矩的定义式(4-15)有

$$I_z = \int_A y^2\,dA = \int_{-\frac{h}{2}}^{\frac{h}{2}} y^2 b\,dy$$

$$= \frac{b}{3}y^3 \Big|_{-\frac{h}{2}}^{\frac{h}{2}} = \frac{bh^3}{12}.$$

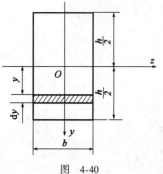

图 4-40

类似地,可算出 $I_y = \frac{bh^3}{12}$. 注意,计算 I_y 时应取 z 为积分变量.

在土建工程中,常涉及与截面形状和尺寸有关的几何量.这些几何量在杆件应力与变形的分析中有举足轻重的作用.形心和惯性矩是平面图形几何性质中的两个常用的几何量.我们在此只是作为定积分微元法思想的应用例子,对它们进行积分模型的分析;有关工程结构截面几何性质的具体计算方法,将在第七章详细介绍.

习题 4.7

1. 求由曲线 $y = x^2$,x 轴和直线 $x = 1$ 所围成的图形形心.
2. 求椭圆 $\dfrac{x^2}{a^2} + \dfrac{y^2}{b^2} = 1$ 在第一象限内图形的形心坐标.
3. $y = 2\sqrt{x}$ 与 $x = 1$,x 轴所围成的区域面积、静矩、形心坐标.
4. 求 $y = \sqrt{9 - x^2}$ 和 $y = 0$ 所围成半径为 3 的半圆形的形心坐标.
5. 求 $y = 4 - x^2$ 和 $y = x + 2$ 围成的平面图形的面积和形心坐标.

实验四 积 分 运 算

一、积分

【命令】求函数积分的命令是 int,格式如下:
(1) int(f,x):表示 f 关于 x 求不定积分;
(2) int(f,x,a,b):表示 f 关于变量 x 从 a 到 b 求定积分.

例 4-83 求不定积分 $\int (x^2 + 3x + 7)\mathrm{d}x$.

解 syms x
Int(x^2 + 3 * x + 7,x)
ans = 1/3 * x^3 + 3/2 * x^2 + 7 * x

例 4-84 求 $\int_0^4 |x - 2|\mathrm{d}x$.

解 clear;
syms x
int(abs(x - 2),0,4)
ans = 4

例 4-85 求定积分 $\int_1^4 \dfrac{\ln x}{\sqrt{x}}\mathrm{d}x$.

解 syms x
int('log(x)/sqrt(x);x,1,4)
ans = 8 * log(2) - 4

例 4-86 求 $\int_0^{+\infty} \mathrm{e}^{-x}\mathrm{d}x$.

解 clear;
  syms x
  int(exp(-x),0,inf)
  ans = 1

例 4-87 求不定积分 $\int \sqrt{x^3+x^4}\,\mathrm{d}x$.

解 x = sym('x');
  f = sqrt(x^3 + x^4);
  int(f);   % 求不定积分(1)
  g = simple(ans) % 调用 simple 函数对结果化简
ans:g = 1/3 * x^(5/2) * (x+1)^(1/2) + 1/12 * x^(3/2) * (x+1)^(1/2) - 1/8 * x^(1/2) * (x+1)^(1/2) + 1/16 * log(1/2 + x + (x^2 + x)^(1/2))

例 4-88 $\int e^x \cos 2x\,\mathrm{d}x$.

解 syms x;
  int(exp(x) * cos(2 * x),x)
  ans = 1/5 * exp(x) * cos(2 * x) + 2/5 * exp(x) * sin(2 * x)
  g = pretty(ans) % 调用 pretty 函数对结果化简
ans:g = 1/5 * exp(x) * (cos(2 * x) + 2 * sin(2 * x))

二、数值积分

【命令 1】MATLAB 系统还提供了数值积分(定积分近似计算)的命令 quad,具体使用这一命令的格式为 quad('函数名', a, b). 使用中,要用到被积函数的调用,也要注意给定积分上下限.

例 4-89 求定积分 $\int_0^\pi \sin x\,\mathrm{d}x$.

在 MATLAB 环境下直接键入下面指令.

解 quad('sin',0,pi)
ans = 2.0000

例 4-90 求定积分 $\int_0^{\frac{3\pi}{2}} \cos(15x)\,\mathrm{d}x$.

解 >> tic,S = quadl(f,0,3 * pi/2,1e-15),toc;
S = 0.0667.
Elapsed time is 0.422000 seconds.
方法一:f = inline('cos(15 * x)','x');
方法二:S1 = quad(f,0,3 * pi/2);
S1 = 0.0667
注:对一般定积分求取值问题,数值方法的首选为 quadl() 函数.

例 4-91 计算 $\int e^{-x}\sin x \mathrm{d}x, \int_0^1 e^{-x}\sin x \mathrm{d}x, \int_1^\infty e^{-x}\sin x \mathrm{d}x.$

解 syms x; t1 = int(exp(- x) * sin(x))
t2 = int(exp(- x) * sin(x),0,1)
t2 = vpa(t2)
t3 = int(exp(- x) * sin(x),1,inf)
ans = t1 = - 1/2 * exp(- x) * cos(x) - 1/2 * exp(- x) * sin(x)
t2 = - 1/2 * exp(- 1) * cos(1) - 1/2 * exp(- 1) * sin(1) + 1/2
t3 = 1/2 * exp(- 1) * cos(1) + 1/2 * exp(- 1) * sin(1)
>> t3 = vpa(t3,5)
ans t3 = .25416

【命令2】 可以用 trapz 数值积分.

例 4-92 计算 $\int_{-1}^1 e^{-x^2} \mathrm{d}x.$

解 clear;
x = - 1:0.1:1;
y = exp(- x.^2);
trapz(x,y);
ans = 1.4924

例 4-93 求定积分及广义积分:(1) $\int_1^2 |1-x| \mathrm{d}x$; (2) $\int_t^{\cos t}(3tx^2+2)\mathrm{d}x$;

(3) $\int_{-\infty}^{+\infty}\frac{1}{1+x^2}\mathrm{d}x.$

(1) $\int_1^2 |1-x|\mathrm{d}x.$

解
>> x = sym('x');
>> int(abs(1 - x),1,2)
ans: 1/2

(2) $\int_t^{\cos t}(3tx^2+2)\mathrm{d}x.$

解
>> syms x t;
>> int(3 * t * x^2,x,t,cos(t))
ans: t * (cos(t)^3 - t^3)

(3) $\int_{-\infty}^{+\infty}\frac{1}{1+x^2}\mathrm{d}x.$

解

```
>> syms x;
>> int(1/(1+x^2),x,-inf,inf)
```
ans：pi

例 4-94 判别广义积分 $\int_0^1 \frac{1}{\sqrt{1-x^2}}dx$ 的敛散性.

解
```
>> syms x;
>> int(1/sqrt(1-x^2),x,0,1)
```
ans：1/2*pi

所以原积分收敛.

三、定积分的应用

例 4-95 求由抛物线 $y^2 = 2x$ 和直线 $y = -x+4$ 所围图形的面积.

解 首先画出函数图形,如图 4-41 所示.
```
>>x=0:0.1:9;
>>plot(x,-x+4,'b',x,sqrt(2*x),'r',x,-sqrt(2*x),'r')
```
求解方程组,得到两曲线交点.
```
>> [x,y]=solve('y^2-2*x=0','y+x-4=0');
```
x=[8 2], y=[-4 2]

以 y 为积分变量求面积.
```
>> int(-y+4-y^2/2,y,-4,2)
```
ans=18

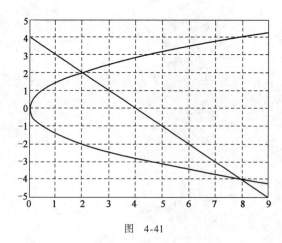

图 4-41

本 章 小 结

★本章知识网络图

- 不定积分
  - 基本概念
    - 原函数
    - 不定积分
  - 基本性质
  - 基本积分公式
  - 积分法
    - 凑微分法（第一换元法）
    - 换元法（第二换元法）
      - (1) $\sqrt{a^2-x^2}$，令 $x=a\sin t$
      - (2) $\sqrt{a^2+x^2}$，令 $x=a\tan t$
      - (3) $\sqrt{x^2-a^2}$，$x=a\sec t$
      - (4) 根式换元
    - 分步积分法 $\int u\,dv = uv - \int v\,du$
    - 其他方法（几种方法结合等）

- 定积分及其应用
  - 定义
    - 分割，取点，求和，取极限
    - 几何意义
  - 性质
    - (1) 线性性质
    - (2) 分段性质
    - (3) 比较性质
    - (4) 估值性质
    - (5) 积分中值定理
    - (6) 积分绝对值定理
  - 变上限积分
  - 定积分计算方法
    - (1) 定义
    - (2) Newton-Leibniz 公式
    - (3) 换元法
      - 凑微分法（第一换元法）
      - 第二换元法
    - (4) 分部积分法
    - (5) 利用奇偶性、几何意义等
  - 应用
    - (1) 定积分微元法
    - (2) 应用定积分求平面图形的面积
    - (3) 应用定积分求旋转体的体积
    - (4) 定积分在土建工程中的应用举例
  - 广义积分
    - (1) 无穷广义积分
    - (2) 无界广义积分
    - (3) 敛散性

★ 主要知识点

一、原函数与不定积分

1. 若 $F'(x) = f(x)$，则称 $F(x)$ 为 $f(x)$ 的原函数.
(1) 连续函数一定有原函数；
(2) 若 $F(x)$ 为 $f(x)$ 的原函数，则 $F(x) + C$ 也为 $f(x)$ 的原函数；
(3) $f(x)$ 的任意两个原函数仅相差一个常数.

2. $f(x)$ 的所有原函数称为 $f(x)$ 的不定积分，记为 $\int f(x) dx$，则 $\int f(x) dx = F(x) + C$.

3. 不定积分换元法.
(1) 常用凑微分公式：

$$\int f(ax+b) dx = \frac{1}{a} \int f(ax+b) d(ax+b), \text{即} dx = \frac{1}{a} d(ax+b);$$

$$\int f(x^n) x^{n-1} dx = \frac{1}{n} \int f(x^n) dx^n, \text{即} x^{n-1} dx = \frac{1}{n} dx^n;$$

$$\frac{1}{x} dx = d\ln x, e^x dx = de^x, \sin x dx = -d\cos x, \cos x dx = d\sin x, \sec^2 x dx = d\tan x,$$

$$\sec x \tan x dx = d\sec x, \frac{1}{1+x^2} dx = d\arctan x, \frac{1}{\sqrt{1-x^2}} dx = d\arcsin x, \frac{x}{\sqrt{a^2 \pm x^2}} dx = \pm d\sqrt{a^2 \pm x^2}, \cdots$$

(2) 第二换元法.
(3) 分部积分法.

二、定积分和它的应用

1. 定积分的背景、定义、性质.

2. 定积分的计算公式：$\int_a^b f(x) dx = F(x) \Big|_a^b = F(b) - F(a)$.

3. 若 $f(x)$ 是 $[-a, a]$ 上的偶函数，则 $\int_{-a}^a f(x) dx = 2\int_0^a f(x) dx$；

若 $f(x)$ 是 $[-a, a]$ 上的奇函数，则 $\int_{-a}^a f(x) dx = 0$.

4. 垂直 x 轴围成面积：$A = \int_a^b [f(x) - g(x)] dx$；绕 x 轴旋转体体积：$V_x = \pi \int_a^b [f(x)]^2 dx$；

垂直 y 轴围成面积：$A = \int_c^d [\varphi(y) - \psi(y)] dy$；绕 y 轴旋转体体积：$V_y = \pi \int_c^d [\varphi(y)]^2 dy$.

5. 广义积分 $\int_a^{+\infty} f(x) dx = \lim_{b \to +\infty} \int_a^b f(x) dx$.

6. 定积分在土建工程中应用：杆件变形、分布荷载的力矩、平面图形的形心、惯性矩等.

复习题(四)

一、选择题

1. 下列函数中为函数 e^{-2x} 的原函数是( ).

   A. $y = -2e^{-2x}$ B. $y = -\dfrac{1}{2}e^{-2x}$ C. $y = e^{-2x}$ D. $y = 2e^{-2x}$

2. 下列等式正确的是( ).

   A. $\dfrac{d}{dx}\int f(x)dx = f(x)dx$ B. $\int df(x) = f(x)$

   C. $\int f'(x)dx = f(x)$ D. $d\left(\int f(x)dx\right) = f(x)dx$

3. 设 $f(x)$ 在 $[a,b]$ 上连续,则 $f(x)$ 必有( ).

   A. 导函数   B. 原函数   C. 极值
   D. 不定积分   E. 最大值与最小值

4. 设连续函数 $f(x)$ 在区间上不恒为零,$F_1(x),F_2(x)$ 是 $f(x)$ 的两个不同的原函数,则在 I 上有( ).

   A. $F_1(x) = cF_2(x)$ B. $F_1(x) - F_2(x) = c$ C. $F_1(x) + F_2(x) = c$

   D. $\dfrac{F_1(x)}{F_2(x)} = c$ E. $F_2(x) - F_1(x) = c$

5. 设 $F'(x) = f(x)$,c 为任意正实数,则 $\int f(x)dx = $ ( ).

   A. $F(x) + c$ B. $F(x) + \sin c$ C. $F(x) + \ln c$;   D. $F(x) + e^c$

6. 设 $f(x) = \int_0^{\sin x} \sin t^2 dt, g(x) = x^3 + x^4$,则当 $x \to 0$ 时,$f(x)$ 是 $g(x)$ 的( )

   A. 等价无穷小   B. 同阶但非等价的无穷小
   C. 高阶无穷小   D. 低阶无穷小

7. 由曲线 $y = f(x)$ 及直线 $x = a, x = b(a < b)$ 所围成的平面图形面积的计算公式是( ).

   A. $\int_a^b f(x)dx$ B. $\int_b^a f(x)dx$ C. $\int_a^b |f(x)|dx$ D. $\left|\int_a^b f(x)dx\right|$

8. 下列式子中,正确的是( )

   A. $\left(\int_x^0 \cos t dt\right)' = \cos x$ B. $\left(\int_0^x \cos t dt\right)' = \cos x$

   C. $\left(\int_0^x \cos t dt\right)' = 0$ D. $\left(\int_0^{\frac{\pi}{2}} \cos t dt\right)' = \cos x$

9. 下列广义积分收敛的是( ).

   A. $\int_0^{+\infty} e^x dx$ B. $\int_1^{+\infty} \dfrac{1}{x} dx$ C. $\int_0^{+\infty} \cos x dx$ D. $\int_1^{+\infty} \dfrac{1}{x^2} dx$

10. 设 $I_1 = \int_0^{\frac{\pi}{4}} \dfrac{\tan x}{x} dx, I_2 = \int_0^{\frac{\pi}{4}} \dfrac{x}{\tan x} dx$,则( ).

A. $I_1 > I_2 > 1$ B. $1 > I_1 > I_2$ C. $I_2 > I_1 > 1$ D. $1 > I_2 > I_1$

11. 函数 $f(x) = \int_0^x (2\cos t + \cos 3t)\,dt$ 在 $x = \dfrac{\pi}{3}$ 处必( ).

   A. 取得极小值   B. 取得极大值   C. 不是极值   D. 是单调的

12. 若 $\int_0^{+\infty} a e^{-\sqrt{x}}\,dx = 1$，则 $a = ($).

   A. 1   B. 2   C. $\dfrac{1}{2}$ D. $-\dfrac{1}{2}$

13. 在 $\left[-\dfrac{\pi}{2}, \dfrac{\pi}{2}\right]$ 上曲线 $y = \sin x$ 与 x 轴围成的面积为( ).

   A. $\int_{-\frac{\pi}{2}}^{\frac{\pi}{2}} \sin x\,dx$ B. $\int_0^{\frac{\pi}{2}} \sin x\,dx$ C. 0   D. $\int_{-\frac{\pi}{2}}^{\frac{\pi}{2}} |\sin x|\,dx$

14. 设 $\dfrac{\sin x}{x}$ 是 $f(x)$ 的一个原函数，则 $\int_{\frac{\pi}{2}}^{\pi} x f'(x)\,dx = ($)

   A. $\dfrac{4}{\pi} - 1$ B. $\dfrac{4}{\pi} + 1$ C. $\dfrac{\pi}{4} - 1$ D. $\dfrac{\pi}{4} + 1$

15. $\int_{-\frac{\pi}{2}}^{\frac{\pi}{2}} x(1 + x^{2011})\sin x\,dx = ($).

   A. 0   B. 1   C. 2   D. -2

二、计算题

1. 计算下列不定积分：

   (1) $\int \left(\dfrac{1}{1+x^2} + \dfrac{3}{\sqrt{1-x^2}}\right)dx$;

   (2) $\int \dfrac{3x^4 + 3x^2 + 1}{x^2 + 1}dx$;

   (3) $\int \dfrac{x}{\sqrt{1-x^2}}dx$;

   (4) $\int \dfrac{e^x}{(1+e^x)^2}dx$;

   (5) $\int \dfrac{dx}{x\sqrt{1+\ln x}}$;

   (6) $\int \dfrac{1}{1-e^x}dx$;

   (7) $\int \dfrac{1+x}{x^2 \cdot \sqrt[3]{x}}dx$;

   (8) $\int \sin^3 x\,dx$;

   (9) $\int x \arctan x\,dx$;

   (10) $\int e^{\sqrt{x+1}}dx$.

2. 计算下列定积分：

   (1) $\int_0^3 (2x+1)dx$;

   (2) $\int_0^1 \dfrac{1-x^2}{1+x^2}dx$;

   (3) $\int_0^1 \dfrac{e^x - e^{-x}}{2}dx$;

   (4) $\int_0^{\frac{\pi}{3}} \tan^2 x\,dx$;

   (5) $\int_0^1 e^{\sqrt{1-x}}dx$;

   (6) $\int_0^{2\pi} |\sin x|\,dx$;

(7) $\int_{\frac{1}{e}}^{e} \frac{1}{x}(\ln x)^2 dx$;   (8) $\int_{0}^{\pi} x^2 \sin x dx$.

3. 计算下列广义积分：

(1) $\int_{-\infty}^{+\infty} \frac{1}{x^2+4x+8} dx$;

(2) $\int_{1}^{+\infty} \frac{dx}{\sqrt{x}}$;

(3) $\int_{0}^{+\infty} x e^{-2x} dx$.

4. 已知某曲线 $y=f(x)$ 在点 x 处的切线斜率为 $\frac{1}{2\sqrt{x}}$，且曲线过点 $(4,3)$，试求曲线方程.

5. 已知图形由 $y=e^x$，$x=0$ 轴及 $y=e$ 所围成，求：
(1) 求图形面积；
(2) 图形绕 x 轴，绕 y 轴旋转的体积.

6. 求 $y=4-x^2$ 和 x 轴所围成图形的面积和形心坐标.

第五章 多元函数微积分及其应用

 学习目标

1. 理解多元函数的概念、极限、连续性；
2. 掌握多元函数偏导数概念及计算、全微分的概念及计算；
3. 会求多元函数最值,会用条件极值、拉格朗日乘数法；
4. 熟练掌握二重积分的计算；
5. 会应用二重积分的思想进行重心、形心等简单计算.

第一节 多元函数极限与连续性

一、多元函数的概念

在很多自然现象以及实际问题中,经常遇到多个变量之间的依赖关系,例如:
(1)圆柱体的体积 V 和它的底半径 r、高 h 之间具有如下关系

$$V = \pi r^2 h.$$

这里,当 r、h 在集合 $\{(r,h)|r>0,h>0\}$ 内取定一对值 (r,h) 时,V 的对应值就随之确定.
(2)设 R 是电阻 R_1、R_2 并联后的总电阻,由电学知道,它们之间具有关系

$$R = \frac{R_1 R_2}{R_1 + R_2}.$$

R_1、R_2 确定后,对应值就随之确定.

上面例子的具体意义虽各不相同,但它们却有共同的性质,抽象出这些共性就可得出以下二元函数的定义.

定义 5.1 设点集 $D \subset R^2$,如果对于每个点 $P(x,y) \in D$,按照一定法则 f 总有确定的值和另一变量 z 唯一确定的值对应,则称 z 是变量 x、y 的二元函数(或点 P 的函数),记为

$$z = f(x,y) (或 z = f(P)).$$

点集 D 称为该函数的定义域,x、y 称为自变量,z 称为因变量. 数集

$$\{z | z = f(x,y), (x,y) \in D\}$$

称为该函数的值域.

与一元函数类似,二元函数的两个要素也是定义域和对应法则.其定义域就是使得式子有意义的自变量的变化范围,而由实际问题得到的二元函数,其定义域由实际意义确定.二元函数的定义域比较复杂,它可以是一个点,也可能是一条曲线或由几条曲线所围成的部分平面,甚至可能是整个平面。

z 是 x,y 的函数也可记为 $z=z(x,y)$, $z=\Phi(x,y)$ 等等.

类似地,可以定义三元函数 $u=f(x,y,z)$ 以及三元以上的函数.一般地,把定义 5.1 中的平面点集 D 换成 n 维空间内的点集 D,则可类似定义 n 元函数 $u=f(x_1,x_2,\cdots,x_n)$. n 元函数也可简记为 $u=f(P)$,这里点 $P(x_1,x_2,\cdots,x_n)\in D$. 当 $n=1$ 时,n 元函数就是一元函数. 当 $n\geq 2$ 时, n 元函数就统称为多元函数.

例 5-1 求函数 $z=\ln(x+y)$ 的定义域.

解 定义域为 $\{(x+y)|x+y>0\}$,见图 5-1.

例 5-2 求函数 $z=\arcsin(x^2+y^2)$ 的定义域.

解 定义域为 $\{(x+y)|x^2+y^2\leq 1\}$,见图 5-2.

例 5-3 求 $f(x,y)=\dfrac{\arcsin(3-x^2-y^2)}{\sqrt{x-y^2}}$ 的定义域,并画出图形.

解 $\begin{cases}|3-x^2-y^2|\leq 1,\\ x-y^2>0,\end{cases}\Rightarrow\begin{cases}2\leq x^2+y^2\leq 4,\\ x>y^2.\end{cases}$

所以定义域为 $D=\{(x,y)|2\leq x^2+y^2\leq 4, x>y^2\}$,见图 5-3.

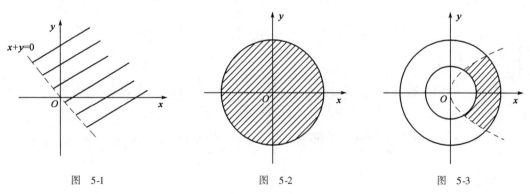

图 5-1　　　　　　　　图 5-2　　　　　　　　图 5-3

二、多元函数的极限

定义 5.2 当点 $P(x,y)$ 无限趋近于点 $P_0(x_0,y_0)$ 时,如果二元函数 $f(x,y)$ 无限趋近于一个确定的常数 A,则 A 称为函数 $f(x,y)$ 当 $(x,y)\to(x_0,y_0)$ 时的极限,记为 $\lim\limits_{(x,y)\to(x_0,y_0)}f(x,y)=A$.

为了区别一元函数的极限,把二元函数的极限叫作二重极限.

注意:只有当此点 $P(x,y)$ 以任何方式趋于点 $P_0(x_0,y_0)$ 时极限都存在,才能说 $\lim\limits_{\substack{x\to x_0\\y\to y_0}}f(x,y)$ 存在,也就是说,如果点 $P(x,y)$ 以两种不同的方式(如沿着特定的直线或曲线)趋于 $P_0(x_0,y_0)$ 时,极限不相等,则 $\lim\limits_{\substack{x\to x_0\\y\to y_0}}f(x,y)$ 就不存在.这恰恰是证明极限不存在的常用的方法.

例 5-4 讨论极限 $\lim\limits_{\substack{x\to 0\\y\to 0}}\dfrac{xy}{x^2+y^2}$ 是否存在.

解 当 $P(x,y)$ 沿直线 $y=kx$ 趋于 $(0,0)$ 时, $\lim\limits_{\substack{x\to 0\\y=kx\to 0}}\dfrac{xy}{x^2+y^2}=\dfrac{k}{1+k^2}$, 而当 $P(x,y)$ 沿曲线 $y=kx$ 趋于 $(0,0)$ 时, 极限值随着 k 值的不同而不同.

故极限 $\lim\limits_{\substack{x\to 0\\y\to 0}}\dfrac{xy}{x^2+y^2}$ 不存在.

例 5-5 求 $\lim\limits_{\substack{x\to 0\\y\to 0}}\dfrac{xy+2}{x^2+y^2+1}$.

解 $\lim\limits_{\substack{x\to 0\\y\to 0}}\dfrac{xy+2}{x^2+y^2+1}=2$.

例 5-6 (1) 求 $\lim\limits_{\substack{x\to 3\\y\to 0}}\dfrac{\sin(xy)}{y}$, (2) 求 $\lim\limits_{\substack{x\to 0\\y\to 0}}(1+xy)^{\frac{1}{xy}}$.

解 (1) $\lim\limits_{\substack{x\to 3\\y\to 0}}\dfrac{\sin(xy)}{y}=\lim\limits_{\substack{x\to 3\\y\to 0}}\dfrac{xy}{y}=3$;

(2) $\lim\limits_{\substack{x\to 0\\y\to 0}}(1+xy)^{\frac{1}{xy}}=e$.

三、二元函数的连续性

定义 5.3 设二元函数 $z=f(x,y)$ 在点 $P_0(x_0,y_0)$ 处有定义; 二重极限 $\lim\limits_{\substack{x\to x_0\\y\to y_0}}f(x,y)$ 存在; $\lim\limits_{\substack{x\to x_0\\y\to y_0}}f(x,y)=f(x_0,y_0)$. 则称二元函数 $z=f(x,y)$ 在点 $P_0(x_0,y_0)$ 处连续.

例 5-7 讨论函数 $f(x,y)=\begin{cases}\dfrac{xy}{x^2+y^2}, & x,y\text{ 不同时为 }0\\ 0, & x=y=0\end{cases}$ 在 $(0,0)$ 点的连续性.

解 由例 5.4 知, $\lim\limits_{\substack{x\to 0\\y\to 0}}\dfrac{xy}{x^2+y^2}$ 不存在, 所以 $f(x,y)$ 在点 $(0,0)$ 不连续.

习题 5.1

1. 求 $z=\sqrt{y-2x}$ 的定义域.
2. 求函数 $z=\ln(1-x^2-y^2)$ 的定义域, 并用图形表示.
3. 求下列极限

(1) $\lim\limits_{\substack{x\to 1\\y\to 0}}\dfrac{x^2y}{x^2+y^2}$; (2) $\lim\limits_{\substack{x\to 0\\y\to 0}}\dfrac{x^2+y^2}{1-\sqrt{1+x^2+y^2}}$; (3) $\lim\limits_{\substack{x\to 0\\y\to 2}}\dfrac{\tan(xy)}{x}$.

4. 求 $\lim\limits_{\substack{x\to 0\\y\to 0}}\dfrac{\sqrt{xy+1}-1}{xy}$.

5. 求 $\lim\limits_{\substack{x\to 1\\y\to 1}}\dfrac{xy-1}{\sqrt{xy+1}}$.

6. 求 $\lim\limits_{\substack{x\to 0\\y\to 1}}\dfrac{\ln(x+e^y)}{\sqrt{x^2+y^2}}$.

7. 证明 $\lim\limits_{\substack{x\to 0\\ y\to 0}} \dfrac{x^3 y}{x^6 + y^2}$ 不存在.

第二节 偏导数及全微分

一、偏导数的定义及其计算

1. 一阶偏导数

以二元函数 $z = f(x, y)$ 为例,如果只有自变量 x 变化,而自变量 y 固定(即看作常量),这时它就是 x 的一元函数,这时函数对 x 的导数,就称为二元函数 z 对于 x 的偏导数,即有如下定义:

定义 5.4 设函数 $z = f(x, y)$ 在点 (x_0, y_0) 的某一邻域内有定义,当 y 固定在 y_0 而 x 在 x_0 处有增量 Δx 时,相应地函数有增量

$$f(x_0 + \Delta x, y_0) - f(x_0, y_0),$$

如果

$$\lim_{\Delta x \to 0} \frac{f(x_0 + \Delta x, y_0) - f(x_0, y_0)}{\Delta x}$$

存在,则称此极限为函数 $z = f(x, y)$ 在点 (x_0, y_0) 处对 x 的偏导数,记作

$$\left.\frac{\partial z}{\partial x}\right|_{\substack{x = x_0 \\ y = y_0}}, \quad \left.\frac{\partial f}{\partial y}\right|_{\substack{x = x_0 \\ y = y_0}}, \quad \left.z_x\right|_{\substack{x = x_0 \\ y = y_0}} \quad \text{或} \quad f_x(x_0, y_0).$$

类似地,函数 $z = f(x, y)$ 在点 (x_0, y_0) 处对 y 的偏导数定义为

$$\lim_{\Delta y \to 0} \frac{f(x_0, y_0 + \Delta y) - f(x_0, y_0)}{\Delta y}$$

记作

$$\left.\frac{\partial z}{\partial y}\right|_{\substack{x = x_0 \\ y = y_0}}, \quad \left.\frac{\partial f}{\partial x}\right|_{\substack{x = x_0 \\ y = y_0}}, \quad \left.z_y\right|_{\substack{x = x_0 \\ y = y_0}} \quad \text{或} \quad f_y(x_0, y_0).$$

如果函数 $z = f(x, y)$ 在区域 D 内每一点 (x, y) 处对 x 的偏导数都存在,那么这个偏导数就是 x、y 的函数,它就称为函数 $z = f(x, y)$ 对自变量 x 的偏导数,记作

$$\frac{\partial z}{\partial x}, \quad \frac{\partial f}{\partial x}, \quad z_x \quad \text{或} \quad f_x(x, y).$$

类似地,可以定义函数 $z = f(x, y)$ 对自变量 y 的偏导数,记作

$$\frac{\partial z}{\partial y}, \quad \frac{\partial f}{\partial y}, \quad z_y \quad \text{或} \quad f_y(x, y).$$

至于实际求 $z = f(x, y)$ 的偏导数,并不需要用新的方法,因为这里只有一个自变量在变动,另一个自变量是看作固定的,所以仍旧是一元函数的微分法问题. 求 $\dfrac{\partial f}{\partial x}$ 时,只要把 y 暂时看作

常量而对 x 求导数;求 $\dfrac{\partial f}{\partial y}$ 时,则只要把 x 暂时看作常量而对 y 求导数.

注意:对一元函数来说,$\dfrac{\mathrm{d}y}{\mathrm{d}x}$ 可看作函数的微分 $\mathrm{d}y$ 与自变量的微分 $\mathrm{d}x$ 之商.而上式表明,偏导数的记号是一个整体记号,不能看作分子与分母之商.

例 5-8 设 $z = x^2 + y^3 + xy^2$,求 $\left.\dfrac{\partial z}{\partial x}\right|_{\substack{x=1\\y=0}}$.

解法一 先求偏导函数,再代入点.

$$\dfrac{\partial z}{\partial x} = 2x + y^2, \quad \left.\dfrac{\partial z}{\partial x}\right|_{\substack{x=1\\y=0}} = 2.$$

解法二 利用 $\left.\dfrac{\partial z}{\partial x}\right|_{\substack{x=1\\y=0}} = \left.\dfrac{\mathrm{d}z(x,0)}{\mathrm{d}x}\right|_{x=1}$,因为 $z(x,0) = x^2$,所以 $\left.\dfrac{\mathrm{d}z(x,0)}{\mathrm{d}x}\right|_{x=1} = 2.$

例 5-9 求 $z = x^2 + 3xy + y^2$ 的偏导数.

解 把 y 看作常量,得

$$\dfrac{\partial z}{\partial x} = 2x + 3y.$$

把 x 看作常量,得

$$\dfrac{\partial z}{\partial y} = 3x + 2y.$$

例 5-10 求 $z = \ln(x + y^2)$ 的偏导数.

解 $\dfrac{\partial z}{\partial x} = \dfrac{1}{x + y^2},$

$\dfrac{\partial z}{\partial y} = \dfrac{1}{x + y^2} \cdot 2y = \dfrac{2y}{x + y^2}.$

2. 高阶偏导数

定义 5.5 设函数 $z = f(x, y)$ 在区域 D 内具有偏导数

$$\dfrac{\partial z}{\partial x} = f_x(x, y), \quad \dfrac{\partial z}{\partial y} = f_y(x, y),$$

那么在 D 内 $f_x(x,y), f_y(x,y)$ 都是 x, y 的函数.如果这两个函数的偏导数也存在,则称它们是函数 $z = f(x,y)$ 的二阶偏导数.按照对变量求导次序的不同有下列四个二阶偏导数:

$$\dfrac{\partial}{\partial x}\left(\dfrac{\partial z}{\partial x}\right) = \dfrac{\partial^2 z}{\partial x^2} = f_{xx}(x,y), \quad \dfrac{\partial}{\partial y}\left(\dfrac{\partial z}{\partial x}\right) = \dfrac{\partial^2 z}{\partial x \partial y} = f_{xy}(x,y),$$

$$\dfrac{\partial}{\partial x}\left(\dfrac{\partial z}{\partial y}\right) = \dfrac{\partial^2 z}{\partial y \partial x} = f_{yx}(x,y), \quad \dfrac{\partial}{\partial y}\left(\dfrac{\partial z}{\partial y}\right) = \dfrac{\partial^2 z}{\partial y^2} = f_{yy}(x,y).$$

其中,第二、三个偏导数称为混合偏导数.同样,可得三阶、四阶、以及 n 阶偏导数.二阶及二阶以上的偏导数统称为高阶偏导数.

例 5-11 设 $z = x^3y^2 - 3xy^3 - xy + 1$，求 $\dfrac{\partial^2 z}{\partial x^2}, \dfrac{\partial^2 z}{\partial y \partial x}, \dfrac{\partial^2 z}{\partial x \partial y}, \dfrac{\partial^2 z}{\partial y^2}$ 及 $\dfrac{\partial^3 z}{\partial x^3}$.

解 $\dfrac{\partial z}{\partial x} = 3x^2y^2 - 3y^3 - y,\qquad \dfrac{\partial z}{\partial y} = 2x^3y - 9xy^2 - x;$

$\dfrac{\partial^2 z}{\partial x^2} = 6xy^2,\qquad \dfrac{\partial^2 z}{\partial y \partial x} = 6x^2y - 9y^2 - 1;$

$\dfrac{\partial^2 z}{\partial x \partial y} = 6x^2y - 9y^2 - 1,\qquad \dfrac{\partial^2 z}{\partial y^2} = 2x^3 - 18xy;$

$\dfrac{\partial^3 z}{\partial x^3} = 6y^2.$

说明：上例中两个二阶混合偏导数相等，即 $\dfrac{\partial^2 z}{\partial y \partial x} = \dfrac{\partial^2 z}{\partial x \partial y}$，这不是偶然的. 事实上，有下述定理.

定理 5.1 如果函数 $z = f(x, y)$ 的两个二阶混合偏导数 $\dfrac{\partial^2 z}{\partial y \partial x}$ 及 $\dfrac{\partial^2 z}{\partial x \partial y}$ 在区域 D 内连续，那么在该区域内这两个二阶混合偏导数必相等.

例 5-12 设 $z = x^2 + e^y + x^3y$，求 $\dfrac{\partial^2 z}{\partial y \partial x}, \dfrac{\partial^2 z}{\partial x^2}$.

解 $\dfrac{\partial z}{\partial y} = e^y + x^3, \dfrac{\partial^2 z}{\partial y \partial x} = 3x^2, \dfrac{\partial z}{\partial x} = 2x + 3x^2y, \dfrac{\partial^2 z}{\partial x^2} = 2 + 6xy.$

*3. 隐函数微分法

(1) 方程 $F(x, y) = 0$ 确定 $y = y(x)$，则 $\dfrac{dy}{dx} = -\dfrac{F'_x}{F'_y}$；

(2) 方程 $F(x, y, z) = 0$ 确定 $z = z(x, y)$，则 $\dfrac{\partial z}{\partial x} = -\dfrac{F'_x}{F'_z}, \dfrac{\partial z}{\partial y} = -\dfrac{F'_y}{F'_z}$.

注意：其中 F'_x, F'_y, F'_z 是将 $F(x, y, z)$ 中的 x, y, z 当作互相独立的三个中间变量求得的偏导数.

例 5-13 设方程 $e^z = xyz$ 确定隐函数 $z = f(x, y)$，求 $\dfrac{\partial z}{\partial x}, \dfrac{\partial z}{\partial y}$.

解法一 公式法.

设 $F(x, y, z) = e^z - xyz$，则 $F'_x = \dfrac{\partial F}{\partial x} = -yz, F'_y = \dfrac{\partial F}{\partial y} = -xz, F'_z = \dfrac{\partial F}{\partial z} = e^z - xy.$

于是 $\dfrac{\partial z}{\partial x} = -\dfrac{F'_x}{F'_z} = \dfrac{yz}{e^z - xy}, \dfrac{\partial z}{\partial y} = -\dfrac{F'_y}{F'_z} = \dfrac{xz}{e^z - xy}.$

解法二 直接法.

在方程两边同时对 x（或 y）求导，这时切记 z 是 x, y 的二元隐含数. 方程两边同时对 x 求导，有 $e^z \cdot \dfrac{\partial z}{\partial x} = yz + xy \cdot \dfrac{\partial z}{\partial x}$，即 $\dfrac{\partial z}{\partial x} = \dfrac{yz}{e^z - xy}.$

同理,可得 $\dfrac{\partial z}{\partial y} = \dfrac{xz}{e^z - xy}$.

二、全微分

1. 全微分的概念

定义 5.6 若 $z = f(x,y)$ 在点 $P(x,y)$ 有连续的偏导数 $f_x(x,y)$, $f_y(x,y)$,则定义函数的全微分 $dz = f_x(x,y)dx + f_y(x,y)dy$ 的并且称函数在点 $P(x,y)$ 可微.

例 5-14 设 $z = xy^2 - x^2 + y + 4$,求 dz.

$$\frac{\partial z}{\partial x} = y^2 - 2x, \qquad \frac{\partial z}{\partial y} = 2xy + 1;$$

$$dz = (y^2 - 2x)dx + (2xy + 1)dy.$$

例 5-15 求函数 $z = e^{xy}$ 的全微分及在点 $(2,1)$ 处的全微分.

解

$$\because \frac{\partial z}{\partial x} = ye^{xy}, \frac{\partial z}{\partial y} = xe^{xy};$$

$$dz = \frac{\partial z}{\partial x}dx + \frac{\partial z}{\partial y}dy = ye^{xy}dx + xe^{xy}dy;$$

$$\left.\frac{\partial z}{\partial x}\right|_{\substack{x=2\\y=1}} = e^2, \quad \left.\frac{\partial z}{\partial y}\right|_{\substack{x=2\\y=1}} = 2e^2.$$

$$\therefore dz = e^2 dx + 2e^2 dy.$$

*2. 全微分在近似计算的应用

当二元函数 $z = f(x,y)$ 在点 (x,y) 处的两个偏导数 $\dfrac{\partial z}{\partial x}$ 与 $\dfrac{\partial z}{\partial y}$ 存在且连续时,当 $|\Delta x|$, $|\Delta y|$ 很小时,有近似公式

$$f(x+\Delta x, y+\Delta y) \approx f(x,y) + f_x(x,y)\Delta x + f_y(x,y)\Delta y.$$

例 5-16 计算 $(1.04)^{2.02}$ 的近似值.

解 设函数 $f(x,y) = x^y, x = 1, y = 2, \Delta x = 0.04, \Delta y = 0.02$.
$\because f(1,2) = 1, f_x(x,y) = yx^{y-1}, f_y(x,y) = x^y \ln x, f_x(1,2) = 2, f_y(1,2) = 0$,由二元函数全微分近似计算公式得

$$(1.04)^{2.02} \approx 1 + 2 \times 0.04 + 0 \times 0.02 = 1.08.$$

例 5-17 测得矩形盒的边长为 75cm、60cm 以及 40cm,且可能的最大测量误差为 0.2cm. 试用全微分估计利用这些测量值计算盒子体积时可能带来的最大误差.

解 以 x、y、z 为边长的矩形盒的体积为 $V = xyz$,所以 $dV = \dfrac{\partial V}{\partial x}dx + \dfrac{\partial V}{\partial y}dy + \dfrac{\partial V}{\partial z}dz = yzdx + xzdy + xydz$.

由于已知 $|\Delta x| \leq 0.2, |\Delta y| \leq 0.2, |\Delta z| \leq 0.2$,为了求体积的最大误差,取 $dx = dy = dz = 0.2$,再结合 $x = 75, y = 60, z = 40$,得

$$\Delta V \approx dV = 60 \times 40 \times 0.2 + 75 \times 40 \times 0.2 + 75 \times 60 \times 0.2 = 1980,$$

即每边仅 0.2cm 的误差可以导致体积的计算误差达到 1980cm³.

习题 5.2

1. 设 $z = x^2 - y + xy^3 - 4$, 求 $\dfrac{\partial z}{\partial x}, \dfrac{\partial z}{\partial y}, \mathrm{d}z$.

2. 设 $z = x^y$, 求 $\dfrac{\partial z}{\partial x}, \dfrac{\partial z}{\partial y}, \mathrm{d}z$.

3. 设 $z = \mathrm{e}^{xy^2}$, 求 $\dfrac{\partial z}{\partial x}, \dfrac{\partial z}{\partial y}, \mathrm{d}z \big|_{\substack{x=0 \\ y=1}}$.

4. 设 $z = x^2 \ln y$, 求 $\dfrac{\partial^2 z}{\partial x \partial y}, \dfrac{\partial^2 z}{\partial y \partial x}, \dfrac{\partial^2 z}{\partial x^2}, \dfrac{\partial^2 z}{\partial y^2}$.

5. 设 $z = y\mathrm{e}^x + xy^2$, 求 $\dfrac{\partial^2 z}{\partial x \partial y} \bigg|_{(0,0)}$.

6. 方程式 $F(x,y) = y - x - \dfrac{1}{2}\sin y = 0$, 求 $\dfrac{\mathrm{d}y}{\mathrm{d}x}$.

7. 计算 $(0.98)^{2.03}$ 的近似值.

第三节 多元函数的极限及其应用

一、二元函数的极值

1. 二元函数的极值定义

定义 5.7 设函数 $z = f(x,y)$ 在点 (x_0, y_0) 的某个邻域内有定义,对于该邻域内异于 (x_0, y_0) 的点,如果都适合不等式
$$f(x,y) < f(x_0, y_0),$$
则称函数在点 (x_0, y_0) 有极大值 $f(x_0, y_0)$.
如果都适合不等式
$$f(x,y) > f(x_0, y_0),$$
则称函数在点 (x_0, y_0) 有极小值 $f(x_0, y_0)$. 极大值、极小值统称为极值. 使函数取得极值的点称为极值点.

例 5-18 函数 $z = 3x^2 + 4y^2$ 在点 $(0,0)$ 处有极小值. 因为对于点 $(0,0)$ 的任一邻域内异于 $(0,0)$ 的点,函数值都为正,而在点 $(0,0)$ 处的函数值为零. 从几何上看这是显然的,因为点 $(0,0,0)$ 是开口朝上的椭圆抛物面 $z = 3x^2 + 4y^2$ 的顶点.

例 5-19 函数 $z = xy$ 在点 $(0,0)$ 处既不取得极大值也不取得极小值. 因为在点 $(0,0)$ 处的函数值为零,而在点 $(0,0)$ 的任一邻域内,总有使函数值为正的点,也有使函数值为负的点.

2. 二元函数的极值判定定理

二元函数的极值问题,一般可以利用偏导数来解决. 下面两个定理就是这个问题的结论.

定理 5.2(必要条件) 设函数 $z = f(x,y)$ 在点 (x_0, y_0) 有偏导数,且在点 (x_0, y_0) 处有极值,则它在该点的偏导数必然为零.

$$f_x(x_0, y_0) = 0, \quad f_y(x_0, y_0) = 0.$$

使各个偏导数都等于零的点称为驻点.

注意:

(1) 驻点未必是极值点.

(2) 二元函数的极值点一定是驻点或偏导数不存在的点.

从几何上看,这时如果曲面 $z = f(x,y)$ 在点 (x_0, y_0, z_0) 处有切平面,则切平面

$$z - z_0 = f_x(x_0, y_0)(x - x_0) + f_y(x_0, y_0)(y - y_0)$$

成为平行于 xOy 坐标面的平面 $z - z_0 = 0$.

定理 5.3(充分条件) 设函数 $z = f(x,y)$ 在点 (x_0, y_0) 的某邻域内有直到二阶的连续偏导数,又有 $f_x(x_0, y_0) = 0, f_y(x_0, y_0) = 0$. 令

$$f_{xx}(x_0, y_0) = A, \quad f_{xy}(x_0, y_0) = B, \quad f_{yy}(x_0, y_0) = C.$$

(1) 当 $B^2 - AC < 0$ 时,函数 $f(x,y)$ 在 (x_0, y_0) 处有极值,且当 $A > 0$ 时有极小值 $f(x_0, y_0)$;$A < 0$ 时有极大值 $f(x_0, y_0)$;

(2) 当 $B^2 - AC > 0$ 时,函数 $f(x,y)$ 在 (x_0, y_0) 处没有极值;

(3) 当 $B^2 - AC = 0$ 时,函数 $f(x,y)$ 在 (x_0, y_0) 处可能有极值,也可能没有极值.

3. 求二元函数的极值的步骤

根据定理 5.2 与定理 5.3,如果函数 $f(x,y)$ 具有二阶连续偏导数,则求 $z = f(x,y)$ 的极值的一般步骤为:

(1) 解方程组 $f_x(x,y) = 0, f_y(x,y) = 0$,求出 $f(x,y)$ 的所有驻点;

(2) 求出函数 $f(x,y)$ 的二阶偏导数,依次确定各驻点处 A、B、C 的值,并根据 $B^2 - AC$ 的符号判定驻点是否为极值点.

(3) 最后求出函数 $f(x,y)$ 在极值点处的极值.

例 5-20 求函数 $f(x,y) = x^3 - y^3 + 3x^2 + 3y^2 - 9x$ 的极值.

解 $\begin{cases} f_x(x,y) = 3x^2 + 6x - 9 = 0 \\ f_y(x,y) = -3y^2 + 6y \end{cases}$

求得驻点为 $(1,0), (1,2), (-3,0), (-3,2)$.

再求出二阶偏导数

$$f_{xx}(x,y) = 6x + 6, \quad f_{xy}(x,y) = 0, \quad f_{yy}(x,y) = -6y + 6.$$

在点 $(1,0)$ 处,$B^2 - AC = -12 \times 6 < 0$,且 $A > 0$,所以函数在 $(0,1)$ 处有极小值 -5;

在点 $(1,2)$ 处,$B^2 - AC = -12 \times (6) > 0$,所以 $(1,2)$ 不是极值点;

在点 $(-3,0)$ 处,$B^2 - AC = -12 \times (-6) > 0$,所以 $(-3,0)$ 不是极值点;

在点 $(-3,2)$ 处,$B^2 - AC = 12 \times (-6) < 0$,且 $A < 0$,所以函数在 $(-3,2)$ 处有极大值 31.

例 5-21 求函数 $z = xy(a - x - y)$ 的极值 $(a \neq 0)$.

解 由极值存在的必要条件 $\begin{cases} z_x = y(a - 2x - y) = 0, \\ z_y = x(a - x - 2y) = 0, \end{cases}$ 解得驻点为 $(0,0), (a,0), (0,a)$,

$\left(\dfrac{a}{3}, \dfrac{a}{3}\right)$. 且 $z_{xx} = -2y, z_{yy} = -2x, z_{xy} = a - 2x - 2y$.

列表讨论如下(表 5-1).

表 5-1

点	A	B	C	$B^2 - AC$	结论
$(0,0)$	0	a	0	$a^2 > 0$	不是极值点
$(a,0)$	0	$-a$	$-2a$	$a^2 > 0$	不是极值点
$(0,a)$	$-2a$	$-a$	0	$a^2 > 0$	不是极值点
$\left(\dfrac{a}{3}, \dfrac{a}{3}\right)$	$-\dfrac{2}{3}a$	$-\dfrac{2}{3}a$	$-\dfrac{2}{3}a$	$-\dfrac{1}{3}a^2 < 0$	是极值点

当 $a > 0$ 时,$A = -\dfrac{2}{3}a < 0$,这时函数有极大值 $f\left(\dfrac{a}{3}, \dfrac{a}{3}\right) = \dfrac{a^3}{27}$;

当 $a < 0$ 时,$A = -\dfrac{2}{3}a > 0$,这时函数有极小值 $f\left(\dfrac{a}{3}, \dfrac{a}{3}\right) = \dfrac{a^3}{27}$.

二、最大值与最小值

定理 5.4 二元函数最大值 M、最小值 m 的求法:先求出区域内部的所有可能极值点(驻点及所有偏导数不存在的点)并计算函数值,最后将这些函数值的大小与端点函数值(如果可以取的话)比较,最大的为 M、最小的为 m.

例 5-22 某厂要用铁板做成一个体积为 $2\mathrm{m}^3$ 的有盖长方体水箱.问当长、宽、高各为多少时,才能使用料最省?

解 设水箱的长为 $x(\mathrm{m})$,宽为 $y(\mathrm{m})$,则其高应为 $\dfrac{2}{xy}$,此水箱所用材料的面积

$$A = 2\left(xy + y \cdot \dfrac{2}{xy} + x \cdot \dfrac{2}{xy}\right),$$

即

$$A = 2\left(xy + \dfrac{2}{x} + \dfrac{2}{y}\right) \quad (x > 0, y > 0).$$

可见,材料面积 A 是 x 和 y 的二元函数,这就是目标函数,下面求使这函数取得最小值的点 (x,y).

令

$$A_x = 2\left(y - \dfrac{2}{x^2}\right) = 0,$$

$$A_y = 2\left(x - \dfrac{2}{y^2}\right) = 0.$$

解这方程组,得

$$x = \sqrt[3]{2}, y = \sqrt[3]{2}.$$

根据题意可知,水箱所用材料面积的最小值一定存在,并在开区域 $D: x > 0, y > 0$ 内取得.

又函数在 D 内只有唯一的驻点 $(\sqrt[3]{2},\sqrt[3]{2})$，因此可断定当 $x=\sqrt[3]{2}$，$y=\sqrt[3]{2}$ 时，A 取得最小值. 就是说，当水箱的长为 $\sqrt[3]{2}$m，宽为 $\sqrt[3]{2}$m，高为 $\dfrac{2}{\sqrt[3]{2}\cdot\sqrt[3]{2}}=\sqrt[3]{2}$m 时，水箱所用的材料最省.

从这个例子还可看出，在体积一定的长方体中，以立方体的表面积为最小.

三、条件极值、拉格朗日乘数法

1. 条件极值定义

前文所讨论的极值问题，对于函数的自变量一般只要求落在定义域内，并无其他限制条件，这类极值称为无条件极值. 但在实际问题中，常会遇到对函数的自变量还有附加条件的极值问题. 对自变量有附加条件的极值称为条件极值.

2. 拉格朗日乘数法

设二元函数 $f(x,y)$ 和 $\varphi(x,y)$ 在区域 D 内有一阶连续偏导数，则求 $z=f(x,y)$ 在 D 内满足条件 $\varphi(x,y)=0$ 的极值问题，可以转化为求拉格朗日函数

$$L(x,y,\lambda)=f(x,y)+\lambda\varphi(x,y)$$

(其中 λ 为某一常数) 的无条件极值问题.

于是，求函数 $z=f(x,y)$ 在条件 $\varphi(x,y)=0$ 的极值的拉格朗日乘数法的基本步骤为：

(1) 构造拉格朗日函数

$$L(x,y,\lambda)=f(x,y)+\lambda\varphi(x,y),$$

其中 λ 为某一常数.

(2) 由方程组

$$\begin{cases} L_x=f_x(x,y)+\lambda\varphi_x(x,y)=0, \\ L_y=f_y(x,y)+\lambda\varphi_y(x,y)=0, \\ L_\lambda=\varphi(x,y)=0, \end{cases}$$

解出 x,y,λ，其中 x,y 就是所求条件极值的可能的极值点.

注意：拉格朗日乘数法只给出函数取极值的必要条件，因此按照这种方法求出来的点是否为极值点，还需要加以讨论. 不过在实际问题中，往往可以根据问题本身的性质来判定所求的点是不是极值点.

拉格朗日乘数法可推广到自变量多于两个且条件多于一个的情形.

例 5-23 求表面积为 $2a$，体积最大的长方体的体积.

解 令长方体长、宽、高分别为 x,y,z，$V=xyz$，则

$$s=2a=2(xy+yz+xz)$$

令

$$F(x,y,z,\lambda)=xyz+\lambda(xy+yz+xz-a)$$

$$\begin{cases} F_x=yz+\lambda(y+z)=0 \\ F_y=xz+\lambda(x+z)=0 \\ F_z=xy+\lambda(x+y)=0 \\ F_\lambda=xy+yz+xz-a=0 \end{cases} \Rightarrow \dfrac{yz}{y+z}=\dfrac{xz}{x+z}=\dfrac{xy}{x+y}=-\lambda \Rightarrow x=y=z$$

$\Rightarrow 3x^2 = a \Rightarrow x = y = z = \dfrac{\sqrt{3}}{3} \cdot \sqrt{a}$.

由于最大值一定存在,且最大值为 $V = \dfrac{\sqrt{3}}{9} a \sqrt{a}$.

习题 5.3

1. 求函数 $f(x,y) = x^3 - 4x^2 + 2xy - y^2 + 1$ 的极值.
2. 函数 $f(x,y) = 2x^2 + ax + xy^2 + 2y$ 在 $(1,-1)$ 取得极值,求常数 a.
3. 求函数 $z = xy$ 在条件 $x + y = 1$ 下的极值.
4. 求表面积为 a^2 而体积为最大的长方体的体积.
5. 某工厂生产甲、乙两种型号的机床,其产量分别为 x 台和 y 台,成本函数为 $C(x,y) = x^2 + 2y^2 - xy$(万元).问:
(1) 若这两种机床的售价分别为 4 万元和 5 万元,这两种机床产量分别为多少时利润最大?
(2) 若市场调查分析知道这两种机床共需 8 台,求如何安排生产使得总成本最小?最小成本为多少?
6. 将正数 12 分成三个正数之和,且使得 $u = x^3 y^2 z$ 最大.

第四节 二重积分及其计算

一、二重积分概念与性质

1. 引例

曲顶柱体的体积 设有一立体的底是 xOy 面上的有界闭区域 D,侧面是以 D 的边界曲线为准线、母线平行于 z 轴的柱面,顶是有二元非负连续函数 $z = f(x,y)$ 所表示的曲面,如图 5-4 所示,这个立体称为 D 上的曲顶柱体,试求该曲顶柱体的体积.

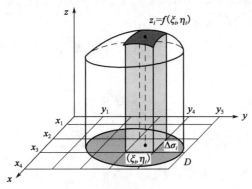

图 5-4

对于平顶柱体的体积 $V = $ 高 $\times$ 底面积,然而,曲顶柱体不是顶柱体,那么具体作法如下:

(1) 分割

把区域 D 任意划分成 n 个小闭区域 $\Delta\sigma_1, \Delta\sigma_2, \cdots, \Delta\sigma_n$,其中 $\Delta\sigma_i$ 表示第 i 个小闭区域,也表示它的面积.在每个小闭区域内,以它的边界曲线为准线、母线平行于 z 轴的柱面,如图 5-4 所示.这些柱面就那原来的曲顶柱体分割成 n 个小曲顶柱体.

(2) 近似

在每一个小闭区域 $\Delta\sigma_i$ 上任取一点 (ξ_i,η_i)，以 $f(\xi_i,\eta_i)$ 为高，$\Delta\sigma_i$ 为底的平顶柱体的体积 $f(\xi_i,\eta_i)\Delta\sigma_i$ 近似代替第 i 个小曲顶柱体的体积.

$$\Delta V_i \approx f(\xi_i,\eta_i)\Delta\sigma_i.$$

(3) 求和

这 n 个小平顶柱体的体积之和即为曲顶柱体体积的近似值

$$V = \sum_{i=1}^{n}\Delta V_i \approx \sum_{i=1}^{n}f(\xi_i,\eta_i)\Delta\sigma_i.$$

(4) 取极限

将区域 D 无限细分，且每个小闭区域趋向于或收缩成一点，这个近似值趋近于曲顶柱体的体积. 即

$$V = \lim_{\lambda\to 0}\sum_{i=1}^{n}f(\xi_i,\eta_i)\Delta\sigma_i.$$

其中 λ 表示这 n 个小闭区域 $\Delta\sigma_i$ 直径中最大值的直径(有界闭区域的直径是指区域中任意两点间的距离).

2. 二重积分概念

定义 5.8 设 $z=f(x,y)$ 是有界闭区域 D 上的有界函数，

(1) 将闭区域 D 任意分成 n 个小闭区域 $\Delta\sigma_1,\Delta\sigma_2,\cdots,\Delta\sigma_n$，其中 $\Delta\sigma_i$ 表示第 i 个小闭区域，也表示它的面积；

(2) 在每个 $\Delta\sigma_i$ 上任取一点 (ξ_i,η_i)，作乘积 $f(\xi_i,\eta_i)\Delta\sigma_i (i=1,2,\cdots,n)$；

(3) 并作和 $\sum_{i=1}^{n}f(\xi_i,\eta_i)\Delta\sigma_i$；

(4) 如果当各小闭区域的直径中的最大值 λ 趋于零时，这和式的极限总存在，则称此极限为函数 $f(x,y)$ 在闭区域 D 上的二重积分，记作

$$\iint_{D}f(x,y)\mathrm{d}\sigma$$

即

$$\iint_{D}f(x,y)\mathrm{d}\sigma = \lim_{\lambda\to 0}\sum_{i=1}^{n}f(\xi_i,\eta_i)\Delta\sigma_i.$$

其中 $f(x,y)$ 叫作**被积函数**，$f(x,y)\mathrm{d}\sigma$ 叫作**被积表达式**，$\mathrm{d}\sigma$ 叫作**面积元素**，x 与 y 叫作**积分变量**，D 叫作**积分区域**，$\sum_{i=1}^{n}f(\xi_i,\eta_i)\Delta\sigma_i$ 叫作**积分和**.

3. 二重积分的几何意义

(1) 当 $f(x,y)\geqslant 0$ 时，$\iint_{D}f(x,y)\mathrm{d}\sigma$ 可视为空间直角坐标系中以曲面 $z=f(x,y)$ 为顶，底面区域是 D 的曲顶柱体体积. 特别地，当 $f(x,y)=1$，$\iint_{D}\mathrm{d}\sigma$ 表示高为 1 的柱体的体积，其值与区域 D 的面积相等.

(2) 若 $f(x,y) \leq 0$,表示柱体在 xOy 面的下方,二重积分是该柱体体积的相反数.

(3) 若函数 $f(x,y)$ 在闭区域 D 上既有正的,又有负的,则二重积分表示在 xOy 面的上、下方的柱体体积的代数和.

4. 二重积分性质

性质 1 常数因子可提到积分号外面,即

$$\iint_D kf(x,y)\,d\sigma = k\iint_D f(x,y)\,d\sigma.$$

性质 2 和函数的积分等于各函数的积分和,即

$$\iint_D [f(x,y) \pm g(x,y)]\,d\sigma = \iint_D f(x,y)\,d\sigma \pm \iint_D g(x,y)\,d\sigma.$$

性质 3 若 D 分割为 D_1 与 D_2(D_1 与 D_2 除边界外没有公共部分),则有

$$\iint_D f(x,y)\,d\sigma = \iint_{D_1} f(x,y)\,d\sigma + \iint_{D_2} f(x,y)\,d\sigma.$$

性质 4 如果在 D 上,$f(x,y) \leq g(x,y)$,则有不等式

$$\iint_D f(x,y)\,d\sigma \leq \iint_D g(x,y)\,d\sigma.$$

特殊地有

$$\left|\iint_D f(x,y)\,d\sigma\right| \leq \iint_D |f(x,y)|\,d\sigma.$$

性质 5 设 M、m 分别是 $f(x,y)$ 在闭区域 D 上的最大值和最小值;σ 为 D 的面积,则有

$$m\sigma \leq \iint_D f(x,y)\,d\sigma \leq M\sigma.$$

性质 6(二重积分的中值定理) 设函数 $f(x,y)$ 在有界闭区域 D 上连续,σ 为 D 的面积,则在 D 上至少存在一点 (ξ,η) 使得

$$\iint_D f(x,y)\,d\sigma = f(\xi,\eta)\sigma.$$

例 5-24 根据二重积分的几何意义,指出下列积分值,其中 $D_1: x^2+y^2 \leq R^2$,$D_2: x+y \leq 1, x \geq 0, y \geq 0$;$\iint_{D_1} d\sigma$,$\iint_{D_1}\sqrt{R^2-x^2-y^2}\,d\sigma$,$\iint_{D_2}\sqrt{1-x-y}\,d\sigma$.

解 $\iint_{D_1} d\sigma = D_1$ 的面积 $= \pi R^2$.

$\iint_{D_1}\sqrt{R^2-x^2-y^2}\,d\sigma = $ 上半球体体积 $= \dfrac{2}{3}\pi R^3$.

$\iint_{D_2}\sqrt{1-x-y}\,d\sigma = $ 四面体的体积 $= \dfrac{1}{6}$.

例 5-25 比较积分 $\iint_D (x+y)\,d\sigma$ 与 $\iint_D (x+y)^3\,d\sigma$ 的大小,D 由 $(x-2)^2+(y-1)^2=2$ 围成的圆域.

解 当 $(x,y) \in D$ 时,总有 $x+y \geq 1$,故 $x+y \leq (x+y)^3$,$\iint\limits_D (x+y)\mathrm{d}\sigma \leq \iint\limits_D (x+y)^3 \mathrm{d}\sigma$.

例 5-26 试估计二重积分值 $\iint\limits_D (x+y+1)\mathrm{d}\sigma$,其中 D 是矩形区域: $0 \leq x \leq 1, 0 \leq y \leq 2$.

解 $f(x,y) = x+y+1$,则当 $(x,y) \in D$ 时,$m = 0+0+1 = 1$,$M = 2+1+1 = 4$,故 $1 \leq f(x,y) \leq 4$;且 $\sigma = 2 \times 1 = 2$,则

$$2 = m\sigma \leq \iint\limits_D (x+y+1)\mathrm{d}\sigma \leq M\sigma = 8$$

二、二重积分的计算

二重积分计算的基本思想是将二重积分化为两次定积分来计算,转化后的这种两次定积分称为二次积分或累次积分.

1. 累次积分

定理 5.5 若函数 $f(x,y)$ 是区域 $D = \{(x,y) \mid a \leq x \leq b, \varphi_1(x) \leq y \leq \varphi_2(x)\}$ 上的可积函数. 若对每一个 $x \in [a,b]$ 积分 $h(x) = \int_{\varphi_1(x)}^{\varphi_2(x)} f(x,y)\mathrm{d}y$ 存在,则 $h(x)$ 在 $[a,b]$ 可积,并有等式

$$\iint\limits_D f(x,y)\mathrm{d}x\mathrm{d}y = \int_a^b h(x)\mathrm{d}x = \int_a^b \left[\int_{\varphi_1(x)}^{\varphi_2(x)} f(x,y)\mathrm{d}y\right]\mathrm{d}x = \int_a^b \mathrm{d}x \int_{\varphi_1(x)}^{\varphi_2(x)} f(x,y)\mathrm{d}y.$$

这个表达式称为**二次积分或累次积分**. 在 $\int_{\varphi_1(x)}^{\varphi_2(x)} f(x,y)\mathrm{d}y$ 中,将 x 视为常数.

类似地,如果积分区域 $D = \{(x,y) \mid c \leq y \leq d, \psi_1(y) \leq x \leq \psi_2(y)\}$,则有

$$\iint\limits_D f(x,y)\mathrm{d}x\mathrm{d}y = \int_c^d \mathrm{d}y \int_{\psi_1(y)}^{\psi_2(y)} f(x,y)\mathrm{d}x.$$

特别地,当区域 D 为矩形区域 $D = \{(x,y) \mid a \leq x \leq b, c \leq y \leq d\}$ 时,有

$$\iint\limits_D f(x,y)\mathrm{d}x\mathrm{d}y = \int_a^b \mathrm{d}x \left[\int_c^d f(x,y)\mathrm{d}y\right] = \int_c^d \mathrm{d}y \int_a^b f(x,y)\mathrm{d}x.$$

注意:

(1) 将二重积分化为二次积分的关键是确定积分限(即表示积分区域的一组不等式).

(2) 用公式时,要求区域 D 分别满足,平行于 y 轴或 x 轴的直线与区域 D 边界相交不多于两点,如果区域 D 不满足这个条件,则须把区域 D 分割成几块,然后分块计算.

(3) 一个重积分常常是既可以先对 y 积分,又可以先对 x 积分,而这两种不同的积分次序,往往导致计算的繁简程度差别很大,所以就必须恰当地选择积分次序.

例 5-27 求 $\int_0^1 \mathrm{d}x \int_1^{x+1} x^2 y \mathrm{d}y$.

原式 $= \int_0^1 x^2 \cdot \dfrac{1}{2} y^2 \bigg|_1^{x+1} \mathrm{d}x$

$= \int_0^1 \left(\dfrac{1}{2}x^4 + x^3\right)\mathrm{d}x = \dfrac{7}{20}.$

例 5-28 将 $\iint\limits_{D} f(x,y)\,\mathrm{d}\sigma$ 化为二次积分，其中 D 为直线 $x+y=1, x-y=1, x=0$ 所围成的平面区域.

解 积分区域 D 如图 5-5 所示，且可表示为

$$\begin{cases} 0 \leqslant x \leqslant 1, \\ x-1 \leqslant y \leqslant 1-x, \end{cases} \text{或} \begin{cases} -1 \leqslant y \leqslant 0 \\ 0 \leqslant x \leqslant 1+y \end{cases} \text{及} \begin{cases} 0 \leqslant y \leqslant 1 \\ 0 \leqslant x \leqslant 1-y \end{cases}$$

故

$$\iint\limits_{D} f(x,y)\,\mathrm{d}\sigma = \int_{0}^{1} \mathrm{d}x \int_{x-1}^{1-x} f(x,y)\,\mathrm{d}y,$$

或 $\iint\limits_{D} f(x,y)\,\mathrm{d}\sigma = \int_{-1}^{0} \mathrm{d}y \int_{0}^{1+y} f(x,y)\,\mathrm{d}x + \int_{0}^{1} \mathrm{d}y \int_{0}^{1-y} f(x,y)\,\mathrm{d}x.$

例 5-29 计算二重积分 $\iint\limits_{D} xy\,\mathrm{d}\sigma$，其中 D 是由直线 $y=1, x=2$ 及 $y=x$ 所围成的闭区域.

解

方法一 区域 D 如图 5-6 所示，即

$$D = \{(x,y) \mid 1 \leqslant x \leqslant 2, 1 \leqslant y \leqslant x\}.$$

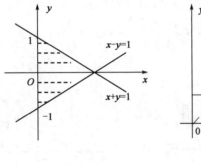
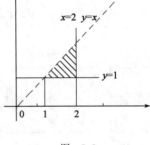

图 5-5　　　　　　　图 5-6

所以

$$\iint\limits_{D} xy\,\mathrm{d}\sigma = \int_{1}^{2} \mathrm{d}x \int_{1}^{x} xy\,\mathrm{d}y$$

$$= \int_{1}^{2} x \cdot \frac{1}{2} y^{2} \Big|_{y=1}^{y=x} \mathrm{d}x$$

$$= \int_{1}^{2} \left(\frac{1}{2} x^{3} - \frac{1}{2} x \right) \mathrm{d}x = \frac{9}{8}.$$

方法二 $D = \{(x,y) \mid 1 \leqslant y \leqslant 2, y \leqslant x \leqslant 2\}$，于是

$$\iint_D xy\,d\sigma = \int_1^2 dy \int_y^2 xy\,dx$$

$$= \int_1^2 y\,\frac{1}{2}x^2\Big|_{x=y}^{2}dy$$

$$= \int_1^2 \left(2y - \frac{1}{2}y^3\right)dy = \frac{9}{8}.$$

例 5-30 交换下列各积分的次序：

(1) $\int_0^1 dy \int_{1-y}^{1+y^2} f(x,y)\,dx$;

(2) $\int_0^1 dy \int_0^y f(x,y)\,dx + \int_1^2 dy \int_0^{2-y} f(x,y)\,dx$.

解

(1) 积分区域 D 为 $0 \leqslant y \leqslant 1, 1-y \leqslant x \leqslant 1+y^2$，如图 5-7 所示，改变次序后，$D = D_1 + D_2$. 其中

$$D_1: 0 \leqslant x \leqslant 1, 1-x \leqslant y \leqslant 1,$$
$$D_2: 1 \leqslant x \leqslant 2, \sqrt{x-1} \leqslant y \leqslant 1.$$

故

$$\int_0^1 dy \int_{1-y}^{1+y^2} f(x,y)\,dx = \int_0^1 dx \int_{1-x}^1 f(x,y)\,dy + \int_1^2 dx \int_{\sqrt{x-1}}^1 f(x,y)\,dy.$$

(2) 积分区域 D 如图 5-8 所示，改变次序后可表示为 $0 \leqslant x \leqslant 1, x \leqslant y \leqslant 2-x$.

故 $\int_0^1 dy \int_0^y f(x,y)\,dx + \int_1^2 dy \int_0^{2-y} f(x,y)\,dx = \int_0^1 dx \int_x^{2-x} f(x,y)\,dy.$

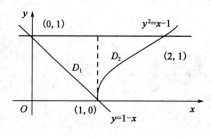

图 5-7

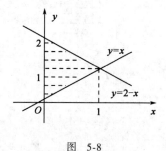

图 5-8

例 5-31 设 $I = \int_0^{\frac{\pi}{2}} dy \int_y^{\sqrt{\frac{\pi y}{2}}} \frac{\sin x}{x}\,dx$，计算 I 的值.

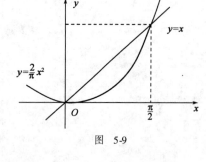

图 5-9

解 积分区域 $D: 0 \leqslant y \leqslant \dfrac{\pi}{2}, y \leqslant x \leqslant \sqrt{\dfrac{\pi y}{2}}$，如图 5-9 所示.

由于 $\dfrac{\sin x}{x}$ 的原函数不能用解析表达式表示，给定的积分次序难以得到结果，故改变积分次序. D 又可表示为

$$0 \leqslant x \leqslant \frac{\pi}{2}, \frac{2}{\pi}x^2 \leqslant y \leqslant x.$$

则
$$I = \int_0^{\frac{\pi}{2}} dx \int_{\frac{2}{\pi}x^2}^{x} \frac{\sin x}{x} dy$$
$$= \int_0^{\frac{\pi}{2}} \frac{\sin x}{x}\left(x - \frac{2}{\pi}x^2\right) dx$$
$$= \int_0^{\frac{\pi}{2}} \left(\sin x - \frac{2}{\pi}\sin x \cdot x\right) dx = 1 - \frac{2}{\pi}.$$

例 5-32 计算下列二重积分. $\iint_D (x^2 + y^2) d\sigma$,其中 $D = \{(x,y) \mid -1 \leqslant x \leqslant 1, -1 \leqslant y \leqslant 1\}$.

解 积分区域为 $D = \{(x,y) \mid -1 \leqslant x \leqslant 1, -1 \leqslant y \leqslant 1\}$.于是
$$\iint_D (x^2 + y^2) d\sigma = \int_{-1}^{1} dx \int_{-1}^{1} (x^2 + y^2) dy = \int_{-1}^{1} \left[x^2 y + \frac{1}{3}y^3\right]_{-1}^{1} dx$$
$$= \int_{-1}^{1} \left(2x^2 + \frac{2}{3}\right) dx = \left[\frac{2}{3}x^3 + \frac{2}{3}x\right]_{-1}^{1} = \frac{8}{3}.$$

例 5-33 求由平面 $x=0, y=0, x+y=1$ 所围成的柱体被平面 $z=0$ 及抛物面 $x^2 + y^2 = 6 - z$ 截得的立体的体积.

解 立体在 xOy 面上的投影区域为 $D = \{(x,y) \mid 0 \leqslant x \leqslant 1, 0 \leqslant y \leqslant 1-x\}$,所求立体的体积为以曲面 $z = 6 - x^2 - y^2$ 为顶,以区域 D 为底的曲顶柱体的体积,即
$$V = \iint_D (6 - x^2 - y^2) d\sigma = \int_0^1 dx \int_0^{1-x} (6 - x^2 - y^2) dy = \frac{17}{6}.$$

例 5-34 求由曲面 $z = x^2 + 2y^2$ 及 $z = 6 - 2x^2 - y^2$ 所围成的立体的体积.

解 由 $\begin{cases} z = x^2 + 2y^2 \\ z = 6 - 2x^2 - y^2 \end{cases}$ 消去 z,得 $6 - 2x^2 - y^2 = x^2 + 2y^2$,即 $x^2 + y^2 = 2$,故立体在 xOy 面上的投影区域为 $x^2 + y^2 \leqslant 2$,因为积分区域关于 x 及 y 轴均对称,并且被积函数关于 x, y 都是偶函数,所以
$$V = \iint_D [(6 - 2x^2 - y^2) - (x^2 + 2y^2)] d\sigma = \iint_D (6 - 3x^2 - 3y^2) d\sigma$$
$$= 12 \int_0^{\sqrt{2}} dx \int_0^{\sqrt{2-x^2}} (2 - x^2 - y^2) dy = 8 \int_0^{\sqrt{2}} \sqrt{(2-x^2)^3} dx = 6\pi.$$

*2. 极坐标系中的计算

如果极点在直角坐标系的原点,极轴为 x 轴的正半轴,则直角坐标与极坐标的转换公式为
$$\begin{cases} x = r\cos\theta, \\ y = r\sin\theta, \end{cases}$$
则
$$f(x,y) = f(r\cos\theta, r\sin\theta).$$

在二重积分的定义中对闭区域 D 的分割是任意的,在直角坐标系中用平行于坐标轴的直线网来划分区域 $D, d\sigma = dxdy$.那么,在极坐标系下,用 θ 为常数的射线,r 也为常数的同心圆将闭区域 D 分割成若干小区域.在 $[\theta, \theta + d\theta]$ 与 $[r, r + dr]$ 围成小区域的面积 $d\sigma = rdrd\theta$.

故二重积分的极坐标形式为

$$\iint_D f(x,y) d\sigma = \iint_D f(r\cos\theta, r\sin\theta) r dr d\theta.$$

其中 $d\sigma = rdrd\theta$ 就是极坐标系中的面积元素.

设区域 D 可以用不等式 $\varphi_1(\theta) \leq r \leq \varphi_2(\theta), \alpha \leq \theta \leq \beta$ 来表示,其中函数 $\varphi_1(\theta)$、$\varphi_2(\theta)$ 在区间 $[\alpha, \beta]$ 上连续,则

$$\iint_D f(x,y) d\sigma = \iint_D f(r\cos\theta, r\sin\theta) r dr d\theta = \int_\alpha^\beta d\theta \int_{\varphi_1(\theta)}^{\varphi_2(\theta)} f(r\cos\theta, r\sin\theta) r dr.$$

注意:在极坐标系中,区域 D 的边界曲线方程一般是 $r = r(\theta)$,所以通常选择先对 r 后对 θ 的积分次序.

如果极点 O 在区域 D 的内部,区域 D 的边界方程为 $r = r(\theta), 0 \leq \theta \leq 2\pi$,则二重积分为

$$\iint_D f(r\cos\theta, r\sin\theta) r dr d\theta = \int_0^{2\pi} d\theta \int_0^{r(\theta)} f(r\cos\theta, r\sin\theta) r dr.$$

如果极点 O 不在区域 D 的内部,从极点 O 引两条射线 $\theta = \alpha, \theta = \beta$ 夹着区域 D,那么区域 D 的边界由 $r = r_1(\theta), r = r_2(\theta)$ 构成,且 $r_1(\theta) \leq r_2(\theta)$,则二重积分为

$$\iint_D f(r\cos\theta, r\sin\theta) r dr d\theta = \int_\alpha^\beta d\theta \int_{r_1(\theta)}^{r_2(\theta)} f(r\cos\theta, r\sin\theta) r dr.$$

说明:有一些二重积分在直角坐标系中不易积出而在极坐标系中易积出的函数,就可以把它转化为在极坐标系中的积分即可,反之亦然.另外,对直角坐标系被积函数中含有 $x^2 + y^2$ 等于定值或者区域为圆或者圆的一部分时,往往化为极坐标系下进行计算.

例 5-35 $\iint_D e^{x^2+y^2} d\sigma$,其中 D 是由圆周 $x^2 + y^2 = 4$ 所围成的闭区域.

解 在极坐标下 $D = \{(\rho, \theta) | 0 \leq \theta \leq 2\pi, 0 \leq \rho \leq 2\}$,所以

$$\iint_D e^{x^2+y^2} d\sigma = \iint_D e^{\rho^2} \rho d\rho d\theta$$

$$= \int_0^{2\pi} d\theta \int_0^2 e^{\rho^2} \rho d\rho = 2\pi \cdot \frac{1}{2}(e^4 - 1) = \pi(e^4 - 1).$$

例 5-36 一平面薄片占有 xOy 平面上的闭区域 $D: x^2 + y^2 \leq 2y$,并且在任意点 (x,y) 处的面密度等于该点到坐标原点的距离,求其质量.

解 面密度函数 $\rho(x,y) = \sqrt{x^2 + y^2}$,用极坐标,区域 D 为:$0 \leq \theta \leq \pi, 0 \leq \rho \leq 2\sin\theta$,则平面薄片的质量

$$M = \iint_D \rho(x,y) d\sigma = \int_0^\pi d\theta \int_0^{2\sin\theta} \rho \cdot \rho d\rho = \int_0^\pi \frac{\rho^3}{3} \Big|_0^{2\sin\theta} d\theta = \frac{8}{3} \int_0^\pi \sin^3\theta d\theta = \frac{32}{9}.$$

例 5-37 $\iint_D \ln(1 + x^2 + y^2) d\sigma$,其中 D 是由圆周 $x^2 + y^2 = 1$ 及坐标轴所围成的在第一象限内的闭区域.

解 在极坐标下 $D = \{(\rho, \theta) | 0 \leq \theta \leq \frac{\pi}{2}, 0 \leq \rho \leq 1\}$,所以

$$\iint_D \ln(1 + x^2 + y^2) d\sigma = \iint_D \ln(1 + \rho^2) \rho d\rho d\theta$$

$$= \int_0^{\frac{\pi}{2}} \mathrm{d}\theta \int_0^1 \ln(1+\rho^2)\rho \mathrm{d}\rho = \frac{\pi}{2} \cdot \frac{1}{2}(2\ln 2 - 1) = \frac{\pi}{4}(2\ln 2 - 1).$$

习题 5.4

1. $\iint\limits_D (x^3 + 3x^2 y + y^2)\mathrm{d}\sigma$,其中 $D = \{(x,y) | 0 \leq x \leq 1, 0 \leq y \leq 1\}$.

2. $\iint\limits_D (3x + 2y)\mathrm{d}\sigma$,其中 D 是由两坐标轴及直线 $x + y = 2$ 所围成的闭区域.

3. 改换下列二次积分的积分次序:

(1) $\int_0^1 \mathrm{d}y \int_0^y f(x,y)\mathrm{d}x$;

(2) $\int_0^2 \mathrm{d}y \int_{y^2}^{2y} f(x,y)\mathrm{d}x$;

(3) $\int_1^2 \mathrm{d}x \int_{2-x}^{\sqrt{2x-x^2}} f(x,y)\mathrm{d}y$;

(4) $\int_1^e \mathrm{d}x \int_0^{\ln x} f(x,y)\mathrm{d}y$.

4. 设平面薄片所占的闭区域 D 由直线 $x+y=2, y=x$ 和 x 轴所围成,它的面密度为 $\mu(x,y) = x+y$,求该薄片的质量.

5. 计算由四个平面 $x=0, y=0, x=1, y=1$ 所围成的柱体被平面 $z=0$ 及 $2x+3y+z+6=0$ 截得的立体的体积.

6. 求二重积分 $\iint\limits_D (x^2 + y^2)\mathrm{d}\sigma$,其中 D 是圆环 $a^2 \leq x^2 + y^2 \leq b^2$.

第五节 二重积分在工程力学中的应用

我们知道利用二重积分可以计算立体的体积,现在介绍多元函数积分学在工程力学中的应用.

一、重心

在工程中物体重心的概念是非常有用的.例如,在建筑施工中,用吊车吊装各种建筑构件时,为防止被吊装构件倾斜或翻转,就必须使吊钩的延长线通过构件的重心.又如,在结构设计中,用柱子来承受由梁或屋架传下来的力.当力通过柱子各截面的重心时,柱子各截面所受的力就是均匀的,力学上称为中心受压;当力不通过柱子各截面的重心时,柱子就可能向一边弯曲,力学上称为偏心受压.两种不同的受力情况,结构设计上有很大的区别.

地球上的任何物体都受到地球引力的作用,这个力称为物体的重力.重力的作用点就是**重心**.

现有如图 5-10 所示平面薄片 D 的重心 $C(\bar{x}, \bar{y})$.设薄片内点 (x,y) 处的面密度为 $\rho(x,y)$,并且 $\rho(x,y)$ 在 D 上连续.

将 D 用任意光滑曲线划分成 n 小块,取微元素 $\mathrm{d}\sigma$,如图 5-10 所示.由于 $\mathrm{d}\sigma$ 很小,可以认为它的全部质量集中于 $\mathrm{d}\sigma$ 内的任意一点 $M(x,y)$.

此时 dσ 受到的重力
$$dF = g\rho(x,y)d\sigma.$$
dσ 对 O 点的重力矩
$$dL = gx\rho(x,y)d\sigma.$$
则平面薄片所受引力的合力
$$F = g\iint_D \rho(x,y)d\sigma.$$
平面薄片关于 O 点的合力矩
$$L = g\iint_D x\rho(x,y)d\sigma.$$

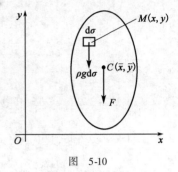

图 5-10

由物理学的合力矩定理,L 等于合力 F 的力矩,即
$$F\bar{x} = L.$$
则
$$\bar{x}g\iint_D \rho(x,y)d\sigma = g\iint_D x\rho(x,y)d\sigma.$$
所以
$$\bar{x} = \frac{\iint_D x\rho(x,y)d\sigma}{\iint_D \rho(x,y)d\sigma}. \tag{5-1}$$
同理可得
$$\bar{y} = \frac{\iint_D y\rho(x,y)d\sigma}{\iint_D \rho(x,y)d\sigma}. \tag{5-2}$$

式(5-1)、式(5-2)就是平面薄片 D 的重心的坐标计算公式.

二、形心

形心就是图形的几何中心. 当物体是匀质时,即密度 ρ = 常数时,形心与重心是重合的. 因此,上述式(5-1)、式(5-2)中,约去 $\rho(x,y)$ 即得形心坐标的计算公式.

$$\bar{x} = \frac{\iint_D xd\sigma}{\iint_D d\sigma} = \frac{\iint_D xd\sigma}{\sigma}. \tag{5-3}$$

$$\bar{y} = \frac{\iint_D yd\sigma}{\iint_D d\sigma} = \frac{\iint_D yd\sigma}{\sigma}. \tag{5-4}$$

其中,σ 为区域 D 的面积.

例 5-38 如图 5-11 所示,曲线 OB 为一抛物线 $y = \dfrac{h}{l^2}x^2$,利用二重积分求平面区域 $OABO$ 的面积和形心.

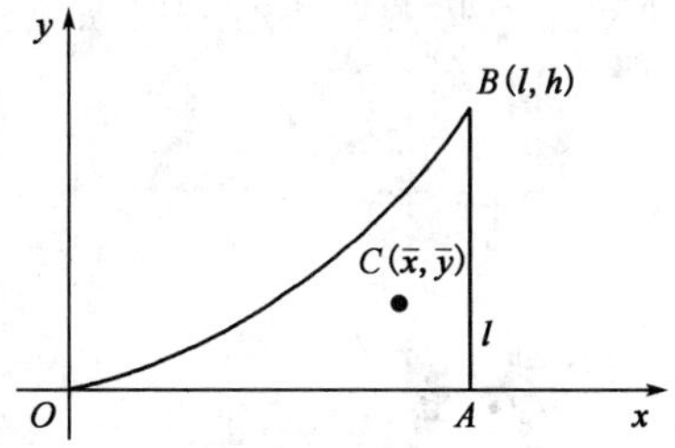

解 平面区域 $OABO$ 的面积

$$S = \iint\limits_{D} \mathrm{d}\sigma = \int_0^l \mathrm{d}x \int_0^{\frac{h}{l^2}x^2} \mathrm{d}y = \frac{hl}{3}.$$

而

$$\iint\limits_{D} x \mathrm{d}\sigma = \int_0^l \mathrm{d}x \int_0^{\frac{h}{l^2}x^2} x \mathrm{d}x = \int_0^l x^3 \cdot \frac{h}{l^2} \mathrm{d}x = \frac{hl^2}{4},$$

$$\iint\limits_{D} y \mathrm{d}\sigma = \int_0^l \mathrm{d}x \int_0^{\frac{h}{l^2}x^2} y \mathrm{d}y = \int_0^l \frac{h^2}{2l^4} x^4 \mathrm{d}x = \frac{h^2 l}{10}.$$

图 5-11

所以

$$\bar{x} = \frac{\iint\limits_{D} x \mathrm{d}\sigma}{\iint\limits_{D} \mathrm{d}\sigma} = \frac{\frac{hl^2}{4}}{\frac{hl}{3}} = \frac{3}{4}l,$$

$$\bar{y} = \frac{\iint\limits_{D} y \mathrm{d}\sigma}{\iint\limits_{D} \mathrm{d}\sigma} y = \frac{\frac{h^2 l}{10}}{\frac{hl}{3}} = \frac{3}{10}h.$$

于是 $OABO$ 区域的面积为 $\dfrac{hl}{3}$,形心为 $C\left(\dfrac{3}{4}l, \dfrac{3}{10}h\right)$. 此例与第四章第六节中用一元函数定积分方法计算的结果相同.

三、面积矩

任意平面图形 D 上所有微面积 $\mathrm{d}\sigma$ 与其坐标 x(或 y)乘积的总和,称为该平面图形对 y 轴(x 轴)的面积矩,用 S_x(或 S_y)表示,即

$$\begin{cases} S_x = \iint\limits_{D} y \mathrm{d}\sigma, \\ S_y = \iint\limits_{D} x \mathrm{d}\sigma, \end{cases} \tag{5-5}$$

联系形心坐标的计算公式(5-3)、公式(5-4),可知

$$\bar{x} = \frac{S_y}{A}, \bar{y} = \frac{S_x}{A}.$$

其中 A 是图形 D 的面积,所以面积矩可以用平面图形 D 的面积 A 与形心坐标计算

$$S_x = A\bar{y}, S_y = A\bar{x}. \tag{5-6}$$

1. 惯性矩

任意平面图形 D 上所有微面积 $\mathrm{d}\sigma$ 与其坐标 x(或 y)平方乘积的总和,称为该平面图形对

y 轴(或 x 轴)的惯性矩,用 I_x(或 I_y)表示,即

$$\begin{cases} I_x = \iint\limits_{D} y^2 \mathrm{d}\sigma, \\ I_y = \iint\limits_{D} x^2 \mathrm{d}\sigma. \end{cases} \tag{5-7}$$

2. 极惯性矩

平面图形 D 对坐标原点 O 的极惯性矩为

$$I_O = \iint\limits_{D} r^2 \mathrm{d}\sigma \tag{5-8}$$

r 是 D 内点(x,y)到 O 点的距离。注意到 $r^2 = x^2 + y^2$,有

$$I_O = \iint\limits_{D} (x^2 + y^2)\mathrm{d}\sigma = \iint\limits_{D} x^2 \mathrm{d}\sigma + \iint\limits_{D} y^2 \mathrm{d}\sigma = I_x + I_y. \tag{5-9}$$

所以,任何平面图形对原点的极惯性矩等于这个图形对于两条直角坐标轴的惯性矩之和.

例 5-39 求图 5-12 所示矩形的惯性矩

解
$$I_x = \iint\limits_{D} y^2 \mathrm{d}\sigma = \int_{-\frac{b}{2}}^{\frac{b}{2}} \mathrm{d}x \int_{-\frac{h}{2}}^{\frac{h}{2}} y^2 \mathrm{d}y$$

$$= \int_{-\frac{b}{2}}^{\frac{b}{2}} \frac{h^3}{12} \mathrm{d}x = \frac{bh^3}{12}.$$

$$I_y = \iint\limits_{D} x^2 \mathrm{d}\sigma = \int_{-\frac{b}{2}}^{\frac{b}{2}} \mathrm{d}x \int_{-\frac{h}{2}}^{\frac{h}{2}} x^2 \mathrm{d}y$$

$$= \int_{-\frac{b}{2}}^{\frac{b}{2}} hx^2 \mathrm{d}y = \frac{hb^3}{12}.$$

所以横截面的底宽为 b,高度为 h 的矩形梁的惯性矩分别为

$$I_x = \frac{bh^3}{12}, I_y = \frac{hb^3}{12}.$$

类似地,可求出图 5-13 中所示圆形截面、空心圆截面的惯性矩.

圆形截面

$$I_x = I_y = \frac{\pi d^4}{64}.$$

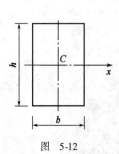

图 5-12

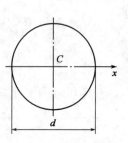 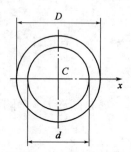

图 5-13

空心圆截面

$$I_x = I_y = \frac{\pi}{64}(D^4 - d^4) = \frac{\pi D^4}{64}(1 - \alpha^4).$$

其中 $\alpha = d/D$.

例 5-40 求图 5-14 所示等腰三角形的面积矩、惯性矩和极惯性矩.

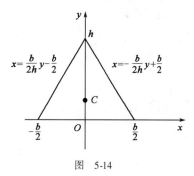

图 5-14

解

(1) 这个等腰三角形的形心为 $C\left(0, \dfrac{h}{3}\right)$, 面积 $A = \dfrac{1}{2}hb$, 所以面积矩

$$S_x = A\,\bar{y} = \frac{1}{6}h^2 b,$$

$$S_y = A\,\bar{x} = 0.$$

(2) 等腰三角形对 x 轴和 y 轴的惯性矩分别为

$$I_x = \iint_D y^2 \mathrm{d}\sigma = \int_0^h \mathrm{d}y \int_{\frac{b}{2h}y - \frac{b}{2}}^{-\frac{b}{2h}y + \frac{b}{2}} y^2\,\mathrm{d}x$$

$$= \int_0^h \left(-\frac{b}{h}y^3 + by^2\right)\mathrm{d}y = \frac{bh^3}{12}.$$

$$I_y = \iint_D x^2 \mathrm{d}\sigma = \int_0^h \mathrm{d}y \int_{\frac{b}{2h}y - \frac{b}{2}}^{-\frac{b}{2h}y + \frac{b}{2}} x^2\,\mathrm{d}x$$

$$= \frac{b^3}{12h^3}\int_0^h (-y^3 + 3hy^2 - 3h^2 y + h^3)\,\mathrm{d}y$$

$$= \frac{b^3 h}{48}.$$

(3) 对原点 O 的极惯性矩是

$$I_O = I_x + I_y = \frac{bh}{48}(4h^2 + b^2).$$

实验五　二元函数微积分计算

一、偏导数

【命令】对 $f(x,y)$ 求一阶偏导数命令:diff(函数 f(x,y), 变量名 x, n).
对函数 $f(x,y)$ 的 x 的 n 阶偏导数:MATLAB 求雅可比矩阵命令 jacobian, 调用格式:
jacobian([f(x,y,z), g(x,y,z), h(x,y,z)], [x,y,z])

例 5-41 设 $u = \sqrt{x^2 + y^2 + z^2}$ 求 u 的一阶偏导数.

解 输入命令:

diff((x^2 + y^2 + z^2)^(1/2), x).

在命令中将末尾的 x 换成 y 将给出 y 的偏导数:

$$\text{ans} = 1/(x^2 + y^2 + z^2)^{\wedge}(1/2) * y.$$

也可以输入命令：
$$\text{jacobian}((x^2 + y^2 + z^2)^{\wedge}(1/2),[x\ y]).$$

结果：
$$\text{ans} = [1/(x^2 + y^2 + z^2)^{\wedge}(1/2) * x,\ 1/(x^2 + y^2 + z^2)^{\wedge}(1/2) * y]$$

例 5-42 设 $z = x^6 - 3y^4 + 2x^2 y^2$，求 $\dfrac{\partial^2 z}{\partial x \partial y}$.

解 输入命令：
$$\text{diff}(\text{diff}(x^{\wedge}6-3*y^{\wedge}4+2*x^{\wedge}2*y^{\wedge}2,x),y)$$

可得 $\dfrac{\partial^2 z}{\partial x \partial y}$：$\text{ans} = 8 * x * y$

例 5-43 设 $z = \sin(xy) + \cos^2(xy)$，求 $\dfrac{\partial z}{\partial x}, \dfrac{\partial z}{\partial y}, \dfrac{\partial^2 z}{\partial x^2}, \dfrac{\partial^2 z}{\partial x \partial y}$

解 syms x y;
z = sin(x * y) + cos(x * y)^2;
dz = jacobian(z,[x,y])
dz2_dx2 = diff(dz(1),x)
dz2_dxy = diff(dz(1),y)
ans:
dz = [cos(x * y) * y - 2 * cos(x * y) * sin(x * y) * y, cos(x * y) * x - 2 * cos(x * y) * sin(x * y) * x]
dz2_dx2 = -sin(x * y) * y^2 + 2 * sin(x * y)^2 * y^2 - 2 * cos(x * y)^2 * y^2
dz2_dxy = -sin(x * y) * x * y + cos(x * y) + 2 * sin(x * y)^2 * x * y - 2 * cos(x * y)^2 * x * y - 2 * cos(x * y) * sin(x * y)

例 5-44 设 $x = e^u + u\sin v, y = e^u - u\cos v$，求 $\dfrac{\partial u}{\partial x}, \dfrac{\partial u}{\partial y}, \dfrac{\partial v}{\partial x}, \dfrac{\partial v}{\partial y}$

解 syms x y u v;
x = exp(u) + u * sin(v);
y = exp(u) - u * cos(v);
d = jacobian([x,y],[u,v]);
du_dx = 1/d(1,1)
du_dy = 1/d(2,1)
dv_dx = 1/d(1,2)
dv_dy = 1/d(2,2)
ans:du_dx = 1/(exp(u) + sin(v))
du_dy = 1/(exp(u) - cos(v))
dv_dx = 1/u/cos(v)
dv_dy = 1/u/sin(v)

二、二重积分

例5-45 计算 $\int_0^2 dx \int_{-1}^1 (x+y^2) dy$

方法一： int(int('x+y^2','y',-1,1),'x',0,2);
ans = 16/3（符号求积分）.

方法二： dblquad(inline('x+y^2'),0,2,-1,1)
ans = 5.3333（抛物线法求二重数值积分）.

例5-46 计算 $\int_0^1 dx \int_1^2 x^y dy = c$

解 syms x y;
a = int(int(x^y,x,0,1),y,1,2); b = simple(a); c = vpa(b,4)
c = 0.4055

例5-47 计算 $\iint\limits_{x^2+y^2 \le 1} \sqrt{1-x^2} dx dy$.

解 syms x y;
iy = int(sqrt(1-x^2),y,-sqrt(1-x^2),sqrt(1-x^2));
int(iy,x,-1,1)
ans = 8/3

三、多元函数的极值

例5-48 求 $f(x,y) = x^3 - y^3 + 3x^2 + 3y^2 - 9x$ 的极值.

解 function f = fun(x,y)
f = x^3-y^3+3*x^2+3*y^2-9*x;
clear;
syms x y
f = x^3-y^3+3*x^2+3*y^2-9*x;
[x y] = solve(diff(f,x),diff(f,y),'x,y')
fun(1,0)
fun(-3,0)
fun(1,2)
fun(-3,2)
result：x =   1 -3   1 -3
y =   0 0   2 2
ans =   -5
ans =   27
ans =   -1
ans =   31

则极大值为 f(-3,2)=31, 极小值为 f(1,0)=-5

本 章 小 结

★ **本章知识网络图**

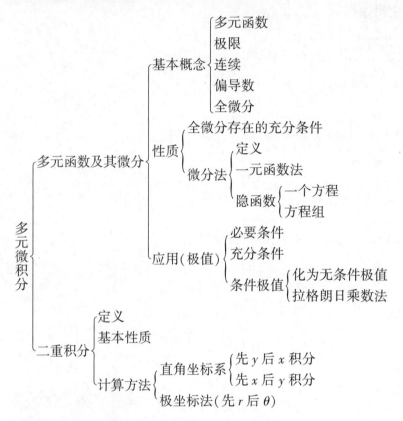

★ **主要知识点**

1. 设二元函数 $z=f(x,y)$ 在点 $P_0(x_0,y_0)$ 处有定义;二重极限 $\lim\limits_{\substack{x\to x_0\\y\to y_0}}f(x,y)$ 存在;$\lim\limits_{\substack{x\to x_0\\y\to y_0}}f(x,y)=f(x_0,y_0)$. 则称二元函数 $z=f(x,y)$ 在点 $P_0(x_0,y_0)$ 处连续.

2. $z=f(x,y)$ 在点 (x_0,y_0) 处对 x 的偏导数,记作 $\dfrac{\partial z}{\partial x}\bigg|_{\substack{x=x_0\\y=y_0}}$ 或 $f_x(x_0,y_0)$ 等,函数 $z=f(x,y)$ 在点 (x_0,y_0) 处对 y 的偏导数记作 $\dfrac{\partial z}{\partial y}\bigg|_{\substack{x=x_0\\y=y_0}}$ 或 $f_y(x_0,y_0)$ 等.

3. 连续、偏导和可微的关系(图 5-15).

4. 隐函数微分法.

方程 $F(x,y,z)=0$ 确定 $z=z(x,y)$,则 $\dfrac{\partial z}{\partial x}=-\dfrac{F'_x}{F'_z}$,

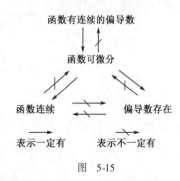

图 5-15

$$\frac{\partial z}{\partial y} = -\frac{F'_y}{F'_z}.$$

5. 各个偏导数都等于零的点称为驻点.

(1) 驻点未必是极值点.

(2) 二元函数的极值点一定是驻点或偏导数不存在的点.

6. 拉格朗日乘数法.

7. 二重积分在直角坐标系下的计算公式是

$$\iint\limits_D f(x,y)\mathrm{d}\sigma = \iint\limits_D f(x,y)\mathrm{d}x\mathrm{d}y.$$

其中面积元素为 $\mathrm{d}\sigma = \mathrm{d}x\mathrm{d}y$.

8. 上述公式化为累次积分计算可以得到两个计算公式

(1) $\iint\limits_D f(x,y)\mathrm{d}x\mathrm{d}y = \int_a^b \mathrm{d}x \int_{\varphi_1(x)}^{\varphi_2(x)} f(x,y)\mathrm{d}y$ （先对 y 积分,再对 x 积分）

(2) $\iint\limits_D f(x,y)\mathrm{d}x\mathrm{d}y = \int_c^d \mathrm{d}y \int_{\varphi_1(y)}^{\varphi_2(y)} f(x,y)\mathrm{d}x$ （先对 x 积分,再对 y 积分）

具体计算二重积分时选择以上两个公式中的哪一个,要根据积分区域的形状和被积函数的特点来确定.

(3) 二重积分在极坐标系下的计算公式是

$$\iint\limits_D f(x,y)\mathrm{d}\sigma = \iint\limits_D f(r\cos\theta, r\sin\theta) r\mathrm{d}r\mathrm{d}\theta$$

其中面积元素为 $\mathrm{d}\sigma = r\mathrm{d}r\mathrm{d}\theta$.

9. 二重积分在工程力学中的应用.

复习题（五）

一、选择题

1. 设函数 $f(x,y)$ 在点 (x_0, y_0) 处偏导数存在,则 $f(x,y)$ 在点 (x_0, y_0) 处（　　）.

　　A. 有极限　　　　B. 连续　　　　C. 可微　　　　D. 以上都不成立

2. 函数 $z = \sqrt{x^2 + y^2}$ 在点 $(0,0)$ 处（　　）.

　　A. 不连续　　　　　　　　　　　B. 连续且偏导数存在

　　C. 取极小值　　　　　　　　　　D. 无极值

3. $\lim\limits_{(x,y)\to(0,0)} \dfrac{\sin(x-y)}{x+y} = ($　　$)$.

　　A. 1　　　　　　B. ∞　　　　　C. 0　　　　　　D. 不存在

4. 已知 $(x+ay)\mathrm{d}x + y\mathrm{d}y$ 为函数的全微分,则 a 等于（　　）.

　　A. -1　　　　　B. 0　　　　　　C. 1　　　　　　D. 2

5. 若函数 $f(x,y)$ 在点 (x_0,y_0) 处取极大值,则( ).

   A. $f'_x(x_0,y_0)=0, f'_y(x_0,y_0)=0$

   B. 若 (x_0,y_0) 是 D 内唯一极值点,则必为最大值点

   C. $[f''_{xy}(x_0,y_0)]^2 - f''_{xx}(x_0,y_0) \cdot f''_{yy}(x_0,y_0) < 0$,且 $f''_{xx}(x_0,y_0) < 0$

   D. 以上结论都不正确

6. $z = y\cos(x-2y)$ 在点 $\left(\pi, \dfrac{\pi}{4}\right)$ 处全微分( ).

   A. $\dfrac{\pi}{4}(dx + 2dy)$ B. $\dfrac{\pi}{4}(-dx + 2dy)$

   C. $\dfrac{\pi}{4}(-dx - 2dy)$ D. $\dfrac{\pi}{4}(dx - 2dy)$

7. 设区域 D 是由曲线:$x^2 + y^2 \leqslant 1$ 所确定的区域,则 $\iint\limits_D d\sigma = ($).

   A. 2 B. π C. 4π D. 8π

8. 积分 $I_1 = \iint\limits_{D_1}(x^2+y^2)^3 d\sigma$ 与 $I_2 = \iint\limits_{D_2}(x^2+y^2)^3 d\sigma$ 的关系是( ),其中 $D_1:-1 \leqslant x \leqslant 1, -1 \leqslant y \leqslant 1$. $D_2: 0 \leqslant x \leqslant 1, 0 \leqslant y \leqslant 1$.

   A. $I_1 = I_2$ B. $I_1 = 2I_2$ C. $I_1 = 3I_2$ D. $I_1 = 4I_2$

9. 设 $I = \iint\limits_D e^{x^2+y^2} d\sigma$,其中 D 为:$1 \leqslant x^2 + y^2 \leqslant 4$,则下列正确的是( ).

   A. $3\pi e \leqslant I \leqslant 3\pi e^2$ B. $3\pi e \leqslant I \leqslant 3\pi e^3$

   C. $3\pi e \leqslant I \leqslant 3\pi e^4$ D. $3\pi e^2 \leqslant I \leqslant 3\pi e^4$

二、填空题

1. 函数 $u = \sqrt{\arcsin\dfrac{x^2+y^2}{z}}$ 的定义域为_____.

2. 若 $z = e^{x^2+y^2}$,则 $z'_x(1,1) = $_____,$z'_y(1,1) = $_____.

3. 若 $z = x\ln(x+y)$,则 $\dfrac{\partial^2 z}{\partial y^2} = $_____.

4. $z = e^{xy}$,则 $dz|_{(1,1)} = $_____.

5. $z = x^3 y^2$ 在点 $(1,1)$ 处,当 $\Delta x = 0.02, \Delta y = -0.01$ 时的全微分为_____.

6. 若二重积分的积分区域 D 是 $\{(x,y)\mid 1 \leqslant x^2+y^2 \leqslant 4\}$,则 $\iint\limits_D dxdy = $_____.

7. 若 D 是矩形区域 $\{(x,y)\mid 0 \leqslant x \leqslant 1, 0 \leqslant y \leqslant 1\}$,则 $\iint\limits_D dxdy = $_____.

三、综合题

1. 设函数 $f(x,y) = \begin{cases} \dfrac{xy}{y-x}, & y \neq x, \\ 0, & y = x, \end{cases}$ 证明 $\lim\limits_{\substack{x \to 0 \\ y \to 0}} f(x,y)$ 不存在.

2. 试证 $f(x,y) = \begin{cases} \dfrac{2xy}{x^2+y^2}, & x^2+y^2 \neq 0 \\ 0, & x^2+y^2 = 0 \end{cases}$ 在点 $(0,0)$ 处的两个偏导数 $f'_x(0,0)$ 和 $f'_y(0,0)$ 均存在,但是函数 $f(x,y)$ 在该点不连续.

3. 设有函数 $f(x,y) = \begin{cases} (x^2+y^2)\sin\dfrac{1}{x^2+y^2}, & x^2+y^2 \neq 0, \\ 0, & x^2+y^2 = 0. \end{cases}$

证明:(1) 在点 $(0,0)$ 的邻域内有偏导数 $f'_x(x,y), f'_y(x,y)$;

(2) 偏导数 $f'_x(x,y)$ 和 $f'_y(x,y)$ 在点 $(0,0)$ 处不连续;

4. 若由方程 $e^z - xyz = 0$ 确定隐函数 $z = z(x,y)$,试求 $\dfrac{\partial z}{\partial x}$?

5. 求二重积分 $\iint\limits_{\substack{0 \leqslant x \leqslant 1 \\ 0 \leqslant y \leqslant 1}} e^{x+y} dxdy$ 的值.

6. 求函数 $z = 3x^2 + 2y^2 + 2$ 极值点和极值.

7. 交换积分次序 (1) $\int_0^1 dy \int_{\sqrt{y}}^{\sqrt{2-y^2}} f(x,y) dx$;(2) $\int_0^4 dx \int_x^{\sqrt{x}} f(x,y) dy$;(3) $\int_0^1 dx \int_{x^2}^{x} f(x,y) dy$.

8. $z = \sin(x^2 y)$,求 dz.

9. 已知 $x = z\ln(\dfrac{z}{y})$,求 dz.

10. 求函数 $z = x^3 + y^3 - 3xy$ 的极值.

11. 计算 $\iint\limits_{D} (1-x-y) dxdy$,其中 D 是由 $x=0, y=0, x+y=1$,围成的平面图形.

12. $\iint\limits_{D} xy dxdy$,其中 D 是由直线 $y=2x, y=x$ 与 $x=2$ 所围成的区域.

13. 工厂生产甲、乙两种产品,其出售价格分别为 10 元/件,9 元/件. 若生产甲、乙两种产品分别为 x 件,y 件时,总费用为 $400 + 2x + 3y + 0.01(3x^2 + xy + 3y^2)$. 问甲、乙产品的产量各为多少时,可使总利润最大?

第六章 工程结构截面几何性质的计算

 **学习目标**

1. 掌握静矩、形心、惯性矩的概念及其积分表达式；
2. 会用积分方法计算简单几何图形和组合截面的静矩、形心、惯性矩；
3. 能理解惯性积、极惯性矩的概念和积分表达式；
4. 了解平行移轴和转轴公式及其应用.

在土建工程施工和结构设计中,构件的承载能力与构件的形状、尺寸有着十分密切的关系.而构件的尺寸和形状对构件承载能力的影响,主要通过构件横截面的某些几何量来反映,如形心、静矩、惯性矩、惯性半径、极惯性矩、惯性积等.这些统称为"平面图形的几何性质",它们是单纯的几何特征,与物理、力学因素无关.在第四章和第五章积分应用中介绍了应用积分方法求形心、惯性矩的基本思想,下面我们将详细介绍这些几何性质的表征量,它们在构件应力与变形的分析与计算中有举足轻重的作用.

第一节 静矩与形心的计算

一、静距

平面几何图形如图 6-1 所示.在其上取面积微元 dA,该微元在 zOy 坐标系中的坐标为 z、y.

定义 6.1 下列积分

$$S_y = \int_A z\mathrm{d}A, \quad S_z = \int_A y\mathrm{d}A. \tag{6-1}$$

分别称为图形对于 y 轴和 z 轴的截面一次矩或静矩,其量纲为长度的 3 次方.

注意:静矩与坐标轴有关,同一平面图形对于不同的坐标轴有不同的静矩.图形对某些坐标轴静矩为正;对另外某些坐标轴为负;对于通过形心的坐标轴,静矩等于零.

二、形心

由于均质薄板的重心与平面图形的形心有相同的坐标 z_C 和 y_C,则

$$A \cdot z_C = \int_A z\mathrm{d}A = S_y.$$

由此可得薄板重心的坐标 z_C 为

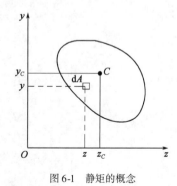

图 6-1 静矩的概念

$$z_C = \frac{\int_A z \mathrm{d}A}{A} = \frac{S_y}{A}.$$

同理有

$$y_C = \frac{S_z}{A}.$$

所以形心坐标为

$$z_C = \frac{S_y}{A}, \quad y_C = \frac{S_z}{A}. \tag{6-2}$$

或

$$S_y = A z_C, \quad S_z = A y_C.$$

推论 1 如果 y 轴通过形心(即 $z_C = 0$),则静矩 $S_y = 0$;同理,如果 z 轴通过形心(即 $y_C = 0$),则静矩 $S_z = 0$;反之也成立.

推论 2 如果 z 轴、y 轴均为图形的对称轴,则其交点即为图形形心;如果 y 轴为图形对称轴,则图形形心必在此轴上.

推论 3 如果已经计算出静矩,就可以确定形心的位置;反之,如果已知形心位置,就可计算图形的静矩.

如一个平面图形是由几个简单平面图形组成,则称为组合平面图形. 设第 i 块分图形的面积为 A_i,形心坐标为 y_{Ci}, z_{Ci},则其静矩和形心坐标分别为

$$S_z = \sum_{i=1}^{n} A_i y_{Ci}, \quad S_y = \sum_{i=1}^{n} A_i z_{Ci}. \tag{6-3}$$

$$y_C = \frac{S_z}{A} = \frac{\sum_{i=1}^{n} A_i y_{Ci}}{\sum_{i=1}^{n} A_i}, \quad z_C = \frac{S_y}{A} = \frac{\sum_{i=1}^{n} A_i z_{Ci}}{\sum_{i=1}^{n} A_i}. \tag{6-4}$$

三、综合举例

例 6-1 试计算如图 6-2 所示矩形截面对 z 轴的静矩 S_z.

解 取平行于 z 轴的微面积 $\mathrm{d}A = b\mathrm{d}y$ 由式(6-1)得

$$S_z = \int_A y \mathrm{d}A = \int_0^h y \cdot b \mathrm{d}y = b \frac{y^2}{2}\Big|_0^h = \frac{1}{2}bh^2.$$

例 6-2 求图 6-3 所示半圆形的 S_z, S_y 及形心位置.

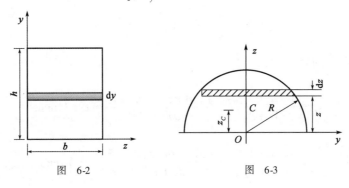

图 6-2 　　　　　　　图 6-3

解 由对称性,$y_C = 0, S_z = 0$. 现取平行于 y 轴的狭长条作为微面积 dA.

$$dA = 2ydz = 2\sqrt{R^2 - z^2}dz.$$

所以

$$S_y = \int_A zdA = \int_0^R z \cdot 2\sqrt{R^2 - z^2}dz = \frac{2}{3}R^3,$$

$$z_C = \frac{S_y}{A} = \frac{4R}{3\pi}.$$

例 6-3 确定形心位置,如图 6-4 所示.

解

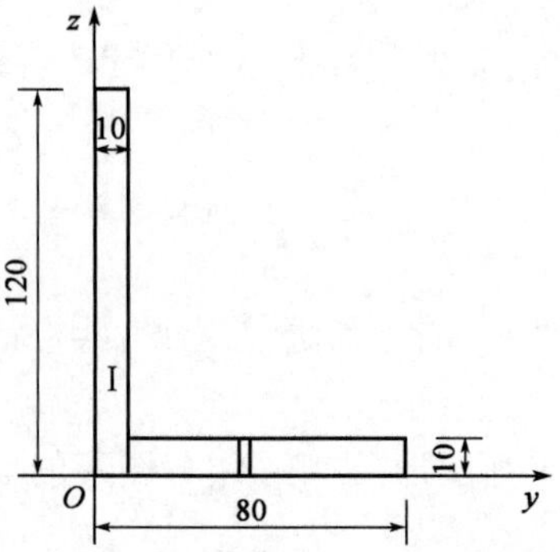

图 6-4

解法一 $A = \int_A dA = \int_0^{10} 120dy + \int_{10}^{80} 10dy = 1900\text{mm}^2,$

$$S_y = \int_A zdA = \int_0^{120}(10 \times z)dz + \int_0^{10}(70 \times z)dz = 75500\text{mm}^3,$$

$$S_z = \int_A ydA = \int_0^{10} 120ydy + \int_{10}^{80} 10ydy = 37500\text{mm}^3,$$

$$y_C = \frac{S_z}{A} = \frac{37500}{1900} \approx 19.74\text{mm},$$

$$z_C = \frac{S_y}{A} = \frac{75500}{1900} \approx 39.74\text{mm}.$$

解法二 将图形看作由两个矩形 Ⅰ 和 Ⅱ 组成,在图示坐标下每个矩形的面积及形心位置分别为

矩形 Ⅰ:

$$A_1 = 120 \times 10 = 1200\text{mm}^2,$$

$$y_{C1} = \frac{10}{2} = 5\text{mm}, z_{C1} = \frac{120}{2} = 60\text{mm}.$$

矩形 Ⅱ:

$$A_2 = 70 \times 10 = 700\text{mm}^2,$$

$$y_{C2} = 10 + \frac{70}{2} = 45\text{mm}, z_{C2} = \frac{10}{2} = 5\text{mm}.$$

整个图形形心 C 的坐标为:

$$y_C = \frac{A_1 y_{C1} + A_2 y_{C2}}{A_1 + A_2} = \frac{1200 \times 5 + 700 \times 45}{1200 + 700} \approx 19.74\text{mm}.$$

$$z_C = \frac{A_1 z_{C1} + A_2 z_{C2}}{A_1 + A_2} = \frac{1200 \times 60 + 700 \times 5}{1200 + 700} \approx 39.74\text{mm}.$$

第二节 惯性矩与惯性积、极惯性矩

一、惯性矩

平面图形对某坐标轴的 2 次矩,定义为惯性矩(轴惯性矩),如图 6-5 所示.

$$I_y = \int_A z^2 \mathrm{d}A, \quad I_z = \int_A y^2 \mathrm{d}A. \tag{6-5}$$

单位为长度的 4 次方,恒为正.

组合图形的惯性矩. 设 I_{yi}, I_{zi} 为分图形的惯性矩,则总图形对同一轴惯性矩为

$$I_y = \sum_{i=1}^{n} I_{yi}, \quad I_C = \sum_{i=1}^{n} I_{zi}. \tag{6-6}$$

例 6-4 试计算图 6-6 所示矩形截面对其对称轴(形心轴) x 和 y 的惯性矩.

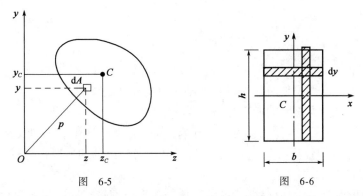

图 6-5 图 6-6

解 先计算截面对 x 轴的惯性矩 I_x. 取平行于 x 轴的狭长条作为面积元素,即 $\mathrm{d}A = b\mathrm{d}y$,根据式(6-5)的第二式可得

$$I_x = \int_A y^2 \mathrm{d}A = \int_{-\frac{h}{2}}^{\frac{h}{2}} b y^2 \mathrm{d}y = \frac{bh^3}{12}.$$

同理,在计算对 y 惯性矩 I_y 时可以取 $\mathrm{d}A = h\mathrm{d}x$(图 6-6). 根据式(6-5)的第一式,可得

$$I_y = \int_A x^2 \mathrm{d}A = \int_{-\frac{h}{2}}^{\frac{h}{2}} h x^2 \mathrm{d}x = \frac{b^3 h}{12}.$$

二、极惯性矩

若以 ρ 表示微面积 $\mathrm{d}A$ 到坐标原点 O 的距离,则定义图形对坐标原点 O 的极惯性矩

$$I_\rho = \int_A \rho^2 \mathrm{d}A. \tag{6-7}$$

因为

$$\rho^2 = y^2 + z^2,$$

所以极惯性矩与(轴)惯性矩有如下关系

$$I_\rho = \int_A \rho^2 \mathrm{d}A = \int_A (y^2 + z^2) \mathrm{d}A = I_y + I_z. \tag{6-8}$$

式(6-8)表明,图形对任意两个互相垂直轴的(轴)惯性矩之和,等于它对该两轴交点的极惯性矩.

定义下式

$$i_y = \sqrt{\frac{I_y}{A}}, i_z = \sqrt{\frac{I_z}{A}} \tag{6-9}$$

为图形对 y 轴和对 z 轴的惯性半径.

惯性矩的特征:

(1)截面图形的极惯性矩是对某一极点定义的,轴惯性矩是对某一坐标轴定义的.

(2)极惯性矩和轴惯性矩的单位均为长度的四次方.

(3)极惯性矩和轴惯性矩的数值均为恒为大于零的正值.

三、惯性积

惯性积定义为

$$I_{yz} = \int_A yz \mathrm{d}A. \tag{6-10}$$

惯性积的特征:

(1)界面图形的惯性积是对相互垂直的某一对坐标轴定义的.

(2)惯性积的单位为长度的四次方.

(3)惯性积的数值可正可负,也可能等于零.若一对坐标周中有一轴为图形的对称轴,则图形对这一对称轴的惯性积必等于零.但图形对某一对坐标轴的惯性积为零,这一对坐标轴重且不一定有图形的对称轴.

(4)组合图形对某一对坐标轴的惯性积,等于各组分图形对同一坐标轴的惯性积之和,即 $I_{xy} = \sum_{i=1}^{n} I_{xyi}$.

例 6-5 求图 6-7 所示三角形图形的 I_y 及 I_{yz}.

解 取平行于 y 轴的狭长矩形,由于 $\mathrm{d}A = y\mathrm{d}z$,其中宽度 y 随 z 变化,$y = \dfrac{b}{h}z$.

则

$$I_y = \int_A z^2 \mathrm{d}A = \int_0^h \frac{b}{h} z^3 \mathrm{d}z = \frac{bh^3}{4}.$$

由

$$I_{yz} = \int_A yz \mathrm{d}A,$$

如图 6-7 所示可得

$$I_{yz} = \int_0^h z \frac{y}{2} y \mathrm{d}z = \frac{b^2 h^2}{8}.$$

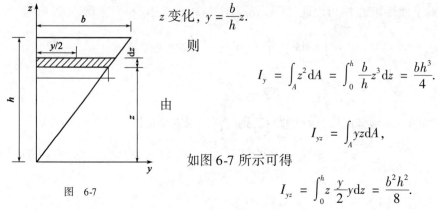

图 6-7

例 6-6 求如图 6-8 所示圆形截面的 I_y, I_z, I_{yz}, I_ρ.

解 如图6-8所示取dA,根据定义

$$I_y = \int_A z^2 dA = \int_{-\frac{D}{2}}^{\frac{D}{2}} z^2 \cdot 2\sqrt{R^2 - z^2} dz = \frac{\pi D^4}{64}.$$

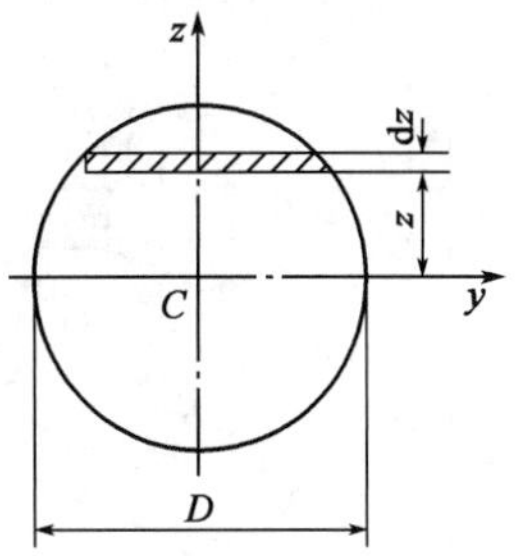

由于轴对称性,则有

$$I_y = I_z = \frac{\pi D^4}{64},$$

$$I_{yz} = 0.$$

图 6-8

由式(6-8)

$$I_\rho = I_y + I_z = \frac{\pi D^4}{32}.$$

对于空心圆截面,外径为D、内径为d,则

$$I_y = I_z = \frac{\pi D^4}{64}(1 - \alpha^4),$$

$$\alpha = \frac{d}{D},$$

$$I_\rho = \frac{\pi D^4}{32}(1 - \alpha^4).$$

例6-7 试确定组合图形(图6-9)的形心.

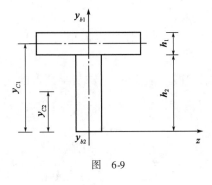

图 6-9

解 取对称轴,形心位置与选取坐标无关.

组合板块1

$$A_1 = b_1 h_1 = 100 \times 20 \text{mm},$$

$$y_{C1} = \frac{h_1}{2} + h_2 = 10 + 100 = 110 \text{mm}.$$

组合板块2

$$A_2 = b_2 h_2 = 20 \times 100 \text{mm},$$

$$y_{C2} = \frac{h_2}{2} = \frac{100}{2} = 50 \text{mm},$$

组合截面形心

$$y_C = \frac{\sum A_i y_{Ci}}{\sum A_i} = \frac{A_1 y_{C1} + A_2 y_{C2}}{A_1 + A_2} = 80 \text{mm}.$$

即形心位置为

$$y_C = 80 \text{mm}, \quad z_C = 0.$$

*第三节 平行移轴公式

一、平行移轴公式

由于同一平面图形对于相互平行的两对直角坐标轴的惯性矩或惯性积并不相同,如果其

中一对轴是图形的形心轴(y_C,z_C)时,如图6-10所示,可得到如下平行移轴公式:

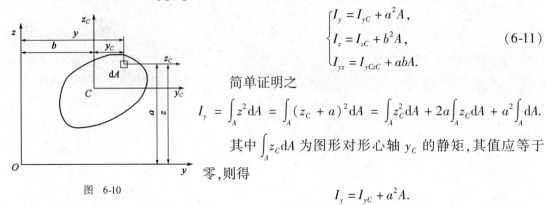

图 6-10

$$\begin{cases} I_y = I_{yC} + a^2 A, \\ I_z = I_{zC} + b^2 A, \\ I_{yz} = I_{yCzC} + abA. \end{cases} \quad (6\text{-}11)$$

简单证明之

$$I_y = \int_A z^2 \mathrm{d}A = \int_A (z_C + a)^2 \mathrm{d}A = \int_A z_C^2 \mathrm{d}A + 2a\int_A z_C \mathrm{d}A + a^2 \int_A \mathrm{d}A.$$

其中$\int_A z_C \mathrm{d}A$为图形对形心轴y_C的静矩,其值应等于零,则得

$$I_y = I_{yC} + a^2 A.$$

同理可证式(6-11)中的其他两式.

此即关于图形对于平行轴惯性矩与惯性积之间关系的移轴定理.其中,式(6-11)表明:

(1)图形对任意轴的惯性矩,等于图形对于与该轴平行的形心轴的惯性矩,加上图形面积与两平行轴间距离平方的乘积.

(2)图形对于任意一对直角坐标轴的惯性积,等于图形对于平行于该坐标轴的一对通过形心的直角坐标轴的惯性积,加上图形面积与两对平行轴间距离的乘积.

(3)因为面积及a^2,b^2项恒为正,故自形心轴移至与之平行的任意轴,惯性矩总是增加的.a,b为原坐标系原点在新坐标系中的坐标,故二者同号时为正,异号时为负.所以移轴后惯性积有可能增加也可能减少.

结论:同一平面内对所有相互平行的坐标轴的惯性矩,对形心轴的惯性矩最小.在使用惯性积移轴公式时应注意a,b的正负号.

例6-8 如图6-11所示,$r=1\mathrm{m}$的半圆形截面对于x轴的惯性矩,其中x轴与半圆形的底边平行,相距$1\mathrm{m}$.

解 半圆形截面对其底边的惯性矩是

$$\frac{\pi d^4}{128} = \frac{\pi r^4}{8}.$$

用平行轴定理得截面对形心轴x_0的惯性矩

$$I_{yC} = \frac{\pi r^4}{8} - \frac{\pi r^2}{2}\left(\frac{4r}{3\pi}\right)^2 = \frac{\pi r^4}{8} - \frac{8r^4}{9}.$$

再用平行轴定理,得截面对x轴的惯性矩

$$I_x = I_{x_0} + \frac{\pi r^2}{2}\left(1+\frac{4r}{3\pi}\right)^2 = \frac{\pi r^4}{8} - \frac{8r^4}{9} + \frac{\pi r^2}{2} + \frac{4r^3}{3} + \frac{8r^4}{9}.$$

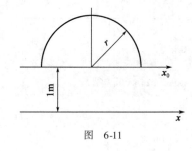

图 6-11

二、组合截面的惯性矩和惯性积

工程计算中应用最广泛的是组合图形的惯性矩与惯性积,即求图形对于通过其形心的轴的惯性矩与惯性积.为此必须首先确定图形的形心以及形心轴的位置.工程上常用构件的横截

面通常可看作若干个简单平面图形组合而成,所以在确定其形心、形心主轴以至形心主惯性矩的过程中,可不采用积分的方法,而是利用简单图形的几何性质以及移轴和转轴定理.一般应按下列步骤进行.

将组合图形分解为若干简单图形,并应用式(6-4)确定组合图形的形心位置.以形心为坐标原点,设 xOy 坐标系 x、y 轴一般与简单图形的形心主轴平行.确定简单图形对自身形心轴的惯性矩,利用移轴定理(必要时用转轴定理)确定各个简单图形对 x、y 轴的惯性矩和惯性积,相加(空洞时则减)后便得到整个图形的 I_x、I_y 和 I_{xy}. 简而言之,惯性矩和惯性积对于图形而言具有可加性,即对于组合图形来说,整个图形对任一轴的惯性矩或惯性积等于各部分图形对于同一轴的惯性矩或惯性积之和.

例 6-9 确定如图 6-12 所示图形的形心位置,并计算平面图形对形心轴 y_C 的惯性矩.

解 (1)对于工(I)字钢、角钢、槽钢等常用型钢,其主要的截面几何参数可根据型钢的型号,通过查阅相关资料(如型钢表)获得.本例的槽钢、工字钢的主要截面几何参数如下:

槽钢 No14b:

$$A_1 = 21.316\text{cm}^2, \quad I_{yC1} = 61.1\text{cm}^4, \quad z_{O1} = 1.67\text{cm}.$$

工字钢 No20b:

$$A_2 = 39.578\text{cm}^2, \quad I_{yC2} = 2500\text{cm}^4, \quad h = 20\text{cm}.$$

(2)计算形心位置.

由组合图形的对称性(对称轴是 z_C 轴)知:

$$y_C = 0,$$

$$z_C = \frac{A_1 \cdot z_{C1} + A_2 \cdot z_{C2}}{A_1 + A_2} = \frac{21.316 \times (1.67 + 20) + 39.578 \times 10}{21.316 + 39.578} = 14.09\text{cm}.$$

(3)用平行移轴公式计算各个图形对 y_C 轴的惯性矩.

$$I_{1)yC} = I_{yC1} + \overline{CC_1} A_1 = 61.1 + (1.67 + 20 - 14.09)^2 \times 21.316 = 1285.8\text{cm}^4,$$

$$I_{2)yC} = I_{yC2} + \overline{CC_2} A_2 = 2500 + (14.09 - 10)^2 \times 39.578 = 3162.1\text{cm}^4.$$

(4)求组合图形对 y_C 轴的惯性矩.

$$I_{yC} = I_{1)yC} + I_{2)yC} = 4447.9\text{cm}^4,$$

$$z_C = \frac{A_1 \cdot z_{C1} + A_2 \cdot z_{C2}}{A_1 + A_2} = \frac{21.316 \times (1.67 + 20) + 39.578 \times 10}{21.316 + 39.578}$$

$$= 14.09\text{cm}.$$

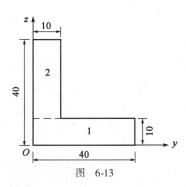

图 6-13

例 6-10 计算如图 6-13 所示图形对 y、z 轴的惯性积.

解 将图形分成 1、2 两部分

$$I_{yC} = \iint_{A_1+A_2} yz\,dA = \iint_{A_1} yz(dydz) + \iint_{A_2} yz(dydz) = \int_0^{40} y\,dy \int_0^{10} z\,dz + \int_0^{10} y\,dy \int_{10}^{40} z\,dz,$$

$$40000 + 37500 = 77500 \text{mm}^4.$$

三、转轴公式

任意平面图形（图6-14）对 y 轴和 z 轴的惯性矩和惯性积,可由式(6-5)～式(6-10)求得,若将坐标轴 y, z 绕坐标原点 O 点旋转 α 角,且以逆时针转角为正,则新旧坐标轴之间应有如下关系

$$y_1 = y\cos\alpha - z\sin\alpha,$$

$$z_1 = z\cos\alpha + y\sin\alpha.$$

将此关系代入惯性矩及惯性积的定义式,则可得相应量的新、旧转换关系,即转轴公式

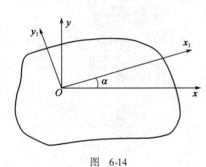

图 6-14

$$I_{y_1} = \int_A z_1^2 dA = \frac{I_y + I_z}{2} + \frac{I_y - I_z}{2}\cos 2\alpha + I_{zy}\sin 2\alpha, \tag{6-12}$$

$$I_{z_1} = \frac{I_y + I_z}{2} - \frac{I_y - I_z}{2}\cos 2\alpha - I_{zy}\sin 2\alpha, \tag{6-13}$$

$$I_{z_1 y_1} = \frac{I_z - I_y}{2}\sin 2\alpha + I_{zy}\cos 2\alpha. \tag{6-14}$$

以上三式就是惯性矩和惯性积的转轴公式,它们会在下面计算截面的主惯性矩时用到.

四、截面的主惯性矩和主惯性轴

从式(6-14)可以看出,对于确定的点(坐标原点),当坐标轴旋转时,随着角度 α 的改变,惯性积也发生变化,并且根据惯性积可能为正,也可能为负的特点,总可以找到一角度 α_0 以及相应的 x_0, y_0 轴,图形对于这一对坐标轴的惯性积等于零.为确定 α_0,令式(6-14)中的 $I_{y_1 z_1}$ 为零,若令 α_0 是惯性矩为极值时的方位角,则由条件 $dI_{y_1}/d\alpha = 0$,可得

$$\tan 2\alpha_0 = -\frac{2I_{zy}}{I_z - I_y}. \tag{6-15}$$

由式(6-15)可以求出 α_0 以确定一对主惯性轴 y_0 和 z_0.由式(6-15)求出 $\sin 2\alpha_0$、$\cos 2\alpha_0$ 后代回式(6-12)与式(6-13)即可得到惯性矩的两个极值.

定义 6.2 过一点存在这样一对坐标轴,图形对于其惯性积等于零,这一对坐标轴便称为过这一点的主轴.图形对主轴的惯性矩称为主轴惯性矩,简称主惯性矩.显然,主惯性矩具有极大或极小的特征.

根据式(6-12)和式(6-13),即可得到主惯性矩的计算式

$$I_{y_0} = \frac{I_y + I_z}{2} - \frac{1}{2}\sqrt{(I_y - I_z)^2 + 4I_{zy}^2}, \tag{6-16}$$

$$I_{z_0} = \frac{I_y + I_z}{2} + \frac{1}{2}\sqrt{(I_y - I_z)^2 + 4I_{zy}^2}. \tag{6-17}$$

要指出的是,对于任意一点(图形内或图形外)都有主轴,而通过形心的主轴称为形心主轴,图形对形心主轴的惯性矩称为形心主惯性矩. 工程计算中有意义的是形心主轴和形心主矩. 当图形有一个对称轴时,对称轴及与之垂直的任意轴,即为过二者交点的主轴.

如图 6-15 所示具有一个对称轴的图形,位于对称轴 y 一侧的部分图形对 x、y 轴的惯性积与位于另一侧的图形的惯性积,二者数值相等,但反号. 所以,整个图形对于 x、y 轴的惯性积 $I_{xy} = 0$,故图 6-15 对称轴为主轴 x、y 为主轴. 又因为 C 为形心,故 x、y 为形心主轴. 应用式(6-12)和式(6-13)确定形心主轴的位置,即形心主轴与 x 轴的夹角 α_0. 利用转轴定理或直接应用式(6-16)和式(6-17)计算形心主惯性矩 I_{x0} 和 I_{y0}.

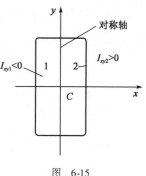

图 6-15

由式(6-12)和式(6-13)尚可证明

$$I_{y_1} + I_{z_1} = I_y + I_z. \tag{6-18}$$

即通过同一坐标原点的任意一对直角坐标轴的惯性矩之和为一常量,因而两个主惯性矩中必然一个为极大值,另一个为极小值. 若主惯性轴通过形心,则称形心主惯性轴,相互主惯性矩称形心主惯性矩.

例 6-11 如图 6-16 所示(尺寸单位为 mm),确定图形的形心主惯性轴位置,并计算形心主惯性矩.

解

(1)首先确定图形的形心. 利用平行移轴公式分别求出各矩形对 y 轴和 z 轴的惯性矩和惯性积矩.

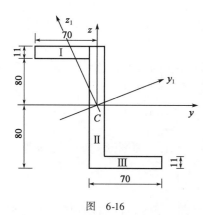

图 6-16

矩形 I

$$I_z^{\mathrm{I}} = I_{zC1}^{\mathrm{I}} + a_1^2 A_1 = \frac{1}{12} \times 0.059 \times 0.011^3 + 0.0745^2 \times 0.011 \times 0.059 = 360.9\,\mathrm{cm}^4,$$

$$I_y^{\mathrm{I}} = I_{yC1}^{\mathrm{I}} + b_1^2 A_1 = \frac{1}{12} \times 0.059^3 \times 0.011 + (-0.035)^2 \times 0.011 \times 0.059 = 98.3\,\mathrm{cm}^4,$$

$$I_{zy}^{\mathrm{I}} = I_{zC1yC1}^{\mathrm{I}} + a_1 b_1 A_1 = 0 + (-0.035) \times 0.0745 \times 0.011 \times 0.059 = -169.2\,\mathrm{cm}^4.$$

矩形 II

$$I_z^{\mathrm{II}} = I_{zx2}^{\mathrm{II}} = \frac{1}{12} \times 0.011 \times 0.16^3 = 357.5\,\mathrm{cm}^4,$$

$$I_y^{\mathrm{II}} = I_{yc2}^{\mathrm{II}} = \frac{1}{12} \times 0.011^3 \times 0.16 = 1.78\,\mathrm{cm}^4,$$

$$I_{zy}^{\mathrm{II}} = 0.$$

矩形 III

$$I_z^{\text{III}} = I_z^{\text{I}} = 360.9\,\text{cm}^4,$$

$$I_y^{\text{III}} = I_y^{\text{I}} = 98.3\,\text{cm}^4,$$

$$I_{zy}^{\text{III}} = I_{zy}^{\text{I}} = -169.2\,\text{cm}^4.$$

注：矩形Ⅲ与矩形Ⅰ的行心坐标及 a,b 的符号均相反,但最终结果相等。
整个图形对 y 轴和 z 轴的惯性矩和惯性积为

$$I_y = I_y^{\text{I}} + I_y^{\text{II}} + I_y^{\text{III}} = 198.4\,\text{cm}^4,$$

$$I_z = I_z^{\text{I}} + I_z^{\text{II}} + I_z^{\text{III}} = 1097.3\,\text{cm}^4,$$

$$I_{zy} = I_{zy}^{\text{I}} + I_{zy}^{\text{II}} + I_{zy}^{\text{III}} = -338.4\,\text{cm}^4.$$

(2)将求得的 I_y, I_z, I_{yz} 代入式(6-15)得

$$\tan 2\alpha_0 = -\frac{2I_{zy}}{I_y - I_z} = \frac{-2 \times (-338.4)}{1097.3 - 198.4} = 0.7529,$$

则

$$\alpha_0 = 18.5°.$$

α_0 的两个值分别确定了形心主惯性轴 y_0 和 z_0 的位置,则

$$I_{y_0} = \frac{1097.3 + 198.4}{2} + \frac{198.4 - 1097.3}{2}\cos(37°) + (-338.4)\sin(37°) = 85.3\,\text{cm}^4,$$

$$I_{z_0} = \frac{1097.3 + 198.4}{2} + \frac{198.4 - 1097.3}{2}\cos(37°) - (-338.4)\sin(37°) = 1210.4\,\text{cm}^4.$$

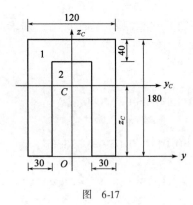

图 6-17

例 6-12 试确定图 6-17 所示平面图形的形心主惯性轴的位置,并求形心主惯性矩.

解

(1)计算形心位置:组合图形由外面矩形 1 减去里面矩形 2.

由组合图形的对称性(对称轴是 z_C 轴)知:$y_C = 0$;

$$z_C = \frac{z_{C1} \cdot A_1 - z_{C2} \cdot A_2}{A_1 - A_2} = \frac{120 \times 180 \times 90 - 60 \times 140 \times 70}{120 \times 180 - 60 \times 140}$$

$$= 102.7\,\text{mm}$$

(2)计算平面图形对 z_C 轴和 y_C 轴的惯性矩.

$$I_{zC} = \frac{1}{12} \times 180 \times 120^3 - \frac{1}{12} \times 140 \times 60^3 = 23.4 \times 10^6\,\text{mm}^4,$$

$$I_{yC} = \left[\frac{1}{12} \times 180^3 \times 120 + (102.7 - 90)^2 \times 120 \times 180\right] - \left[\frac{1}{12} \times 140^3 \times 60 + (102.7 - 70)^2 \times 60 \times 140\right]$$

$= 39.1 \times 10^6 \mathrm{mm}^4.$

由于 z_C 轴是对称轴,所以 y_C 轴和 z_C 轴是形心主惯性轴,形心主惯性矩为

$$I_{yC0} = I_{yC} = 39.1 \times 10^6 \mathrm{mm}^4,$$

$$I_{zC0} = I_{zC} = 23.4 \times 10^6 \mathrm{mm}^4.$$

本 章 小 结

★ 主要知识点

一、静矩与形心

1.简单截面图形的静矩:面积 A 对坐标轴的 y,z 的静矩 S_y,S_z 为:

$$S_y = \int_A z \mathrm{d}A = A z_C, \quad S_z = \int_A y \mathrm{d}A = A y_C.$$

2.若截面对某轴的静矩为零,因截面图形面积 A 不为零,必有截面形心到该轴的距离为零,则该轴必通过截面形心;截面对任一过形心之轴的静矩恒为零.

3.截面形心位置 z_C、y_C 计算公式:
$$\begin{cases} z_C = \dfrac{S_y}{A} = \dfrac{\int_A z \mathrm{d}A}{A}, \\ y_C = \dfrac{S_z}{A} = \dfrac{\int_A y \mathrm{d}A}{A}. \end{cases}$$

4.组合截面的静矩和形心

由简单截面组合而成的截面称为组合截面.组合截面对某一轴的静矩,等于各简单截面对同一轴静矩之代数和,即
$$\begin{cases} S_x = \sum_{i=1}^n (S_x)_i = \sum_{i=i}^n A_i y_i, \\ S_y = \sum_{i=1}^n (S_y)_i = \sum_{i=1}^n A_i x_i. \end{cases}$$

组合截面的形心坐标 x_C、y_C 为
$$\begin{cases} x_C = \dfrac{\sum_{i=1}^n A_i x_{Ci}}{\sum_{i=1}^n A_i}, \\ y_C = \dfrac{\sum_{i=1}^n A_i y_{Ci}}{\sum_{i=1}^n A_i}. \end{cases}$$

二、简单截面的惯性矩与惯性积

1.惯性矩:任意平面图形的面积为 A,xOy 为任意直角坐标系,则截面对 x,y 轴的惯性矩为

$$\begin{cases} I_x = \int_A y^2 \mathrm{d}A, \\ I_y = \int_A x^2 \mathrm{d}A. \end{cases}$$

2. 极惯性矩:任意平面图形对坐标原点 O 点的极惯性为 $I_\rho = \int_A \rho^2 \mathrm{d}A = I_x + I_y$.

3. 惯性积:任意平面图形对坐标轴 x,y 的惯性积为 $I_{xy} = \int_A xy \mathrm{d}A$.

4. 常用截面的惯性矩

矩形截面: $I_x = \dfrac{bh^3}{12}$.

圆形截面: $I_x = \dfrac{\pi d^4}{64}$.

空心圆截面: $I_x = \dfrac{\pi}{64}(D^4 - d^4) = \dfrac{\pi D^4}{64}(1 - \alpha^4)$,其中 $\alpha = d/D$.

5. 惯性矩的平移轴公式: $\begin{cases} I_x = I_{x_0} + Aa^2, \\ I_y = I_{y_0} + Ab^2. \end{cases}$

★ **本章重点与难点**

1. 静矩、形心、惯性矩的概念及其积分表达式.
2. 求工程截面几何性质的积分思想和方法.

复习题(六)

一、思考题

1. 关于图 6-18 中各截面中对 y 轴的静矩:
(1) 图 6-18a)、b) 中阴影面积与非阴影面积的 S_z 有什么关系?为什么?
(2) 图 6-18c)、d) 中阴影面积 I 与 II 的 S_z, S_y 有什么关系?为什么?

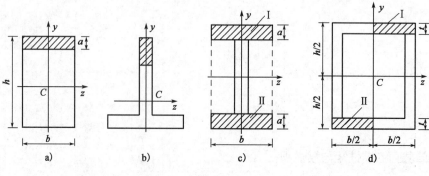

图 6-18

2. 图 6-18c)、d) 中阴影面积 I 与 II 的惯性矩 I_z,I_y 有什么关系？惯性积 I_{yz} 有什么关系？

3. 图 6-19 各截面图形中 C 是形心．问：哪些截面图形对坐标轴的惯性积等于零？哪些不等于零？为什么？

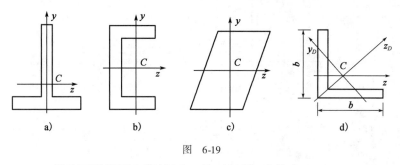

图 6-19

4. 图 6-20a)、b) 所示图形的形心惯性矩 I_{zy} 是否相等，为什么？

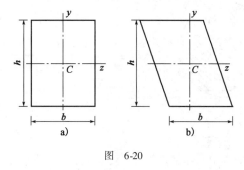

图 6-20

二、计算题

1. 试求图 6-21 所示各截面的阴影线面积对 z 轴的静矩．

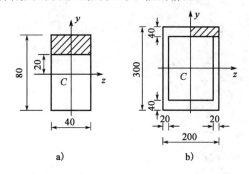

图 6-21

2. 求由曲线 $y=x^2$,x 轴和直线 $x=1$ 所围成的图形形心．

3. 求由椭圆 $\dfrac{x^2}{a^2}+\dfrac{y^2}{b^2}=1$ 所围成的在第一象限内的图形形心．

4. 试确定图 6-22 所示各截面的形心位置．

5. 图 6-23 所示直径为 $d=200$mm 的圆形截面，在其上、下对称地切去两个高为 $\delta=20$mm

的弓形,试用积分法求余下阴影部分对其对称轴 z 的惯性矩.

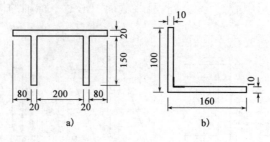

图 6-22

6. 试求图 6-24 所示的半圆形截面对于 z 轴的惯性矩,其中 z 轴与半圆形的底边平行,相距 1m.

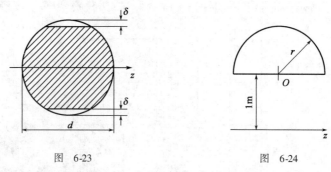

图 6-23　　　　　　　　图 6-24

7. 在直径 $D=8a$ 的圆截面中,开了一个 $2a \times 4a$ 的矩形孔,如图 6-25 所示. 试求此截面对其水平形心轴和竖直形心轴的惯性矩 I_z 和 I_y.

8. 求图 6-26 所示截面的惯性积 I_{xy}.

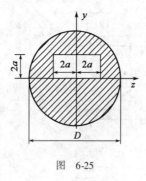　　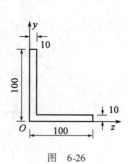

图 6-25　　　　　　　　图 6-26

附 录

附录Ⅰ 预备知识

一、常用初等代数公式

1. 一元二次方程 $ax^2 + bx + c = 0$

根的判别式 $\Delta = b^2 - 4ac$.

当 $\Delta > 0$ 时,方程有两个相异实根;

当 $\Delta = 0$ 时,方程有两个相等实现;

当 $\Delta < 0$ 时,方程有共轭复根.

求根公式为 $x_{1,2} = \dfrac{-b \pm \sqrt{b^2 - 4ac}}{2a}$.

2. 对数的运算性质

(1) 若 $a^y = x$, 则 $y = \log_a x$;

(2) $\log_a a = 1, \log_a 1 = 0, \ln e = 1, \ln 1 = 0$;

(3) $\log_a(x \cdot y) = \log_a x + \log_a y$;

(4) $\log_a \dfrac{x}{y} = \log_a x - \log_a y$;

(5) $\log_a x^b = b \cdot \log_a x$;

(6) $a^{\log_a x} = x, e^{\ln x} = x$.

3. 指数的运算性质

(1) $a^m \cdot a^n = a^{m+n}$;

(2) $\dfrac{a^m}{a^n} = a^{m-n}$;

(3) $(a^m)^n = a^{m \cdot n}$;

(4) $(a \cdot b)^m = a^m \cdot b^m$;

(5) $\left(\dfrac{a}{b}\right)^m = \dfrac{a^m}{b^m}$.

4. 常用二项展开及分解公式

(1) $(a+b)^2 = a^2 + 2ab + b^2$;

(2) $(a-b)^2 = a^2 - 2ab + b^2$;

(3) $(a+b)^3 = a^3 + 3a^2 b + 3ab^2 + b^3$;

(4) $(a-b)^3 = a^3 - 3a^2 b + 3ab^2 - b^3$;

(5) $a^2 - b^2 = (a+b)(a-b)$;

(6) $a^3 - b^3 = (a-b)(a^2 + ab + b^2)$;

(7) $a^3 + b^3 = (a+b)(a^2 - ab + b^2)$;

(8) $a^n - b^n = (a-b)(a^{n-1} + a^{n-2} b + a^{n-3} b^2 + \cdots + b^{n-1})$;

(9) $(a+b)^n = C_n^0 a^n + C_n^1 a^{n-1} b + C_n^2 a^{n-2} b^2 + \cdots + C_n^k a^{n-k} b^k + \cdots + C_n^n b^n$;

其中组合系数 $C_n^m = \dfrac{n(n-1)(n-2)\cdots(n-m+1)}{m!}, C_n^0 = 1, C_n^n = 1$.

5. 常用不等式及其运算性质

如果 $a > b$, 则有

(1) $a \pm c > b \pm c$；

(2) $ac > bc\,(c > 0)$，$ac < bc\,(c < 0)$；

(3) $\dfrac{a}{c} > \dfrac{b}{c}\,(c > 0)$，$\dfrac{a}{c} < \dfrac{b}{c}\,(c < 0)$；

(4) $a^n > b^n\,(n > 0, a > 0, b > 0)$，$a^n < b^n\,(n < 0, a > 0, b > 0)$；

(5) $\sqrt[n]{a} > \sqrt[n]{b}\,(n\ 为正整数, a > 0, b > 0)$；

对于任意实数 a, b，均有

(6) $|a| - |b| \leqslant |a + b| \leqslant |a| + |b|$；

(7) $a^2 + b^2 \geqslant 2ab$.

6. 常用数列公式

(1) 等差数列：$a_1, a_1 + d, a_1 + 2d, \cdots, a_1 + (n-1)d$，其公差为 d，前 n 项的和为

$$s_n = a_1 + (a_1 + d) + (a_1 + 2d) + \cdots + [a_1 + (n-1)d] = \dfrac{a_1 + [a_1 + (n-1)d]}{2} \cdot n.$$

(2) 等比数列：$a_1, a_1 q, a_1 q^2, \cdots, a_1 q^{n-1}$，其公比为 q，前 n 项的和为

$$s_n = a_1 + a_1 q + a_1 q^2 + \cdots + a_1 q^{n-1} = \dfrac{a_1(1 - q^n)}{1 - q}.$$

(3) 一些常见数列的前 n 项和

$1 + 2 + 3 + \cdots + n = \dfrac{1}{2}n(n+1)$；

$1 + 3 + 5 + \cdots + (2n-1) = n^2$；

$1^2 + 2^2 + 3^2 + \cdots + n^2 = \dfrac{1}{6}n(n+1)(2n+1)$；

$1^2 + 3^2 + 5^2 + \cdots + (2n-1)^2 = \dfrac{1}{3}n(4n^2 - 1)$；

$1 \cdot 2 + 2 \cdot 3 + 3 \cdot 4 + \cdots + n(n+1) = \dfrac{1}{3}n(n+1)(n+2)$；

$\dfrac{1}{1 \cdot 2} + \dfrac{1}{2 \cdot 3} + \dfrac{1}{3 \cdot 4} + \cdots + \dfrac{1}{n(n+1)} = 1 - \dfrac{1}{n+1}$.

7. 阶乘

$n! = n(n-1)(n-2)\cdots 2 \cdot 1$.

二、常用基本三角公式

1. 基本公式

$\sin^2 x + \cos^2 x = 1$；$1 + \tan^2 x = \sec^2 x$；$1 + \cot^2 x = \csc^2 x$.

2. 倍角公式

$\sin 2x = 2\sin x \cos x$；

$\cos 2x = \cos^2 x - \sin^2 x = 1 - 2\sin^2 x = 2\cos^2 x - 1$；

$\tan 2x = \dfrac{2\tan x}{1 - \tan^2 x}$.

3. 半角公式

$\sin^2 \dfrac{x}{2} = \dfrac{1-\cos x}{2}$; $\cos^2 \dfrac{x}{2} = \dfrac{1+\cos x}{2}$; $\tan \dfrac{x}{2} = \dfrac{1-\cos x}{\sin x} = \dfrac{\sin x}{1+\cos x}$.

4. 加法公式

$\sin(x \pm y) = \sin x \cos y \pm \cos x \sin y$;

$\cos(x \pm y) = \cos x \cos y \mp \sin x \sin y$;

$\tan(x \pm y) = \dfrac{\tan x \pm \tan y}{1 \mp \tan x \tan y}$.

5. 和差化积公式

$\sin x + \sin y = 2\sin \dfrac{x+y}{2} \cos \dfrac{x-y}{2}$; $\sin x - \sin y = 2\cos \dfrac{x+y}{2} \sin \dfrac{x-y}{2}$;

$\cos x + \cos y = 2\cos \dfrac{x+y}{2} \cos \dfrac{x-y}{2}$; $\cos x - \cos y = -2\sin \dfrac{x+y}{2} \sin \dfrac{x-y}{2}$.

6. 积化和差公式

$\sin x \cos y = \dfrac{1}{2}[\sin(x+y) + \sin(x-y)]$;

$\cos x \sin y = \dfrac{1}{2}[\sin(x+y) - \sin(x-y)]$;

$\cos x \cos y = \dfrac{1}{2}[\cos(x+y) + \cos(x-y)]$;

$\sin x \sin y = -\dfrac{1}{2}[\cos(x+y) - \cos(x-y)]$.

三、常用图形面积和体积的公式

1. 圆：

周长=$2\pi r$
面积=πr^2

2. 平行四边形：

面积=bh

3. 三角形：

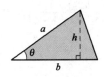

面积=$\dfrac{1}{2}bh$

面积=$\dfrac{1}{2}ab\sin\theta$

4. 梯形：

面积=$\dfrac{a+b}{2}h$

5. 圆扇形：

面积=$\dfrac{1}{2}r^2\theta$

弧长$l=r\theta$

6. 正圆柱体：

体积=$\pi r^2 h$
侧面积=$2\pi rh$
表面积=$2\pi r(r+h)$

7. 球体：

体积=$\frac{4}{3}\pi r^3$
表面积=$4\pi r^2$

8. 圆锥体：

体积=$\frac{1}{3}\pi r^2 h$
侧面积=$\pi r l$
表面积=$\pi r(r+l)$

9. 圆台：

侧面积=$\pi l(r+R)$
体积=$\frac{1}{3}\pi(r^2+rR+R^2)h$

附录Ⅱ 积 分 表

说明：(1) 本附录中均省略了常数 C；(2) $\ln g(x)$ 均指 $\ln|g(x)|$.

一、含 $ax+b$

1. $\int \dfrac{1}{ax+b}\mathrm{d}x = \dfrac{1}{a}\ln(ax+b).$

2. $\int \dfrac{1}{(ax+b)^2}\mathrm{d}x = -\dfrac{1}{a(ax+b)}.$

3. $\int \dfrac{1}{(ax+b)^3}\mathrm{d}x = -\dfrac{1}{2a(ax+b)^2}.$

4. $\int x(ax+b)^n \mathrm{d}x = \dfrac{(ax+b)^{n+2}}{a^2(n+2)} - \dfrac{b(ax+b)^{n+1}}{a^2(n+1)} \quad (n\neq -1,-2).$

5. $\int \dfrac{x}{ax+b}\mathrm{d}x = \dfrac{x}{a} - \dfrac{b}{a^2}\ln(ax+b).$

6. $\int \dfrac{x}{(ax+b)^2}\mathrm{d}x = \dfrac{b}{a^2(ax+b)} + \dfrac{1}{a^2}\ln(ax+b).$

7. $\int \dfrac{x}{(ax+b)^3}\mathrm{d}x = \dfrac{b}{2a^2(ax+b)^2} - \dfrac{1}{a^2(ax+b)}.$

8. $\int x^2(ax+b)^n \mathrm{d}x = \dfrac{1}{a^3}\left[\dfrac{(ax+b)^{n+3}}{n+3} - 2b\dfrac{(ax+b)^{n+2}}{n+2} + b^2\dfrac{(ax+b)^{n+1}}{n+1}\right] \quad (n\neq -1,-2,-3).$

9. $\int \dfrac{1}{x(ax+b)}\mathrm{d}x = -\dfrac{1}{b}\ln\dfrac{ax+b}{x}.$

10. $\int \dfrac{1}{x^2(ax+b)}\mathrm{d}x = -\dfrac{1}{bx} + \dfrac{a}{b^2}\ln\dfrac{ax+b}{x}.$

11. $\int \dfrac{1}{x^3(ax+b)}\mathrm{d}x = \dfrac{2ax-b}{2b^2 x^2} - \dfrac{a^2}{b^3}\ln\dfrac{ax+b}{x}.$

12. $\int \dfrac{1}{x(ax+b)^2}\mathrm{d}x = \dfrac{1}{b(ax+b)} - \dfrac{1}{b^2}\ln\dfrac{ax+b}{x}.$

13. $\int \dfrac{1}{x(ax+b)^3}dx = \dfrac{1}{b^3}\left[\dfrac{1}{2}\left(\dfrac{ax+2b}{ax+b}\right)^2 - \ln\dfrac{ax+b}{x}\right].$

二、含 $\sqrt{ax+b}$

14. $\int \sqrt{ax+b}\,dx = \dfrac{2}{3a}\sqrt{(ax+b)^3}.$

15. $\int x\sqrt{ax+b}\,dx = \dfrac{2(3ax-2b)}{15a^2}\sqrt{(ax+b)^3}.$

16. $\int x^2\sqrt{ax+b}\,dx = \dfrac{2(15a^2x^2-12abx+8b^2)}{105a^3}\sqrt{(ax+b)^3}.$

17. $\int x^n\sqrt{ax+b}\,dx = \dfrac{2x^n}{(2n+3)a}\sqrt{(ax+b)^3} - \dfrac{2nb}{(2n+3)a}\int x^{n-1}\sqrt{ax+b}\,dx.$

18. $\int \dfrac{1}{\sqrt{ax+b}}dx = \dfrac{2}{a}\sqrt{ax+b}.$

19. $\int \dfrac{x}{\sqrt{ax+b}}dx = \dfrac{2(ax-2b)}{3a^2}\sqrt{ax+b}.$

20. $\int \dfrac{x^n}{\sqrt{ax+b}}dx = \dfrac{2x^n}{(2n+1)a}\sqrt{ax+b} - \dfrac{2nb}{(2n+1)a}\int \dfrac{x^{n-1}}{\sqrt{ax+b}}dx.$

21. $\int \dfrac{1}{x\sqrt{ax+b}}dx = \dfrac{1}{\sqrt{b}}\ln\dfrac{\sqrt{ax+b}-\sqrt{b}}{\sqrt{ax+b}+\sqrt{b}}\ (b>0).$

22. $\int \dfrac{1}{x\sqrt{ax+b}}dx = \dfrac{2}{\sqrt{-b}}\arctan\sqrt{\dfrac{ax+b}{-b}}\ (b<0).$

23. $\int \dfrac{1}{x^n\sqrt{ax+b}}dx = -\dfrac{\sqrt{ax+b}}{(n-1)bx^{n-1}} - \dfrac{(2n-3)a}{2(n-1)b}\int \dfrac{dx}{x^{n-1}\sqrt{ax+b}}\ (n>1).$

24. $\int \dfrac{\sqrt{ax+b}}{x}dx = 2\sqrt{ax+b} + b\int \dfrac{1}{x\sqrt{ax+b}}dx.$

25. $\int \dfrac{\sqrt{ax+b}}{x^n}dx = -\dfrac{\sqrt{(ax+b)^3}}{(n-1)bx^{n-1}} - \dfrac{(2n-5)a}{2(n-1)b}\int \dfrac{\sqrt{ax+b}}{x^{n-1}}dx\ (n>1).$

26. $\int x\sqrt{(ax+b)^n}\,dx = \dfrac{2}{a^2}\left[\dfrac{1}{n+4}\sqrt{(ax+b)^{n+4}} - \dfrac{b}{n+2}\sqrt{(ax+b)^{n+2}}\right].$

27. $\int \dfrac{x}{\sqrt{(ax+b)^n}}dx = \dfrac{2}{a^2}\left[\dfrac{b}{n-2}\dfrac{1}{\sqrt{(ax+b)^{n-2}}} - \dfrac{1}{n-4}\dfrac{1}{\sqrt{(ax+b)^{n-4}}}\right].$

三、含 $\sqrt{ax+b}$, $\sqrt{cx+d}$

28. $\int \dfrac{1}{\sqrt{ax+b}\sqrt{cx+d}}dx = \dfrac{2}{\sqrt{ac}}\arctan\sqrt{\dfrac{c(ax+b)}{a(cx+d)}}\ (ac>0).$

29. $\int \dfrac{1}{\sqrt{ax+b}\sqrt{cx+d}}dx = \dfrac{2}{\sqrt{-ac}}\arctan\sqrt{\dfrac{-c(ax+b)}{a(cx+d)}}\ (ac<0).$

30. $\int \sqrt{ax+b}\ \sqrt{cx+d}\,dx = \dfrac{2acx+ad+bc}{4ac}\sqrt{ax+b}\ \sqrt{cx+d} - \dfrac{(ad-bc)^2}{8ac}\int \dfrac{dx}{\sqrt{ax+b}\ \sqrt{cx+d}}.$

31. $\int \sqrt{\dfrac{ax+b}{cx+d}}\,dx = \dfrac{\sqrt{ax+b}\ \sqrt{cx+d}}{c} - \dfrac{ad-bc}{2c}\int \dfrac{dx}{\sqrt{ax+b}\ \sqrt{cx+d}}.$

32. $\int \dfrac{1}{\sqrt{(x-a)(b-x)}}\,dx = 2\arcsin\sqrt{\dfrac{x-a}{b-a}}.$

四、含 ax^2+c

33. $\int \dfrac{1}{ax^2+c}\,dx = \dfrac{1}{\sqrt{ac}}\arctan\left(x\sqrt{\dfrac{a}{c}}\right)\ (a>0,c>0).$

34. $\int \dfrac{1}{ax^2+c}\,dx = \dfrac{1}{2\sqrt{-ac}}\ln\dfrac{x\sqrt{a}-\sqrt{-c}}{x\sqrt{a}+\sqrt{-c}}\ (a>0,c<0).$

35. $\int \dfrac{1}{(ax^2+c)^n}\,dx = \dfrac{x}{2c(n-1)(ax^2+c)^{n-1}} + \dfrac{2n-3}{2c(n-1)}\int \dfrac{dx}{(ax^2+c)^{n-1}}\ (n>1).$

36. $\int x(ax^2+c)^n\,dx = \dfrac{(ax^2+c)^{n+1}}{2a(n+1)}\ (n\neq -1).$

37. $\int \dfrac{x}{ax^2+c}\,dx = \dfrac{1}{2a}\ln(ax^2+c).$

38. $\int \dfrac{x^2}{ax^2+c}\,dx = \dfrac{x}{a} - \dfrac{c}{a}\int \dfrac{dx}{ax^2+c}.$

39. $\int \dfrac{x^n}{ax^2+c}\,dx = \dfrac{x^{n-1}}{a(n-1)} - \dfrac{c}{a}\int \dfrac{x^{n-2}}{ax^2+c}\,dx\ (n\neq -1).$

五、含 $\sqrt{ax^2+c}$

40. $\int \sqrt{ax^2+c}\,dx = \dfrac{x}{2}\sqrt{ax^2+c} + \dfrac{c}{2\sqrt{a}}\ln(x\sqrt{a}+\sqrt{ax^2+c})\ (a>0).$

41. $\int \sqrt{ax^2+c}\,dx = \dfrac{x}{2}\sqrt{ax^2+c} + \dfrac{c}{2\sqrt{-a}}\arcsin\left(x\sqrt{\dfrac{-a}{c}}\right)(a<0).$

42. $\int \sqrt{(ax^2+c)^3}\,dx = \dfrac{x}{8}(2ax^2+5c)\sqrt{ax^2+c} + \dfrac{3c^2}{8\sqrt{a}}\ln(x\sqrt{a}+\sqrt{ax^2+c})\ (a>0).$

43. $\int \sqrt{(ax^2+c)^3}\,dx = \dfrac{x}{8}(2ax^2+5c)\sqrt{ax^2+c} + \dfrac{3c^2}{8\sqrt{-a}}\arcsin\left(x\sqrt{\dfrac{-a}{c}}\right)(a<0).$

44. $\int x\sqrt{ax^2+c}\,dx = \dfrac{1}{3a}\sqrt{(ax^2+c)^3}.$

45. $\int x^2\sqrt{ax^2+c}\,dx = \dfrac{x}{4a}\sqrt{(ax^2+c)^3} - \dfrac{cx}{8a}\sqrt{ax^2+c} - \dfrac{c^2}{8\sqrt{a^3}}\ln(x\sqrt{a}+\sqrt{ax^2+c})\ (a>0).$

46. $\int x^2 \sqrt{ax^2+c}\,dx = \dfrac{x}{4a}\sqrt{(ax^2+c)^3} - \dfrac{cx}{8a}\sqrt{ax^2+c} - \dfrac{c^2}{8a\sqrt{-a}}\arcsin\left(x\sqrt{\dfrac{-a}{c}}\right)(a<0).$

47. $\int x^n \sqrt{ax^2+c}\,dx = \dfrac{x^{n-1}}{(n+2)a}\sqrt{(ax^2+c)^3} - \dfrac{(x-1)c}{(n+2)a}\int x^{n-2}\sqrt{ax^2+c}\,dx\ (n>0).$

48. $\int x\sqrt{(ax^2+c)^3}\,dx = \dfrac{1}{5a}\sqrt{(ax^2+c)^5}.$

49. $\int x^2\sqrt{(ax^2+c)^3}\,dx = \dfrac{x^3}{6}\sqrt{(ax^2+c)^3} + \dfrac{c}{2}\int x^2\sqrt{ax^2+c}\,dx.$

50. $\int x^n\sqrt{(ax^2+c)^3}\,dx = \dfrac{x^{n+1}}{n+4}\sqrt{(ax^2+c)^3} + \dfrac{3c}{n+4}\int x^n\sqrt{ax^2+c}\,dx\ (n>0).$

51. $\int \dfrac{\sqrt{ax^2+c}}{x}\,dx = \sqrt{ax^2+c} + \sqrt{c}\ln\dfrac{\sqrt{ax^2+c}-\sqrt{c}}{x}\ (c>0).$

52. $\int \dfrac{\sqrt{ax^2+c}}{x}\,dx = \sqrt{ax^2+c} - \sqrt{-c}\arctan\dfrac{\sqrt{ax^2+c}}{\sqrt{-c}}\ (c<0).$

53. $\int \dfrac{\sqrt{ax^2+c}}{x^n}\,dx = -\dfrac{\sqrt{(ax^2+c)^3}}{c(n-1)x^{n-1}} - \dfrac{(n-4)a}{(n-1)c}\int \dfrac{\sqrt{ax^2+c}}{x^{n-2}}\,dx\ (n>1).$

54. $\int \dfrac{dx}{\sqrt{ax^2+c}} = \dfrac{1}{\sqrt{a}}\ln(x\sqrt{a}+\sqrt{ax^2+c})\ (a>0).$

55. $\int \dfrac{dx}{\sqrt{ax^2+c}} = \dfrac{1}{\sqrt{-a}}\arcsin\left(x\sqrt{\dfrac{-a}{c}}\right)(a<0).$

56. $\int \dfrac{dx}{\sqrt{(ax^2+c)^3}} = \dfrac{x}{c\sqrt{ax^2+c}}.$

57. $\int \dfrac{x}{\sqrt{ax^2+c}}\,dx = \dfrac{1}{a}\sqrt{ax^2+c}.$

58. $\int \dfrac{x^2}{\sqrt{ax^2+c}}\,dx = \dfrac{x}{a}\sqrt{ax^2+c} - \dfrac{1}{a}\int \sqrt{ax^2+c}\,dx.$

59. $\int \dfrac{x^n}{\sqrt{ax^2+c}}\,dx = \dfrac{x^{n-1}}{na}\sqrt{ax^2+c} - \dfrac{(n-1)c}{na}\int \dfrac{x^{n-2}}{\sqrt{ax^2+c}}\,dx\ (n>0).$

60. $\int \dfrac{1}{x\sqrt{ax^2+c}}\,dx = \dfrac{1}{\sqrt{c}}\ln\dfrac{\sqrt{ax^2+c}-\sqrt{c}}{x}\ (c>0).$

61. $\int \dfrac{1}{x\sqrt{ax^2+c}}\,dx = \dfrac{1}{\sqrt{-c}}\operatorname{arcsec}\left(x\sqrt{\dfrac{-a}{c}}\right)(c<0).$

62. $\int \dfrac{1}{x^2\sqrt{ax^2+c}}\,dx = -\dfrac{\sqrt{ax^2+c}}{cx}.$

63. $\int \dfrac{1}{x^n\sqrt{ax^2+c}}\,dx = -\dfrac{\sqrt{ax^2+c}}{c(n-1)x^{n-1}} - \dfrac{(n-2)a}{(n-1)c}\int \dfrac{dx}{x^{n-2}\sqrt{ax^2+c}}\ (n>1).$

六、含 ax^2+bx+c

64. $\int \dfrac{1}{ax^2+bx+c}dx = \dfrac{1}{\sqrt{b^2-4ac}}\ln\dfrac{2ax+b-\sqrt{b^2-4ac}}{2ax+b+\sqrt{b^2-4ac}}$ ($b^2 > 4ac$).

65. $\int \dfrac{1}{ax^2+bx+c}dx = \dfrac{2}{\sqrt{4ac-b^2}}\arctan\dfrac{2ax+b}{\sqrt{4ac-b^2}}$ ($b^2 < 4ac$).

66. $\int \dfrac{1}{ax^2+bx+c}dx = -\dfrac{2}{2ax+b}$ ($b^2 = 4ac$).

67. $\int \dfrac{1}{(ax^2+bx+c)^n}dx = \dfrac{2ax+b}{(n-1)(4ac-b^2)(ax^2+bx+c)^{n-1}} + \dfrac{2(2n-3)a}{(n-1)(4ac-b^2)}\int \dfrac{1}{(ax^2+bx+c)^{n-1}}dx$ ($n>1, b^2 \neq 4ac$).

68. $\int \dfrac{x}{ax^2+bx+c}dx = \dfrac{1}{2a}\ln(ax^2+bx+c) - \dfrac{b}{2a}\int \dfrac{dx}{ax^2+bx+c}$.

69. $\int \dfrac{x^2}{ax^2+bx+c}dx = \dfrac{x}{a} - \dfrac{b}{2a^2}\ln(ax^2+bx+c) + \dfrac{b^2-2ac}{2a^2}\int \dfrac{dx}{ax^2+bx+c}$.

70. $\int \dfrac{x^n}{ax^2+bx+c}dx = \dfrac{x^{n-1}}{(n-1)a} - \dfrac{c}{a}\int \dfrac{x^{n-2}}{ax^2+bx+c}dx - \dfrac{b}{a}\int \dfrac{x^{n-1}}{ax^2+bx+c}dx$ ($n>1$).

七、含 $\sqrt{ax^2+bx+c}$

71. $\int \dfrac{1}{\sqrt{ax^2+bx+c}}dx = \dfrac{1}{\sqrt{a}}\ln(2ax+b+2\sqrt{a}\sqrt{ax^2+bx+c})$ ($a>0$).

72. $\int \dfrac{dx}{\sqrt{ax^2+bx+c}} = \dfrac{1}{\sqrt{-a}}\arcsin\dfrac{-2ax-b}{\sqrt{b^2-4ac}}$ ($a<0, b^2>4ac$).

73. $\int \dfrac{xdx}{\sqrt{ax^2+bx+c}} = \dfrac{\sqrt{ax^2+bx+c}}{a} - \dfrac{b}{2a}\int \dfrac{dx}{\sqrt{ax^2+bx+c}}$.

74. $\int \dfrac{x^n dx}{\sqrt{ax^2+bx+c}} = \dfrac{x^{n-1}}{na}\sqrt{ax^2+bx+c} - \dfrac{(2n-1)b}{2na}\int \dfrac{x^{n-1}}{\sqrt{ax^2+bx+c}}dx - \dfrac{(n+1)c}{na}\int \dfrac{x^{n-2}}{\sqrt{ax^2+bx+c}}dx$.

75. $\int \sqrt{ax^2+bx+c}\,dx = \dfrac{2ax+b}{4a}\sqrt{ax^2+bx+c} - \dfrac{b^2-4ac}{8a}\int \dfrac{dx}{\sqrt{ax^2+bx+c}}$.

76. $\int x\sqrt{ax^2+bx+c}\,dx = \dfrac{1}{3a}\sqrt{(ax^2+bx+c)^3} - \dfrac{b}{2a}\int \sqrt{ax^2+bx+c}\,dx$.

77. $\int x^2\sqrt{ax^2+bx+c}\,dx = \left(x - \dfrac{5b}{6a}\right)\dfrac{\sqrt{(ax^2+bx+c)^3}}{4a} + \dfrac{5b^2-4ac}{16a^2}\int \sqrt{ax^2+bx+c}\,dx$.

78. $\int \dfrac{1}{x\sqrt{ax^2+bx+c}}dx = -\dfrac{1}{\sqrt{c}}\ln\left(\dfrac{\sqrt{(ax^2+bx+c)}+\sqrt{c}}{x} + \dfrac{b}{2\sqrt{c}}\right)$ ($c>0$).

79. $\int \dfrac{\mathrm{d}x}{x\sqrt{ax^2+bx+c}} = \dfrac{1}{\sqrt{-c}}\arcsin\dfrac{bx+2c}{x\sqrt{b^2-4ac}}\ (c<0,b^2>4ac).$

80. $\int \dfrac{\mathrm{d}x}{x\sqrt{ax^2+bx}} = -\dfrac{2}{bx}\sqrt{ax^2+bx}.$

81. $\int \dfrac{\mathrm{d}x}{x^n\sqrt{ax^2+bx+c}} = -\dfrac{\sqrt{ax^2+bx+c}}{(n-1)cx^{n-1}} - \dfrac{(2n-3)b}{2(n-1)c}\int \dfrac{\mathrm{d}x}{x^{n-1}\sqrt{ax^2+bx+c}} - \dfrac{(n-2)a}{(n-1)c}\int \dfrac{\mathrm{d}x}{x^{n-2}\sqrt{ax^2+bx+c}}\ (n>1).$

八、含 sinax

82. $\int \sin ax\,\mathrm{d}x = -\dfrac{1}{a}\cos ax.$

83. $\int \sin^2 ax\,\mathrm{d}x = \dfrac{x}{2} - \dfrac{1}{4a}\sin 2ax.$

84. $\int \sin^3 ax\,\mathrm{d}x = -\dfrac{1}{a}\cos ax + \dfrac{1}{3a}\cos^3 ax.$

85. $\int \sin^n ax\,\mathrm{d}x = -\dfrac{1}{na}\sin^{n-1} ax\cos ax + \dfrac{n-1}{n}\int \sin^{n-2} ax\,\mathrm{d}x$ (n 为正整数).

86. $\int \dfrac{1}{\sin ax}\mathrm{d}x = \dfrac{1}{a}\ln\tan\dfrac{ax}{2}.$

87. $\int \dfrac{1}{\sin^2 ax}\mathrm{d}x = -\dfrac{1}{a}\cot ax.$

88. $\int \dfrac{1}{\sin^n ax}\mathrm{d}x = -\dfrac{\cos ax}{(n-1)a\sin^{n-1} ax} + \dfrac{n-2}{n-1}\int \dfrac{\mathrm{d}x}{\sin^{n-2} ax}$ ($n\geq 2$ 为整数).

89. $\int \dfrac{1}{1\pm\sin ax}\mathrm{d}x = \mp\dfrac{1}{a}\tan\left(\dfrac{\pi}{4}\mp\dfrac{ax}{2}\right).$

90. $\int \dfrac{1}{b+c\sin ax}\mathrm{d}x = -\dfrac{2}{a\sqrt{b^2-c^2}}\arctan\left[\sqrt{\dfrac{b-c}{b+c}}\tan\left(\dfrac{\pi}{4}-\dfrac{ax}{2}\right)\right]\ (b^2>c^2).$

91. $\int \dfrac{1}{b+c\sin ax}\mathrm{d}x = -\dfrac{1}{a\sqrt{c^2-b^2}}\ln\dfrac{c+b\sin ax+\sqrt{c^2-b^2}\cos ax}{b+c\sin ax}\ (b^2<c^2).$

92. $\int \sin ax\sin bx\,\mathrm{d}x = \dfrac{\sin(a-b)x}{2(a-b)} - \dfrac{\sin(a+b)x}{2(a+b)}\ |a|\neq|b|.$

九、含 cosax

93. $\int \cos ax\,\mathrm{d}x = \dfrac{1}{a}\sin ax.$

94. $\int \cos^2 ax\,\mathrm{d}x = \dfrac{x}{2} + \dfrac{1}{4a}\sin 2ax.$

95. $\int \cos^n ax\,\mathrm{d}x = \dfrac{1}{na}\cos^{n-1} ax\sin ax + \dfrac{n-1}{n}\int \cos^{n-2} ax\,\mathrm{d}x$ (n 为正整数).

96. $\int \dfrac{1}{\cos ax} dx = \dfrac{1}{a}\ln\tan\left(\dfrac{\pi}{4} + \dfrac{ax}{2}\right).$

97. $\int \dfrac{1}{\cos^2 ax} dx = \dfrac{1}{a}\tan ax.$

98. $\int \dfrac{1}{\cos^n ax} dx = \dfrac{\sin ax}{(n-1)a\cos^{n-1} ax} + \dfrac{n-2}{n-1}\int \dfrac{dx}{\cos^{n-2} ax} \; (n \geqslant 2 \text{ 整数}).$

99. $\int \dfrac{1}{1+\cos ax} dx = \dfrac{1}{a}\tan\dfrac{ax}{2}.$

100. $\int \dfrac{1}{1-\cos ax} dx = -\dfrac{1}{a}\cot\dfrac{ax}{2}.$

101. $\int \dfrac{1}{b+c\cos ax} dx = \dfrac{1}{a\sqrt{b^2-c^2}}\arctan\dfrac{\sqrt{b^2-c^2}\sin ax}{c+b\cos ax} \; (|b|>|c|).$

102. $\int \dfrac{1}{b+c\cos ax} dx = \dfrac{1}{c-b}\sqrt{\dfrac{c-b}{c+b}}\ln\dfrac{\tan\dfrac{x}{2}+\sqrt{\dfrac{c+b}{c-b}}}{\tan\dfrac{x}{2}-\sqrt{\dfrac{c+b}{c-b}}} \; (|b|<|c|).$

103. $\int \cos ax\cos bx\, dx = \dfrac{\sin(a-b)x}{2(a-b)} + \dfrac{\sin(a+b)x}{2(a+b)} \; (|a|\neq|b|).$

十、含 $\sin ax$ 和 $\cos ax$

104. $\int \sin ax\cos bx\, dx = -\dfrac{\cos(a-b)x}{2(a-b)} - \dfrac{\cos(a+b)x}{2(a+b)} \; (|a|\neq|b|).$

105. $\int \sin^n ax\cos ax\, dx = \dfrac{1}{(n+1)a}\sin^{n+1} ax \; (n\neq -1).$

106. $\int \sin ax\cos^n ax\, dx = -\dfrac{1}{(n+1)a}\cos^{n+1} ax \; (n\neq -1).$

107. $\int \dfrac{\sin ax}{\cos ax} dx = -\dfrac{1}{a}\ln\cos ax.$

108. $\int \dfrac{\cos ax}{\sin ax} dx = \dfrac{1}{a}\ln\sin ax.$

109. $\int \dfrac{dx}{b^2\cos^2 ax + c^2\sin^2 ax} = \dfrac{1}{abc}\arctan\dfrac{c\tan ax}{b}.$

110. $\int \sin^2 ax\cos^2 ax\, dx = \dfrac{x}{8} - \dfrac{1}{32a}\sin 4ax.$

111. $\int \dfrac{dx}{\sin ax\cos ax} = \dfrac{1}{a}\ln\tan ax.$

112. $\int \dfrac{dx}{\sin^2 ax\cos^2 ax} = \dfrac{1}{a}(\tan ax - \cot ax).$

113. $\int \dfrac{\sin^2 ax}{\cos ax} dx = -\dfrac{1}{a}\sin ax + \dfrac{1}{a}\ln\tan\left(\dfrac{\pi}{4} + \dfrac{ax}{2}\right).$

114. $\int \dfrac{\cos^2 ax}{\sin ax} dx = \dfrac{1}{a}\cos ax + \dfrac{1}{a}\ln\tan\dfrac{ax}{2}$.

115. $\int \dfrac{\cos ax}{b + c\sin ax} dx = \dfrac{1}{ac}\ln(b + c\sin ax)$.

116. $\int \dfrac{\sin ax}{b + c\cos ax} dx = -\dfrac{1}{ac}\ln(b + c\cos ax)$.

117. $\int \dfrac{dx}{b\sin ax + c\cos ax} = -\dfrac{1}{a\sqrt{b^2 + c^2}}\ln\tan\dfrac{ax + \arctan\dfrac{c}{b}}{2}$.

十一、含 tanax、cotax

118. $\int \tan ax\, dx = -\dfrac{1}{a}\ln\cos ax$.

119. $\int \cot ax\, dx = \dfrac{1}{a}\ln\sin ax$.

120. $\int \tan^2 ax\, dx = \dfrac{1}{a}\tan ax - x$.

121. $\int \cot^2 ax\, dx = -\dfrac{1}{a}\cot ax - x$.

122. $\int \tan^n ax\, dx = \dfrac{1}{(n-1)a}\tan^{n-1} ax - \int \tan^{n-2} ax\, dx$ ($n \geqslant 2$ 整数).

123. $\int \cot^n ax\, dx = -\dfrac{1}{(n-1)a}\cot^{n-1} ax - \int \cot^{n-2} ax\, dx$ ($n \geqslant 2$ 整数).

十二、含 $x^n \sin ax$, $x^n \cos ax$

124. $\int x\sin ax\, dx = \dfrac{1}{a^2}\sin ax - \dfrac{1}{a}x\cos ax$.

125. $\int x^2 \sin ax\, dx = \dfrac{2x}{a^2}\sin ax + \dfrac{2}{a^3}\cos ax - \dfrac{x^2}{a}\cos ax$.

126. $\int x^n \sin ax\, dx = -\dfrac{x^n}{a}\cos ax + \dfrac{n}{a}\int x^{n-1}\cos ax\, dx$.

127. $\int x\cos ax\, dx = \dfrac{1}{a^2}\cos ax + \dfrac{x}{a}\sin ax$.

128. $\int x^2 \cos ax\, dx = \dfrac{2x}{a^2}\cos ax - \dfrac{2}{a^3}\sin ax + \dfrac{x^2}{a}\sin ax$.

129. $\int x^n \cos ax\, dx = \dfrac{x^n}{a}\sin ax - \dfrac{n}{a}\int x^{n-1}\sin ax\, dx$ ($n > 0$).

十三、含 e^{ax}

130. $\int e^{ax} dx = \dfrac{1}{a}e^{ax}$.

131. $\int b^{ax} dx = \dfrac{1}{a\ln b} b^{ax}$.

132. $\int x e^{ax} dx = \dfrac{e^{ax}}{a^2}(ax-1)$.

133. $\int x b^{ax} dx = \dfrac{x b^{ax}}{a\ln b} - \dfrac{b^{ax}}{a^2(\ln b)^2}$.

134. $\int x^n e^{ax} dx = \dfrac{e^{ax}}{a^{n+1}}[(ax)^n - n(ax)^{n-1} + n(n-1)(ax)^{n-2} + \cdots + (-1)^n n!]$ (n 为正整数).

135. $\int x^n b^{ax} dx = \dfrac{x^n b^{ax}}{a\ln b} - \dfrac{n}{a\ln b}\int x^{n-1} b^{ax} dx$ $(n > 0)$.

136. $\int e^{ax} \sin bx\, dx = \dfrac{e^{ax}}{a^2+b^2}(a\sin bx - b\cos bx)$.

137. $\int e^{ax} \cos bx\, dx = \dfrac{e^{ax}}{a^2+b^2}(a\cos bx + b\sin bx)$.

十四、含 lnax

138. $\int \ln ax\, dx = x\ln ax - x$.

139. $\int x\ln ax\, dx = \dfrac{x^2}{2}\ln ax - \dfrac{x^4}{4}$.

140. $\int x^n \ln ax\, dx = \dfrac{x^{n+1}}{n+1}\ln ax - \dfrac{x^{n+1}}{(n+1)^2}$ $(n \neq -1)$.

141. $\int \dfrac{1}{x\ln ax} dx = \ln\ln ax$.

142. $\int \dfrac{1}{x(\ln ax)^n} dx = -\dfrac{1}{(n-1)(\ln ax)^{n-1}}$ $(n \neq 1)$.

143. $\int \dfrac{x^n}{(\ln ax)^m} dx = -\dfrac{x^{n+1}}{(m-1)(\ln ax)^{m-1}} + \dfrac{n+1}{m-1}\int \dfrac{x^n}{(\ln ax)^{m-1}} dx$ $(m \neq 1)$.

十五、含反三角函数

144. $\int \arcsin ax\, dx = a\arcsin ax + \dfrac{1}{a}\sqrt{1-a^2 x^2}$.

145. $\int (\arcsin ax)^2 dx = x(\arcsin ax)^2 - 2x + \dfrac{2}{a}\sqrt{1-a^2 x^2}\arcsin ax$.

146. $\int x\arcsin ax\, dx = \left(\dfrac{x^2}{2} - \dfrac{1}{4a^2}\right)\arcsin ax + \dfrac{x}{4a}\sqrt{1-a^2 x^2}$.

147. $\int \arccos ax\, dx = x\arccos ax - \dfrac{1}{a}\sqrt{1-a^2 x^2}$.

148. $\int (\arccos ax)^2 dx = x(\arccos ax)^2 - 2x - \dfrac{2}{a}\sqrt{1-a^2 x^2}\arccos ax$.

149. $\int x\arccos ax\,dx = \left(\dfrac{x^2}{2} - \dfrac{1}{4a^2}\right)\arccos ax - \dfrac{x}{4a}\sqrt{1-a^2x^2}.$

150. $\int \arctan ax\,dx = x\arctan ax - \dfrac{1}{2a}\ln(1+a^2x^2).$

151. $\int x^n \arctan ax\,dx = \dfrac{x^{n+1}}{n+1}\arctan ax - \dfrac{a}{n+1}\int \dfrac{x^{n+1}}{1+a^2x^2}dx\ (n\neq -1).$

152. $\int \operatorname{arccot} ax\,dx = x\operatorname{arccot} ax + \dfrac{1}{2a}\ln(1+a^2x^2).$

153. $\int x^n \operatorname{arccot} ax\,dx = \dfrac{x^{n+1}}{n+1}\operatorname{arccot} ax + \dfrac{a}{n+1}\int \dfrac{x^{n+1}}{1+a^2x^2}dx\ (n\neq -1).$

附录Ⅲ 专升本真题卷及答案

真题一
福建省普通高校专升本招生考试

高等数学 试卷

(考试时间120分钟,满分150分)

第一部分 选择题

一、单项选择题(本大题共10小题,每小题5分,共50分。在每小题列出的四个备选项中只有一个是符合题目要求的,请选出并将答题卡上对应的答案代码涂黑,错涂、多涂或未涂均不得分)

1. 若 $f(x)=\begin{cases}-1, & x<-2,\\ 0, & -2\leqslant x<2,\\ 1, & x\geqslant 2,\end{cases}$ 则 $f(f(2))=(\quad)$.

  A. -1 B. 0 C. 1 D. 2

2. 当 $x\to 0$ 时,无穷小 $\tan 2x$ 是 x 的( ).

  A. 高阶无穷小   B. 低阶无穷小

  C. 等价无穷小   D. 同阶非等价无穷小

3. 下列各式中正确的是( ).

  A. $\lim\limits_{x\to\infty}\left(1+\dfrac{2}{x}\right)^x = e^2$ B. $\lim\limits_{x\to\infty}(1+x)^{\frac{2}{x}} = e^2$

  C. $\lim\limits_{x\to 0^+}\left(1+\dfrac{2}{x}\right)^x = e^2$ D. $\lim\limits_{x\to 0}(1+x)^x = e$

4. 函数 $y=e^{2015x}$ 的一阶导函数 $y'=(\quad)$.

  A. e^{2015x} B. $2015xe^{2015x}$ C. $2015e^{2015x}$ D. $2015e^x$

5. 曲线 $y = x^3$ 在区间 $(0, +\infty)$ 上( ).
   A. 单调上升且是凹的
   B. 单调上升且是凸的
   C. 单调下降且是凹的
   D. 单调下降且是凸的

6. 下列函数在区间 $[-1,1]$ 上满足罗尔中值定理所有条件的是( ).
   A. $y = 2x + 1$
   B. $y = |x| - 1$
   C. $y = x^2 + 1$
   D. $y = \frac{1}{x^2} - 1$

7. 已知 $\int f(x) dx = \sin x + C$，则 $f(x) = ($).
   A. $\sin x$
   B. $-\sin x$
   C. $\cos x$
   D. $-\cos x$

8. 点 $(1,2,3)$ 关于 x 轴的对称点是( ).
   A. $(-1,-2,-3)$
   B. $(1,-2,-3)$
   C. $(-1,2,-3)$
   D. $(-1,-2,3)$

9. 二阶常系数齐次线性微分方程 $y'' + y' - 6y = 0$ 的通解是( ).
   A. $y = C_1 e^{-3x} + C_2 e^{-2x}$
   B. $y = C_1 e^{-3x} + C_2 e^{2x}$
   C. $y = C_1 e^{3x} + C_2 e^{-2x}$
   D. $y = C_1 e^{3x} + C_2 e^{2x}$

10. 设 $f(x) = x^3 + ax^2 + bx + c$，$x_0$ 是方程 $f(x) = 0$ 的最小的根，则必有( ).
    A. $f'(x_0) < 0$
    B. $f'(x_0) > 0$
    C. $f'(x_0) \leqslant 0$
    D. $f'(x_0) \geqslant 0$

第二部分 非选择题

二、填空题(本大题共 6 小题，每小题 5 分，共 30 分。把答案填在答题卡的相应位置上)

11. 函数 $f(x) = \ln(1 - x^2)$ 的连续区间为_____.

12. 极限 $\lim\limits_{x \to 1} \dfrac{\sin(x-1)}{x^2 - 1} =$ _____.

13. 曲线 $\begin{cases} x = t^3 \\ y = e^t \end{cases}$ 在 $t = 1$ 处的切线方程是_____.

14. $\int_{-1}^{1} (2\sin x^5 + 3) dx =$ _____.

15. $\int_{-\infty}^{1} e^x dx =$ _____.

16. 记 $\Phi(x) = \int_{0}^{x} (x - t)\cos t \, dt$，则 $\Phi'(x) =$ _____.

三、计算题(本大题共 6 小题，每小题 7 分，共 42 分。请在答题卡上作答)

17. 求极限 $\lim\limits_{x \to 0} \dfrac{1 - \cos x}{1 - \sqrt{1 + 2x}}$.

18. 已知函数 $f(x) = \begin{cases} \dfrac{x^2 + ax}{\sin x}, & x \neq k\pi, k \in Z \\ 2, & x = 0 \end{cases}$，在点 $x = 0$ 处连续，求 a 的值.

19. 已知函数 $y = y(x)$ 由方程 $e^y + 2xy = x^2$ 确定,求 $y'(x)$.

20. 求定积分 $\int_1^e \dfrac{1 + \ln x}{x} dx$.

21. 求过直线 $L: \dfrac{x-2}{1} = \dfrac{y-3}{2} = \dfrac{z}{1}$ 与平面 $\pi: 2x + y + z - 2 = 0$ 的交点,且与直线 L 垂直的平面方程.

22. 求常微分方程 $y' + 2xy = 2x$ 的通解.

四、应用题(本大题共 2 小题,每小题 11 分,共 22 分。请在答题卡上作答)

23. 已知平面图形 D 由曲线 $y = e^x$,$y = x$,$x = 0$,$x = 1$ 围成.

(1)求 D 的面积 A;

(2)求 D 绕 x 轴旋转一周所得旋转体的体积 V.

24. 设 A 生活区位于一直线河 AC 的岸边,B 生活区与河岸的垂足 C 相距 2km,且 A、B 生活区相距 $\sqrt{29}$ km. 现需要在河岸边修建一个水厂 D(如图所示),向 A、B 生活区供水. 已知从水厂 D 向 A、B 生活区铺设水管的费用分别是 30 万元/km 和 50 万元/km,求当水厂 D 设在离 C 多少公里时,才能使铺设水管的总费用最省?

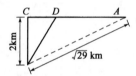

五、证明题(本大题 6 分)请在答题卡相应位置上作答.

25. 设函数 $f(x) = \begin{cases} \dfrac{x}{2} + x^2 \sin \dfrac{1}{x}, & x \neq 0 \\ 0, & x = 0 \end{cases}$.

(1)证明 $f(x)$ 在 $x = 0$ 处可导;

(2)讨论是否存在点 $x = 0$ 的一个邻域,使得 $f(x)$ 在该领域内单调,并说明理由.

真题一答案

一、选择题

1. B； 2. D； 3. A； 4. C； 5. A； 6. C； 7. C； 8. B； 9. B； 10. D.

二、填空题

11. $-1 < x < 1$； 12. 0.5； 13. $y = \dfrac{e}{3}x + \dfrac{2e}{3}$；

14. 6； 15. e； 16. $\sin x$.

三、计算题

17. 0；

18. 2；

19. $y = \dfrac{2x - 2y}{e^y + 2x}$；

20. $\dfrac{3}{2}$；

21. $x + 2y + z - 2 = 0$；

22. $y = 1 + ce^{-x^2}$.

四、应用题

23. (1) $e - \dfrac{3}{2}$； (2) $\pi\left(\dfrac{1}{2}e^2 - \dfrac{5}{6}\right)$.

24. $\dfrac{3}{2}$ km.

五、证明题

25. 思路

(1) 用导数的定义证明：$\lim\limits_{x \to 0} \dfrac{f(x) - f(0)}{x - 0} = \lim\limits_{x \to 0} \dfrac{\dfrac{x}{2} + x^2 \sin \dfrac{1}{x}}{x - 0} = \dfrac{1}{2}$；

(2) 不存在.

真题二

福建省普通高校专升本招生考试

高等数学　试卷

（考试时间120分钟，满分150分）

第一部分　选择题

一、单项选择题(本大题共10小题,每小题5分,共50分。在每小题列出的四个备选项中只有一个是符合题目要求的,请选出并将答题卡上对应的答案代码涂黑,错涂、多涂或未涂均不得分)

1. 函数 $f(x) = \dfrac{1}{\sqrt{x-1}} + \ln(2-x)$ 的定义域是(　　).

 A. $\{x \mid x < 2\}$　　　　　　　　　　B. $\{x \mid x > 1 \text{ 且 } x \neq 2\}$

 C. $\{x \mid 1 < x < 2\}$　　　　　　　　D. $\{x \mid x > 1\}$

2. 在同一平面直角坐标系中,函数 $y = f(x)$ 与其反函数 $y = f^{-1}(x)$ 的图像关于(　　).

 A. x 轴对称　　　　　　　　　　B. y 轴对称

 C. 直线 $y = x$ 对称　　　　　　　　D. 原点 O 对称

3. 当 $x \to 0$ 时,下列函数中为无穷小的是(　　).

 A. $x + 2$　　　　B. x^2　　　　C. $(x+2)^2$　　　　D. 2^x

4. 已知函数 $f(x) = \dfrac{x-5}{x^2-4}$ 时,则 $f(x)$ 的间断点的个数是(　　).

 A. 0　　　　B. 1　　　　C. 2　　　　D. 3

5. 已知下列极限运算正确的是(　　).

 A. $\lim\limits_{n \to \infty}(1+n)^{\frac{1}{n}} = e$　　　　　　B. $\lim\limits_{n \to \infty}(1-n)^{\frac{1}{n}} = e$

 C. $\lim\limits_{x \to 0}\dfrac{\sin x}{x} = 0$　　　　　　　D. $\lim\limits_{x \to \infty}\dfrac{\sin x}{x} = 1$

6. 设函数 $y = e^{-x}$ 则 $dy = ($　　$)$.

 A. $-e^{-x}dx$　　B. $-e^x dx$　　C. $e^x dx$　　D. $e^{-x}dx$

7. 如图所示,曲线 $y = f(x)$ 在区间 $[1, +\infty)$ 上(　　).

 A. 单调增加且是凸的　　　B. 单调增加且是凹的

 C. 单调减少且是凹的　　　D. 单调减少且是凸的

8. 积分 $\displaystyle\int_{-\pi}^{\pi} \sin x \cos x \, dx$ 的值是(　　).

 A. -1　　　　B. 0　　　　C. 1　　　　D. 2

9. 设 a 与 b 是两个非零向量,那么 $a // b$ 的充分必要条件值是(　　).

A. $a - b = 0$　　B. $a + b = 0$　　C. $a \cdot b = 0$　　D. $a \times b = 0$

10. 微分方程 $y'' - y = 0$ 的通解是(　　).

　　A. $y = c_1 \mathrm{e}^x + c_2 \mathrm{e}^{-x}$　　　　　　　B. $y = (c_1 x + c_2)\mathrm{e}^x$

　　C. $y = c\mathrm{e}^x$　　　　　　　　　　　D. $y = c\mathrm{e}^{-x}$

第二部分　非 选 择 题

二、填空题(本大题共 6 小题,每小题 5 分,共 30 分。把答案填在答题卡的相应位置上)

11. 函数 $f(x) = \sin x, g(x) = 2 + x^2$,则复合函数 $g(f(x)) =$ ＿＿＿＿＿＿＿.

12. 函数 $f(x) = \begin{cases} 3x + 2, & x > 0 \\ 2a, & x \leq 0 \end{cases}$,在点 $x = 0$ 处连续,则常数 $a =$ ＿＿＿＿＿＿＿.

13. 函数 $y = f(x)$ 过点 $(1,2)$,且在任一点 $M(x,y)$ 处的切线斜率为 $2x$,则该曲线的方程式＿＿＿＿＿＿＿.

14. 如图所示,曲线 $y = f(x)$ 与直线 $x = a, x = b$ 及 x 轴围成的三块阴影部分 A_1, A_2, A_3 的面积分别是 $2,3,4$,则定积分 $\int_a^b f(x)\mathrm{d}x$ ＿＿＿＿＿＿＿.

15. 积分 $\int_0^1 \frac{1}{\sqrt{x}}\mathrm{d}x$ ＿＿＿＿＿＿＿.

16. 直线 $\frac{x-3}{2k} = \frac{y+1}{k+2} = \frac{z-3}{-5}$ 与直线 $\frac{x-1}{3} = \frac{y+5}{1} = \frac{z+2}{k}$ 垂直,则常数 $k =$ ＿＿＿＿＿＿＿.

三、计算题(本大题共 6 小题,每小题 7 分,共 42 分。请在答题卡上作答)

17. 求极限 $\lim\limits_{x \to 0} \frac{1 - \cos x}{3x^2}$.

18. 求过点 $A(1, -1, 2)$ 且与直线 $\frac{x-3}{1} = \frac{y-2}{2} = \frac{z+1}{-1}$ 垂直的平面方程.

19. 已知函数 $y = f(x)$ 由方程 $x + y = \mathrm{e}^y$ 所确定,求 y'.

20. 求定积分 $\int_0^1 x\mathrm{e}^x\mathrm{d}x$.

21. 已知函数 $y = x^3 + ax^2 + b$ 的拐点为 $(1, -1)$ 求常数 a, b.

22. 求常微分方程 $y\mathrm{d}x + (x - 1)\mathrm{d}y = 0$ 的通解.

四、应用题(本大题共 2 小题,每小题 11 分,共 22 分。请在答题卡上作答)

23. 一厂家生产某种产品,已知产品的销售量 q (单位:件)与销售价格 p (单位:元/件)满足 $p = 420 - \frac{1}{2}q$,产品的成本函数 $c(q) = 30000 + 100q$,问该产品销售量 q 为何值时,生产该产品获得的利润最大,并求此时的销售价格.

24. 设曲线 $y = \cos x \left(x \in \left[0, \dfrac{\pi}{2} \right] \right)$ 与 x 轴及 y 轴所围成的平面图形为 D 求:

(1) D 的面积 A;

(2) D 绕 x 轴旋转一周所得的体积 V.

五、证明题(本大题 6 分)请在答题卡相应位置上作答.

25. 设函数 $f(x) = x|x|$.

(1) 证明 $f(x)$ 在 $x = 0$ 处可导,并求 $f'(0)$;

(2) 讨论 $f(x)$ 的单调性.

真题二答案

一、单项选择题(本大题共 10 小题,每小题 5 分,共 50 分)

1. C; 2. C; 3. B; 4. C; 5. D; 6. A; 7. B; 8. B; 9. D; 10. A.

二、填空题(本大题共 6 小题,每小题 5 分,共 30 分)

11. $2+\sin^2 x$; 12. 1; 13. x^2+1; 14. 3; 15. 2; 16. -1.

三、计算题(本大题共 6 小题,每小题 7 分,共 42 分)

17. $\dfrac{1}{6}$;

18. $x+2y-z+3=0$;

19. $y' = \dfrac{1}{e^y - 1}$;

20. 1;

21. $\begin{cases} a=-3 \\ b=1 \end{cases}$;

22. $y = \dfrac{C}{x-1}$.

四、应用题(本大题共 2 小题,每小题 11 分,共 22 分)

23. 当生产 320 件时,获得的利润最大,此时产品的价格 $P=260$ 元.

24. 解:(1) $A=1$; (2) $V_x = \dfrac{\pi^2}{4}$.

五、证明题(本大题共 1 小题,每小题 6 分,共 6 分)

25. 证明

(1) 函数 $f(x)$ 在 $x=0$ 处可导,且 $f'(0)=0$;

(2) 当 $x>0$ 时,$f'(x)=2x>0$,所以函数 $f(x)$ 在 $(0,+\infty)$ 内单调递增;

当 $x<0$ 时,$f'(x)=-2x>0$,所以函数 $f(x)$ 在 $(-\infty,0)$ 内单调递增;

且 $f'(0)=0$,所以,函数 $f(x)$ 在 $(-\infty,+\infty)$ 内单调递增.

真题三

福建省普通高校专升本招生考试

高等数学　试卷

（考试时间120分钟，满分150分）

第一部分　选择题

一、单项选择题(本大题共10小题,每小题5分,共50分。在每小题列出的四个备选项中只有一个是符合题目要求的,请选出并将答题卡上对应的答案代码涂黑,错涂、多涂或未涂均不得分)

1. 函数 $f(x) = \dfrac{2x}{x-1}$ ($x \in (1, +\infty)$)则 $f^{-1}(3) = ($ 　　$)$.

　A. 1　　　　　B. $\dfrac{3}{2}$　　　　　C. 2　　　　　D. 3

2. 已知下列极限运算正确的是($\quad$).

　A. $\lim\limits_{n\to\infty}\left(1+\dfrac{1}{n}\right)^2 = e$　　　　　B. $\lim\limits_{n\to\infty}\dfrac{1}{2^n} = 0$

　C. $\lim\limits_{n\to\infty}\dfrac{\sin n}{n} = 1$　　　　　D. $\lim\limits_{n\to\infty}\dfrac{n}{e^n} = \infty$

3. 当 $x \to \infty$ 时,函数 $f(x)$ 与 $\dfrac{2}{x}$ 是等价无穷小,则极限 $\lim\limits_{x\to\infty} xf(x)$ 的值是($\quad$).

　A. $\dfrac{1}{2}$　　　　　B. 1　　　　　C. 2　　　　　D. 4

4. 方程 $x^3 = 1 - x$ 至少存在一个实根的开区间是($\quad$).

　A. $(-1, 0)$　　　B. $(0, 1)$　　　C. $(1, 2)$　　　D. $(2, 3)$

5. 已知函数 $f(x)$ 在 $[a,b]$ 上可导,且 $f(a) = f(b)$,则 $f'(x) = 0$ 在 (a,b) 内($\quad$).

　A. 至少有一个实根　　　　　B. 只有一个实根

　C. 没有实根　　　　　D. 不一定有实根

6. 已知函数 $f(x)$ 在 x_0 处取得极大值,则有($\quad$).

　A. $f'(x) = 0$　　　　　B. $f''(x) < 0$

　C. $f'(x) = 0$ 且 $f''(x) < 0$　　　　　D. $f'(x_0) = 0$ 或者 $f'(x_0)$ 不存在

7. 已知 $\int f(x)\mathrm{d}x = xe^x + c$ 则 $\int f(2x)\mathrm{d}x =$ 是($\quad$).

　A. $xe^{2x} + c$　　　　　B. $2xe^x + c$

　C. $2xe^{2x} + c$　　　　　D. $xe^x + c$

8. 方程 $x = 0$ 表示的几何图形为($\quad$).

　A. xOy 平面　　　B. xOz 平面　　　C. yOz 平面　　　D. x 轴

9. 微分方程 $y'' - y' = 0$ 的通解是( ).

　　A. $y = x$ 　　　　　　　　　　　　　　B. $y = e^x$
　　C. $y = x + e^x$ 　　　　　　　　　　　 D. $y = xe^x$

10. 已知函数 $f(x)$ 在 R 上可导,则对任意 $x \neq y$ 都 $|f(x) - f(y)| < |x - y|$ 是 $|f'(x)| < 1$ ( ).

　　A. 充要条件 　　　　　　　　　　　　　B. 充分非必要
　　C. 必要非充分 　　　　　　　　　　　　D. 即不充分也不必要

第二部分 非选择题

二、填空题(本大题共 6 小题,每小题 5 分,共 30 分。把答案填在答题卡的相应位置上)

11. 函数 $f(x)$ 在 x_0 处连续, $\lim\limits_{x \to x_0^-} f(x) = 3$, 则 $f(x_0) = $ _____.

12. 函数 $f(x) = \begin{cases} x^2 + 2, & x \geq 0 \\ \dfrac{\sin ax}{x}, & x < 0 \end{cases}$, 在 R 上连续,则常数 $a = $ _____.

13. 曲线 $y = x^3 - \dfrac{3}{2}x^2 + 1$ 的凹区间为 _____.

14. $\lim\limits_{x \to 0} \dfrac{\int_0^x \cos t \, dt}{x} = $ _____.

15. 积分 $\int_{-\frac{\pi}{2}}^{\frac{\pi}{2}} x^2 \sin x \, dx = $ _____.

16. 直线向量 $\{1, k, 1\}$ 与向量 $\{1, 0, k\}$ 垂直,则常数 $k = $ _____.

三、计算题(本大题共 6 小题,每小题 7 分,共 42 分。请在答题卡上作答)

17. 求极限 $\lim\limits_{x \to 1} \left(\dfrac{1}{x-1} - \dfrac{2}{x^2 - 1} \right)$.

18. 曲线 $2x + y + e^y = 3$ 上的纵坐标 $y = 0$ 的点处的切线方程.

19. 已知 $y = \ln(x + \sqrt{4 + x^2})$ 求 y'.

20. 求定积分 $\int_0^4 \sqrt{2x + 1} \, dx$.

21. 求平面 $x + 2y - 4z + 7 = 0$ 与直线 $\dfrac{x-1}{2} = \dfrac{y-2}{3} = \dfrac{z+1}{1}$ 的交点坐标.

22. 求常微分方程 $\dfrac{dy}{dx} + y = 1$ 的通解.

四、应用题(本大题共 2 小题,每小题 14 分,共 28 分。请在答题卡上作答)

23. 设曲线 $y^2 = x$ 与直线 $x = y + 2$ 所围成的封闭图形为 D 求:
　　(1) D 的面积 A;

(2) D 绕 y 轴旋转一周所得的体积 V.

24. 设函数 $f(x) = 2x^3 - 3kx^2 + 1, k > 0$.

(1) 当 $k = 1$ 时,求 $f(x)$ 在 $[0,2]$ 上的最小值;

(2) 若方程 $f(x) = 0$ 有三个实根,求 k 的取值范围性.

真题三答案

一、单项选择题(本大题共 10 小题,每小题 5 分,共 50 分)

1. D; 2. B; 3. C; 4. B; 5. A; 6. D; 7. A; 8. C; 9. B; 10. A.

二、填空题(本大题共 6 小题,每小题 5 分,共 30 分)

11. 3; 12. 2; 13. $\left(\frac{1}{2}, +\infty\right)$; 14. 1; 15. 0; 16. -1.

三、计算题(本大题共 6 小题,每小题 7 分,共 42 分)

17. $\frac{1}{2}$;

18. $y = -x + 1$;

19. $\frac{1}{\sqrt{4+x^2}}$;

20. $\frac{26}{3}$;

21. $(-7, -10, -5)$;

22. $y = 1 + Ce^{-x}$.

四、应用题(本大题共 2 小题,每小题 14 分,共 28 分)

23. (1) $\frac{9}{2}$; (2) $\frac{72}{5}\pi$.

24. (1) 0; (2) $k > 1$.

习题参考答案

第一章

习题 1.1

1. C.

2. (1) $[2,4]$; (2) $(-2,1]$; (3) $(-\infty,2)\cup(2,3)\cup(4,5]$.

3. 奇.

4. $f(0)=3, f(\pm 3)=0, f(\pm 4)=7$.

5. (1) $y=\dfrac{1-x}{1+x}, (-\infty,-1)\cup(-1,+\infty)$;   (2) $y=e^{x-1}+1, (-\infty,+\infty)$.

6. (1) $y=\sin u, u=4x$.   (2) $y=\ln u, u=1+2x$.

   (3) $y=\ln u, u=\tan v, v=\dfrac{x}{2}$.   (4) $y=u^3, u=\cos v, v=2x+1$.

   (5) $y=u^2, u=\lg v, v=\arccos t, t=x^3$.   (6) $y=e^u, u=\dfrac{2x}{1-x^2}$.

   (7) $y=u^6, u=3x+5$.

习题 1.2

1. (1) 6.   (2) ∞.   (3) 4.   (4) 2.   (5) 0.   (6) ∞.   (7) 4.

2. 3;   不存在;   26.

3. $a=1, b=1$.

4. (1) 3.   (2) $\dfrac{2}{3}$.   (3) $\dfrac{2}{3}$.   (4) 1.   (5) 0.   (6) e^2.   (7) $e^{-\frac{1}{3}}$.

   (8) e^2.   (9) e.   (10) $e^{-\frac{3}{2}}$.

5. π.

6. $k=-1$.

7. $x\to 1; x\to 0^+$ 或 $x\to +\infty$.

8. $x\sin\dfrac{1}{x}$.

习题 1.3

1. $x\neq -1$ 且 $x\neq 0$.

2. $(-1,1)$.

3. $a=-1, b=0$.

4. (1) $x=1$ 为间断点,第二类无穷间断点.

(2) $x=1$ 为第一类可去间断点; $x=2$ 为第二类无穷间断点.

5. $a=1$.

6. 略.

习题 1.4

1. $l=(1+\dfrac{\pi}{4})x+\dfrac{2A}{x}$.

2. $R_A=\dfrac{10^4}{6}(6-x)\text{kN},\ 0\leqslant x\leqslant 6$.

3. $L=\dfrac{b}{\cos\alpha}+\dfrac{a}{\sin\alpha},\ 0<\alpha<\dfrac{\pi}{2}$.

4. $y=2a(x^2+\dfrac{2v}{x})$,其中 y 为总造价,a 为水池四周单位面积造价,$x\in(0,+\infty)$.

复习题(一)

一、选择题

1. A;　2. D;　3. C;　4. D;　5. B;　6. C;　7. C;　8. D;　9. A;
10. C.

二、填空题

1. $[-1,3)$;2;0.

2. $[-1,0]$;$[0,\pi]$.

3. $(-5,2)$.

4. a 为任意常数,$b=6$.

5. $k=-\dfrac{3}{2}$.

6. $\dfrac{2^{20}\cdot 3^{30}}{5^{50}}$.

7. 1.

8. ∞.

三、计算题

1. (1) $y=\tan u,u=\sqrt{v},v=2x+5$.
   (2) $y=\arccos u,u=v^5,v=\mathrm{e}^x+1$.

2. 0;1;$(\dfrac{\pi}{4})^2-1$.

3. $\lim\limits_{x\to 0^-}\dfrac{2x}{|x|}=-2\neq\lim\limits_{x\to 0^+}\dfrac{2x}{|x|}=2$,所以不存在.

4. 不存在;1;1.

5. (1) $-\dfrac{5}{7}$. (2) ∞. (3) $\dfrac{1}{6}$. (4) $\dfrac{2}{3}$. (5) 1.

6. (1) 2. (2) 0. (3) $-\dfrac{1}{2}$. (4) 8. (5) $\dfrac{1}{4}$.

7. (1) $\dfrac{7}{5}$. (2) $\dfrac{m}{n}$. (3) 2. (4) 1. (5) $\dfrac{2}{3}$. (6) $\dfrac{1}{2}$. (7) 1.

8. (1) e^{-1}. (2) e^{-5}. (3) e^{-2}. (4) e^{6}. (5) e^{5}.

9. (1) 0. (2) 0. (3) 1.

10. $x^3 - x^2$.

11. 不连续.

12. -1.

13. (1) e. (2) 0. (3) $\dfrac{1}{a}$.

14. 略.

15. $V = \dfrac{R^3 \alpha^2}{24\pi^2}\sqrt{4\pi^2 - \alpha^2}$.

16. 略.

第二章

习题 2.1

1. (1) 切线方程: $y = 2x + 4$; 法线方程: $y = -\dfrac{1}{2}x + \dfrac{13}{2}$.

   (2) 切线方程: $y = 2x + 1$; 法线方程: $y = -\dfrac{1}{2}x + \dfrac{7}{2}$.

2. 连续不可导.

3. $4f'(x_0)$.

4. -1.

习题 2.2

1. $\dfrac{\sin x}{2\sqrt{x}} + \sqrt{x}\cos x + \dfrac{1}{x}$;

2. $-\dfrac{1}{1-\cos x}$;

3. $2x + \dfrac{1}{2}x^{-\frac{3}{2}} - \dfrac{1}{3}x^{-\frac{4}{3}} - x^{-2} + x^{-2}\ln x$.

4. $\dfrac{3}{x} + 2 + \ln 2$;

5. $3x^2 \cos x - x^3 \sin x$;

6. $2x\ln x\sin x + x\sin x + x^2\ln x\cos x$.

7. $\dfrac{1}{x\ln x}$;

8. $4(x-1)\cos(x^2-2x)$;

9. 0;

10. $-6x\sin^2(-x^2+1)\cos(-x^2+1)$;

11. $y = 1 + 2e^x + \dfrac{2e^{2x}}{x} - \dfrac{e^{2x}}{x^2}$;

12. $2\cdot 3^{2x}\ln 3 \cdot \tan\dfrac{1}{x} - \dfrac{3^{2x}}{x^2}\sec^2\dfrac{1}{x}$;

13. $-\dfrac{2}{3}$.

习题2.3

1. (1) $\dfrac{3x^2+y}{3y^2-x}$; (2) $\dfrac{xy+y^2-1}{1-x^2-xy}$; (3) e; (4) $2(x+1)^{2x}\left[\ln(x+1)+\dfrac{x}{x+1}\right]$

(5) $\dfrac{2(2x-1)(x+1)^2}{(3-x^2)}\left(\dfrac{1}{2x-1}+\dfrac{1}{x+1}+\dfrac{1}{3-x}\right)$; (6) $\dfrac{2(x)^{\ln x}\ln x}{x}-1$.

2. $y = \dfrac{2x-2y}{e^y+2x}$.

3. $y = \dfrac{1}{3}x + \dfrac{2}{3}$.

4. $\dfrac{1+\cos x}{1+\sin x}$.

5. $\dfrac{1}{t}$.

6. $y = \dfrac{e}{3}x + \dfrac{2}{3}e$.

习题2.4

1. $6x\cos x - 6x^2\sin x - x^3\cos x$.

2. $\dfrac{73}{2}$.

3. $2688(2x-1)^5$.

4. $\dfrac{6}{x}(\ln^2 x + 3\ln x + 1)$.

5. $y^{(2013)} = 2^x(\ln 2)^{2013}$.

6. e.

习题2.5

1. (1) $-\dfrac{1}{x^2}\sec^2\dfrac{1}{x}dx$；

   (2) $\left[-2x(3-x^2)^{-1}-\dfrac{1}{3}(1-x)^{-\frac{2}{3}}\right]dx$；

   (3) $2^x(\ln 2\sin 3x+3\cos 3x)dx$；

   (4) $\dfrac{-(2-x^2)\sin x+2x\cos x}{(2-x^2)^2}dx$.

   (5) $\dfrac{1}{x^2}(1-\ln x)dx$；

   (6) $\dfrac{\cot x}{\ln\sin x}dx$.

2. (1) 4.9733；　(2) 1.01；　(3) 0.05.

3. $-e^{-x}dx$.

4. $\left[2e^{2x}\sin(\ln x)+\dfrac{e^{2x}\cos(\ln x)}{x}\right]dx$.

复习题(二)

一、选择题

1. C；　2. A；　3. C；　4. D；　5. B；　6. A；　7. C；　8. C；　9. B；
10. B.

二、填空题

1. $-f'(x_0)$.

2. $f'(0)$；$af'(0)$；0.

3. 充要条件.

4. $y=-\dfrac{1}{27}x+27\dfrac{1}{9}$.

5. 1000!

三、计算题

1. (1) $6x+\dfrac{4}{x^3}$；

   (2) $2x\tan x+\dfrac{1+x^2}{\cos x}$；

   (3) $\arcsin x+\dfrac{x}{\sqrt{1-x^2}}$；

   (4) $\sin x\ln x+x\cos x\ln x+\sin x$；

   (5) $\dfrac{3}{x}+2$；

   (6) $1-\dfrac{6x}{(1+x^2)^2}$；

(7) $48x(3x^2+1)^7$;

(8) $3x(2+3x^2)^{-\frac{1}{2}}$;

(9) $2x\cos(1+x^2)$;

(10) $-\sin 2x - \sin^2 x - x\sin 2x$;

(11) $2x\sin(2x^2+2)$;

(12) $\frac{1}{x^2}e^{\cos\frac{1}{x}}\sin\frac{1}{x}$;

(13) $-x(4-x^2)^{-\frac{1}{2}} + \arcsin\frac{x}{2} + \frac{x}{\sqrt{4-x^2}}$;

(14) -1.

2. (1) $\frac{-4x-3y}{3x+15y^2}$; (2) $\pm\frac{1}{2}$; (3) $\frac{3t^2-1}{2t}$; (4) -1;

(5) $(\cos x)^x(\ln\cos x - x\tan x)$; (6) $y \cdot \left(\frac{1}{x} - \frac{x}{1-x^2} + \frac{3}{2} \cdot \frac{x^2}{1-x^3}\right)$.

3. (1) $-\cos x + 2 \cdot 2^x \cdot \ln 2 + x \cdot 2^x \cdot \ln^2 2$;

(2) $6\ln x + 11$; (3) $e^x(1+nx)$.

4. (1) $(\ln x + 1 - 2x)\mathrm{d}x$; (2) $\frac{\mathrm{d}x}{\sin x}$; (3) $\frac{\mathrm{d}x}{2\sqrt{x-x^2}}$.

5. (1) 0.5201; (2) 0.8.

第三章

习题3.1

1. B.

2. D.

3. 提示 $f(0)=f(2\pi)\xi=\pi$.

4. 设 $f(x)=\ln(1+x)$, 则 $f(x)$ 在 $[0,1]$ 上满足拉格朗日中值定理的条件,于是 $f(1)-f(0)=f'(\xi)(1-0)$, $(0<\xi<1)$ $\xi=\frac{1}{\ln 2}-1$.

5. 证明:设 $f(x)=\arctan x$, 则 $f(x)$ 在 $[0,x]$ 上满足拉格朗日中值定理的条件,于是 $f(x)-f(0)=f'(\xi)(x-0)$, $(0<\xi<x)$. 又 $f(0)=0$, $f'(\xi)=\frac{1}{1+\xi^2}$,因此 $\arctan x - 0 = \frac{x}{1+\xi^2}$. 而 $0<\xi<x$, 所以 $1<1+\xi^2<1+x^2$, 故 $\frac{1}{1+x^2}<\frac{1}{1+\xi^2}<1$. 从而 $\frac{x}{1+x^2}<\frac{x}{1+\xi^2}<x$, 即 $\frac{x}{1+x}<\arctan x<x$ ($x>0$). 证毕.

6. 证明:令 $f(x)=ax^4+bx^3+cx^2-(a+b+c)x$, $f(0)=f(1)$, $f'(x)=4ax^3+3bx^2+2cx-(a+b+c)$,则 $f(x)$ 在 $[0,1]$ 上满足罗尔中值定理的全部条件,由罗尔中值定理,至少存在一点 $\xi\in(0,1)$, 使得 $f'(\xi)=0$, 即方程 $4ax^3+3bx^2+2cx=a+b+c$ 在 $(0,1)$ 内至少

有一个实根.

7. A.

8. 解：易知函数 $f(x)$ 在闭区间 $[0,1]$ 上连续, 在开区间 $(0,1)$ 内可导, 即 $f(x)$ 在 $[0,1]$ 上满足拉格朗日中值定理的条件.

由
$$f'(x) = 2e^x,$$
$$f(1) - f(0) = f'(\xi)(1-0),$$
$$\xi = \ln(e-1) \in (0,1).$$

9. C.

习题 3.2

1. (1) n；　(2) 0；　(3) $\dfrac{1}{6}$；　(4) $\dfrac{3\pi}{2}$；　(5) 0；　(6) 2.

2. (1) $\dfrac{1}{2}$；　(2) $\dfrac{1}{2}$；　(3) $\dfrac{1}{6}$.

3. (1) 1；　(2) ∞；　(3) e^{-1}；　(4) 1.

习题 3.3

1. (1) $(-\infty, 2)\uparrow, (2, +\infty)\downarrow, f(2) = 7$ 极大值.

   (2) $(-\infty, +\infty)\uparrow$ 无极值.

   (3) $(-\infty, 1) \cup (2, +\infty)\uparrow, (1,2)\downarrow f(1) = \dfrac{2}{3}$ 极大值；$f(2) = \dfrac{1}{3}$ 极大值.

   (4) $(-\infty, +\infty)\downarrow$ 无极值.

2. (1) $f(3) = -26$ 极小值, $f(-1) = 6$ 极大值；

   (2) $f(3) = -47$ 极小值, $f(-1) = 17$ 极大值.

3. (1) $f(-6) = -61$ 最小值, $f(4) = 69$ 最大值；

   (2) $f\left(\dfrac{\pi}{2}\right) = -\dfrac{\pi}{2}$ 最小值, $f\left(-\dfrac{\pi}{2}\right) = \dfrac{\pi}{2}$ 最大值；

   (3) $f\left(\dfrac{\sqrt{2}}{4}\right) = -\dfrac{\sqrt{2}}{3}$ 最小值, $f(8) = \dfrac{10}{3}$ 最大值.

4. $q = 320$(件)；$p = 260$(元).

5. $r = 2$(cm)；$h = 4$(cm).

习题 3.4

1. (1) $(1, +\infty)$ 凸, $(-\infty, 1)$ 凹, $(1,2)$ 拐点.

   (2) $(-\infty, +\infty)$ 凹, 无拐点.

   (3) $(-\infty, 2)$ 凸, $(2, +\infty)$ 凹, $(2, 2e^{-2})$ 拐点.

   (4) $(-\infty, 0)$ 凹, $(0,1)$ 凸, $(1, +\infty)$ 凹；$(0,1)$ 和 $(1,0)$ 是拐点.

   (5) $\left(-\infty, \dfrac{1}{4}\right)$ 凹, $\left(\dfrac{1}{4}, +\infty\right)$ 凸；$\left(\dfrac{1}{4}, 2\right)$ 是拐点.

(6) $(0, +\infty)$ 凹, $(-\infty, 0)$ 凸; $(0,0)$ 是拐点.

2. (1) $y = 0$ 为水平渐近线, $x = 6$, $x = -1$ 为垂直渐近线.

(2) $y = 0$ 为水平渐近线.

3. 略.

4. $(1,2)$ 为拐点.

5. $a = -3; b = 3$.

习题 3.5

1. $x = \dfrac{l-a}{2}, M(x)_{\max} = \dfrac{F_R}{2}\left(\dfrac{l-a}{2}\right)^2 - M_i$.

2. 当 $x = 0$ 或 l 时, $F_{Q\max} = \dfrac{ql}{2}$, 当 $x = \dfrac{l}{2}$ 时, $M_{\max} = \dfrac{ql^2}{8}$.

3. $|M(x)|_{\max} = \dfrac{ql^2}{2}$.

4. $\theta = \dfrac{qx}{6EI}(x^2 - 3xl + 3l^2)$, $\theta_{\max} = \theta(l) = \dfrac{ql^3}{6EI}$.

5. (1) $k = \dfrac{\sqrt{2}}{4}$; (2) $k = \dfrac{4\sqrt{5}}{25}$.

复习题(三)

一、选择题

1. B; 2. C; 3. D; 4. C; 5. B; 6. A; 7. B; 8. D; 9. B; 10. C; 11. D;
12. C; 13. D.

二、填空题

1. $\dfrac{2\sqrt{3}}{9}$; 2. 驻点, 不可导点; 3. $(-\infty, 0) \cup (1, +\infty), (0,1)$; 4. 增函数;

5. $\sqrt{2}$; 6. $2, -2$; 7. $(2,0)$; 8. $y = -3$, $x = \pm 1$.

三、求下列极限

1. -1; 2. $\dfrac{1}{6}$; 3. 1; 4. $\dfrac{\pi^2}{8}$; 5. $-\dfrac{1}{2}$; 6. 1.

四、计算题

1. $(-\infty, 0) \cup \left(\dfrac{\sqrt{2}}{4}, +\infty\right) \uparrow$; $\left(0, \dfrac{\sqrt{2}}{4}\right) \downarrow$; 当 $x = 0$ 时, 极大值 $f(0) = 0$; 当 $x = \dfrac{\sqrt{2}}{4}$ 时, 极小值 $f\left(\dfrac{\sqrt{2}}{4}\right) = -\dfrac{\sqrt{2}}{3}$; $(-\infty, 0)$ 凸; $(0, +\infty)$ 凹; $(0,0)$ 为拐点.

2. 最小值 $f(3) = \dfrac{4}{e^3}$，最大值 $f(0) = 1$．

3. (1) $a = -\dfrac{2}{3}, b = -\dfrac{1}{6}$．(2) $f(1) = \dfrac{5}{6}$ 极小值，$f(2) = 2\ln2 + \dfrac{4}{3}$ 极大值．

4. 根据拉格朗日定理证明．

5. $a = -3, b = -9$．

6. 长为 $a = \dfrac{32}{3}$，宽为 $b = \dfrac{16}{3}$．

7. 边长为 6，池深为 3．

8. $f(x) = 2\arctan x - \ln(1 + x^2)$，$f'(x) = \dfrac{2}{1 + x^2} - \dfrac{2x}{1 + x^2} = \dfrac{2(1 - x)}{1 + x^2} \because x < 0$

$\therefore f'(x) > 0; f(x) \uparrow$；$\therefore f(x) < f(0) = 0$ 即 $f(x) = 2\arctan x - \ln(1 + x^2) < 0$ 证毕．

9. 利用导数的定义证明。（略）

10. (略)

第四章

习题 4.1

1. (1) $\dfrac{2^x}{\ln 2} + 3\cos x + C$；　　(2) $e^x - 4\ln|x| + \dfrac{x^3}{4} + C$；

(3) $\dfrac{1}{2}x^2 + 3x + 3\ln|x| - \dfrac{1}{x} + C$；

(4) $\dfrac{x^3}{3} - 2x^2 + C$；　　(5) $x - 3\arctan x + C$；　　(6) $2\sin x - 3\arcsin x + C$；

(7) $\dfrac{1}{2}x - \dfrac{1}{8}\sin 4x + C$；　　(8) $\dfrac{4}{5}x^{\frac{5}{2}} + \dfrac{1}{2}x^2 - 4x - 4\sqrt{x} + C$．

2. $y = \dfrac{3}{2}x^2 - \dfrac{1}{2}$

3. $y = x^2 + x$

习题 4.2

1. (1) $\dfrac{1}{22}(2x - 3)^{11} + C$；　　(2) $\dfrac{2}{15}(5x + 1)^{\frac{3}{2}} + C$；　　(3) $e^{x^2+1} + C$；

(4) $\dfrac{1}{6}(2x^2 - 5)^{\frac{3}{2}} + C$；　　(5) $-2\cos\sqrt{x} + C$；　　(6) $-e^{\frac{1}{x}} + C$；

(7) $\arctan e^x + C$；　　(8) $\dfrac{1}{2}\sin^2 x + C$；　　(9) $\ln\left|\dfrac{x + 3}{x + 4}\right| + C$；

(10) $\dfrac{1}{2}\ln^2 x + C$．

2. (1) $\dfrac{2}{3}[\sqrt{3x} - \ln(1 + \sqrt{3x})] + C$；　　(2) $2\sqrt{x} - 2\arctan\sqrt{x} + C$；

(3) $6\sqrt[6]{x} - \arctan\sqrt[6]{x} + C$; (4) $\dfrac{1}{6}\sqrt{(2x+1)^3} - \dfrac{1}{2}\sqrt{(2x+1)} + C$;

(5) $\dfrac{\sqrt{x^2-25}}{25x} + C$; (6) $-\dfrac{3}{4}x^{-\frac{4}{3}} - 3x^{-\frac{1}{3}} + C$.

3. (1) $-x\cos x + \sin x + C$; (2) $\dfrac{1}{7}x\sin 7x + \dfrac{1}{49}\cos 7x + C$;

(3) $-xe^{-x} - e^{-x} + C$; (4) $\dfrac{x^3}{3}\ln x - \dfrac{x^3}{9} + C$;

(5) $\dfrac{x^2}{2}\arctan x - \dfrac{1}{2}x + \dfrac{1}{2}\arctan x + C$; (6) $\dfrac{1}{2}e^x(\sin x + \cos x) + C$.

习题 4.3

1. 提示: (1) 梯形面积; (2) 两三角形面积和; (3) 奇函数围成面积; (4) $\dfrac{1}{4}$ 圆面积.

2. (1) $\int_1^3 x^2 dx < \int_1^3 x^3 dx$; (2) $\int_0^{\frac{\pi}{4}} \cos x dx > \int_0^{\frac{\pi}{4}} \sin x dx$.

3. (1) $0 \leq \int_0^2 x^3 dx \leq 16$; (2) $\dfrac{\pi}{12} \leq \int_{\frac{\pi}{6}}^{\frac{\pi}{3}} \cos x dx \leq \dfrac{\sqrt{3}\pi}{12}$;

(3) $3e^{-4} \leq \int_{-2}^1 e^{-x^2} dx \leq 3$.

习题 4.4

(1) $\dfrac{19}{3}$; (2) $\dfrac{29}{6}$; (3) $e^{\frac{1}{2}} - 1$; (4) $\dfrac{121}{5}$; (5) $2 + \ln\dfrac{3}{2}$;

(6) $\dfrac{\pi}{4}$; (7) $\dfrac{\pi}{16}$; (8) 4; (9) $\dfrac{e^2+1}{4}$; (10) 0;

(11) 0; (12) 6; (13) $\sin x$.

习题 4.5

1. 1;

2. 发散;

3. 0;

4. $\dfrac{3}{2}$;

5. (1) $\dfrac{\pi}{2}$; (2) $-\dfrac{3}{2}$.

习题 4.6

1. $\dfrac{9}{2}$;

2. (1) $\dfrac{1}{3}$　　(2) $\dfrac{\pi}{5}$;

3. $\dfrac{9}{2}$;

4. $\dfrac{4\sqrt{6}}{9}$;

5. $\dfrac{1}{3}\pi r^2 h$;

6. $\dfrac{28}{15}\pi$;

7. (1) $\dfrac{1}{6}$　　(2) $\dfrac{2\pi}{15}$;

8. (1) $e - \dfrac{1}{2}$　　(2) $\dfrac{\pi e^2}{2} - \dfrac{5\pi}{6}$;

9. (1) $\dfrac{\sqrt{2}}{2}$　　(2) $\dfrac{1}{4} + \dfrac{\pi}{8}$;

10. (1) $\dfrac{3}{2} - \ln 2$

　　(2) $\dfrac{11\pi}{6}$.

习题 4.7

1. $\left(\dfrac{3}{4}, \dfrac{3}{10}\right)$;

2. $\left(\dfrac{4a}{3\pi}, \dfrac{4b}{3\pi}\right)$;

3. $A = \dfrac{4}{3}, S_x = 1, S_y = \dfrac{4}{5}$,形心坐标 $\left(\dfrac{3}{5}, \dfrac{3}{4}\right)$.

4. $\left(0, \dfrac{4}{\pi}\right)$;

5. $\dfrac{9}{2}, \left(-\dfrac{1}{2}, \dfrac{12}{5}\right)$.

复习题(四)

一、选择题

1. B;　2. D;　3. BDE;　4. BE;　5. C;　6. D;　7. C;　8. B;
9. D;　10. B;　11. B;　12. C;　13. D;　14. A;　15. C.

二、计算题

1. 计算下列不定积分

(1) $\arctan x + 3\arcsin x + C.$

(2) $\arctan x + x^3 + C.$

(3) $-\sqrt{1-x^2} + C.$

(4) $-\dfrac{1}{1+e^x} + C.$

(5) $2\sqrt{1+\ln x} + C.$

(6) $x + \ln|1-e^x| + C.$

(7) $-\dfrac{3}{4}x^{-\frac{4}{3}} - 3x^{-\frac{1}{3}} + C.$

(8) $-\cos x + \dfrac{1}{3}\cos^3 x + C.$

(9) $\dfrac{x^2}{2}\arctan x - \dfrac{1}{2}x + \dfrac{1}{2}\arctan x + C.$

(10) $2e^{\sqrt{x+1}}(\sqrt{x+1} - 1) + C.$

2. 计算下列定积分

(1) 12；　　(2) $\dfrac{\pi}{2} - 1$；　　(3) $\dfrac{1}{2}(e^{-1} + e) - 1$；　　(4) $\sqrt{3} - \dfrac{\pi}{3}$；

(5) 2；　　(6) 4；　　(7) $\dfrac{2}{3}$；　　(8) $\pi^2 - 4.$

3. 计算下列广义积分

(1) $\dfrac{\pi}{2}$；　　(2) 发散；　　(3) $\dfrac{1}{4}.$

4. $y = \sqrt{x} + 1.$

5.

(1) 1；　　(2) $V_x = \dfrac{\pi}{2}(e^2 - 1)$；$V_y = \pi(e - 2).$

6. $\dfrac{32}{3}, \left(0, \dfrac{8}{5}\right).$

第五章

习题 5.1

1. $D = \{(x,y) \mid y \geqslant 2x\}.$

2. $D = \{(x,y) \mid x^2 + y^2 \leqslant 1\}.$

3. (1) 0；　　(2) -2；　　(3) 2

4. $\dfrac{1}{2}.$

5. $0.$

6. $1.$

7. 设 $y = kx^3$, $\lim\limits_{\substack{x \to 0 \\ y \to 0}} \dfrac{x^3 y}{x^6 + y^2} = \dfrac{k}{1+k^2}$, 极限不存在.

习题 5.2

1. $\dfrac{\partial z}{\partial x} = 2x + y^3, \dfrac{\partial z}{\partial y} = -1 + 3xy^2, dz = (2x + y^3)dx + (-1 + 3xy^2)dy.$

2. $\dfrac{\partial z}{\partial x} = yx^{y-1}, \dfrac{\partial z}{\partial y} = x^y \ln x, dz = yx^{y-1}dx + x^y \ln x dy.$

3. $\dfrac{\partial z}{\partial x} = y^2 e^{xy^2}, \dfrac{\partial z}{\partial y} = 2xy e^{xy^2}, dz\big|_{\substack{x=0 \\ y=1}} = dx.$

4. $\dfrac{\partial^2 z}{\partial x \partial y} = \dfrac{2x}{y}, \dfrac{\partial^2 z}{\partial y \partial x} = \dfrac{2x}{y}, \dfrac{\partial^2 z}{\partial x^2} = 2\ln y, \dfrac{\partial^2 z}{\partial y^2} = -\dfrac{x^2}{y^2}.$

5. 1.

6. $\dfrac{dy}{dx} = -\dfrac{F_x}{F_y} = \dfrac{2}{2 - \cos x}.$

7. 0.96

习题 5.3

1. $f(0,0) = 1$, 极大值

2. -5.

3. 极大值 $\dfrac{1}{4}$.

4. $x = y = z = \dfrac{\sqrt{6}}{6}a$, 最大体积 $V = \dfrac{\sqrt{6}}{36}a^3$.

5. (1) $x = 3, y = 2$; (2) $x = 5, y = 3$.

6. $x = 6, y = 4, z = 2$; max = 6912.

习题 5.4

1. $\dfrac{13}{12}$.

2. $\dfrac{20}{3}$.

3. (1) $\int_0^1 dy \int_0^y f(x,y)dx = \int_0^1 dx \int_x^1 f(x,y)dy$.

(2) $\int_0^2 dy \int_{y^2}^{2y} f(x,y)dx = \int_0^4 dx \int_{\frac{x}{2}}^{\sqrt{x}} f(x,y)dy$.

(3) $\int_1^2 dx \int_{2-x}^{\sqrt{2x-x^2}} f(x,y)dy = \int_0^1 dy \int_{2-y}^{1+\sqrt{1-y^2}} f(x,y)dx$.

(4) $\int_1^e dx \int_0^{\ln x} f(x,y)dy = \int_0^1 dy \int_{e^y}^e f(x,y)dx$

4. $\dfrac{4}{3}$.

5. $\dfrac{17}{2}$.

6. $\dfrac{\pi}{2}(b^4 - a^4)$.

复习题(五)

一、选择题

1. D; 2. C; 3. D; 4. B; 5. D; 6. B; 7. B; 8. D; 9. C.

二、填空题

1. $\begin{cases} z \geq x^2 + y^2, \\ z \neq 0. \end{cases}$

2. $2e^2$,$2e^2$.

3. $\dfrac{-x}{(x+y)^2}$.

4. $dz = edx + edy$.

5. 0.04.

6. 3π.

7. 1.

三、综合题

1. 当 $P(x,y)$ 沿直线 $y = kx(k \neq 1)$ 趋于 $(0,0)$ 时,$\lim\limits_{\substack{x \to 0 \\ y = kx}} \dfrac{xy}{y-x} = \lim\limits_{x \to 0} \dfrac{kx}{k-1} = 0$,而当 $P(x,y)$ 沿曲线 $y = x^2 + x$ 趋于 $(0,0)$ 时,$\lim\limits_{\substack{x \to 0 \\ y = x^2 + x}} \dfrac{xy}{y-x} = \lim\limits_{x \to 0} \dfrac{x(x^2+x)}{x^2} = \lim\limits_{x \to 0}(x+1) = 1$.故极限 $\lim\limits_{\substack{x \to 0 \\ y \to 0}} \dfrac{xy}{y-x}$ 不存在.

2. 沿直线 $y = kx$ 趋于$(0,0)$时,$\lim\limits_{\substack{x \to 0 \\ y = kx}} \dfrac{2xy}{x^2+y^2} = \lim\limits_{x \to 0} \dfrac{2k}{1+k^2}$ 极限不存在,不连续.

在点$(0,0)$的偏导数为$f_x(0,0) = 0$,$f_y(0,0) = 0$.

3. 略.

4. $\dfrac{\partial z}{\partial x} = \dfrac{yz}{e^z - xy}$.

5. $(e-1)^2$.

6. $(0,0)$是极小值点,极小值为2.

7. (1) $\int_0^1 dx \int_0^{x^2} f(x,y) dy + \int_1^{\sqrt{2}} dx \int_0^{\sqrt{2-x^2}} f(x,y) dy$.

(2) $\int_0^4 dy \int_{\frac{y^2}{4}}^{y} f(x,y) dx$.

(3) $\int_0^1 dy \int_y^{\sqrt{y}} f(x,y) dx$.

8. $dz = \frac{\partial z}{\partial x} dx + \frac{\partial z}{\partial y} dy = 2xy\cos(x^2 y) dx + x^2 \cos(x^2 y) dy$.

9. $dz = \frac{1}{\ln z + 1 - \ln y} dx + \frac{1}{y(\ln z + 1 - \ln y)} dy$.

10. 故$(1,1)$为极小值点,极小值为 $Z\big|_{\substack{x=1\\y=1}} = -1$.

11. $\frac{1}{6}$.

12. 6.

13. 点$(120,80)$为极大值点,即最大值点.

即甲、乙产品的产量分别为 120 件 80 件时,可使总利润最大.

复习题(六)

一、思考题

1. (1) $S_{z\text{阴影}} = S_{z\text{非阴影}}$;(2) $S_{z1} = -S_{z2}$;$S_{y1} = S_{y2} = 0$.

2. $I_{z1} = I_{z2}$,$I_{y1} = I_{y2}$,$I_{yz1} = I_{yz2}$.

3. a)、b)、c)、d)都为零.

4. $I_{zy(a)} = I_{zy(b)} = 0$.

二、计算题

1. a) $S_z = 24 \times 10^3 \text{mm}^3$;b) $S_z = 520 \times 10^3 \text{mm}^3$.

2. $(0.75, 0.3)$.

3. $(\frac{4a}{3\pi}, \frac{4b}{3\pi})$.

4. a)距上边 $y_C = 46.4\text{mm}$;b)距下边 $y_C = 23\text{mm}$,距左边 $Z_C = 53\text{mm}$.

5. $I_z = 5.32 \times 10^7 \text{mm}^4$.

6. $I_z = 3.3 \text{m}^4$.

7. $I_z = 188.9 a^4$,$I_y = 190.4 a^4$.

8. $I_{Zy} = 4.98 \times 10^5 \text{mm}^4$.

参 考 文 献

[1] 同济大学数学系. 高等数学[M]. 6版. 北京:高等教育出版社,2007.
[2] 詹姆斯·斯图尔特. 微积分[M]. 6版. 张乃岳,编译. 北京:中国人民大学出版社,2009.
[3] 李宇峙,秦仁杰. 工程质量监理[M]. 北京:人民交通出版社,2008.
[4] 许能生,吴清海. 工程测量[M]. 北京:科学出版社,2009.
[5] 李天然. 高等数学[M]. 2版. 北京:高等教育出版社,2008.
[6] 李天然. 工程数学[M]. 北京:高等教育出版社,2002.
[7] 住房和城乡建设部执业资格注册中心. 全国勘察设计注册工程师公共基础考试用书(数理化基础)[M]. 北京:机械工业出版社,2010.
[8] 住房和城乡建设部执业资格注册中心. 全国勘察设计注册工程师公共基础考试用书(力学基础)[M]. 北京:机械工业出版社. 2010.
[9] 史力. 应用数学.[M]. 上海:复旦大学出版社,2003.
[10] 周誓达. 概率论与数理统计.[M]. 北京:中国人民大学出版社,2000.
[11] 赵树嫄. 线性代数[M]. 北京:中国人民大学出版社,2005.
[12] 徐荣聪. 高等数学(上册)[M]. 厦门:厦门大学出版社,2005.
[13] 严宗元. 高等数学[M]. 上海:同济大学出版社,2009.
[14] 王金玲. 工程测量[M]. 武汉:武汉大学出版社,2007.
[15] 周志坚,徐宇飞. 道路勘测设计[M]. 北京:科学出版社,2005.
[16] 高杰. 桥梁工程[M]. 北京:科学出版社,2004.
[17] 孔七一. 工程力学[M]. 北京:人民交通出版社,2007.
[18] 吴传生. 微积分[M]. 北京:高等教育出版社,2010.
[19] 龚德恩,范培华. 微积分[M]. 北京:高等教育出版社,2008.
[20] 袁荫棠. 概率论与数理统计[M]. 北京:中国人民大学出版社,2000.
[21] 吴赣昌. 微积分[M]. 5版. 北京:中国人民大学出版社,2017.
[22] 沈养中,董平. 材料力学[M]. 北京:科学出版社,2006.